职业教育·通用课程教材

工程力学

张　延　龙丽丽　主　编
康小燕　王凤娇
杨梦乔　薛　龙　副主编

　　　　　罗　筠　主　审

人民交通出版社
北京

内 容 提 要

本书为职业教育通用课程教材，共分9个模块，第1~3模块内容包括工程力学基础知识认知及工程结构力学简图绘制，第4~9模块主要介绍工程中不同结构和构件的受力分析。

本书依据高等职业教育水利大类、交通运输大类及土木建筑大类工程力学课程教学大纲的基本要求，参照国家相关职业标准及行业岗位职业技能鉴定规定进行编写，适用于水利、市政、道路与桥梁、铁道、建筑等土木工程类相关专业。

本书有配套教学课件，教师可通过加入职教路桥教学研讨群（教师专用，QQ：561416324）获取。另外，书中配有丰富的数字化学习资源，读者可扫描封面资源码免费查看。

图书在版编目（CIP）数据

工程力学 / 张延，龙丽丽主编. — 北京：人民交通出版社股份有限公司, 2024. 10. — ISBN 978-7-114-19625-6

Ⅰ. TB12

中国国家版本馆 CIP 数据核字第 2024EL3984 号

Gongcheng Lixue

书　　　名：	工程力学
著 作 者：	张　延　龙丽丽
责任编辑：	刘　倩
责任校对：	赵媛媛　刘　璇
责任印制：	刘高彤
出版发行：	人民交通出版社
地　　　址：	（100011）北京市朝阳区安定门外外馆斜街 3 号
网　　　址：	http://www.ccpcl.com.cn
销售电话：	（010）85285911
总 经 销：	人民交通出版社发行部
经　　　销：	各地新华书店
印　　　刷：	北京市密东印刷有限公司
开　　　本：	787×1092　1/16
印　　　张：	21.5
字　　　数：	390 千
版　　　次：	2024 年 10 月　第 1 版
印　　　次：	2024 年 10 月　第 1 次印刷
书　　　号：	ISBN 978-7-114-19625-6
定　　　价：	66.00 元

（有印刷、装订质量问题的图书，由本社负责调换）

前　言

本教材是根据《关于深化现代职业教育体系建设的改革意见》中提出的"五金"建设要求编写的，以土木工程相关各专业对应职业岗位的需求为导向进行模块化设计，依据职业教育教学的规律和学生身心发展的特点，体现教学方法、教学设计，融入数字化资源的新形态、多维、立体、可视化教材。

本教材依据高等职业教育水利大类、交通运输大类及土木建筑大类工程力学课程教学大纲的基本要求，参照国家相关职业标准及行业岗位职业技能鉴定规定进行编写，适用于水利、市政、道路与桥梁、铁道、建筑等土木工程类相关专业。

本教材特色：

1. 教材内容与岗位需求精准对接

通过对土木工程各专业群岗位工作调研发现，高等职业学校的学生就业主要面向施工一线，工程相关各岗位人员均需具备一定的力学知识以及运用这些力学知识解决实际问题的能力。虽然不同专业不同岗位涉及的结构和构件各不相同，但是对力学的需求有其共性的地方。例如，施工工艺可归纳为现浇和预制两大类，现浇施工和装配式施工过程中所需要用到的力学知识，包括现浇施工中临时支撑结构、模板、施工平台等的力学计算，装配式施工中构件运输、吊装、架设、支撑等的力学计算等。本教材将这些岗位的力学需求，对应到各个知识点和实际工程案例上，实现教材内容与岗位需求的精准对接。

2. 模块化的内容编排，使用更灵活

全书共分 9 个模块。第 1～3 模块内容包括工程力学基础知识认知及工程结构力学简图绘制，第 4～9 模块主要介绍工程中不同结构和构件的受力分析。每个模块包括"学习任务"和"案例"两部分，其中，"学习任务"按结构构件的类型进行划分，是学习案例应用的力学理论知识；"案例"节选自土木工程相关专业的施工专项方案计算书、施工现场计算案例，经工作模块划分后分解到相关模块。

教材内容经过模块化的编排，学生可以在教师指导下灵活组建学习任务与案例，作为某种类型结构或构件的学习单元，也可以将相关模块的案例内容组合成一个个完整的施工计算书，实现个性化学习。

3. 由易到难递进式的教材设计，符合学生认知规律

教材采用"课前 + 课中 + 课后"阶段式递进设计。"课前"导学部分选取生活中能直观切实感受到的力学元素，引入学习任务；"课中"任务教学部分为正文主体，内容设计强调力学分析的逻辑性和完整性，辅以简单案例进行联系、解释和应用以增强学习效果；"课后"强化拓展部分为进阶题库、一线案例、规范规程、软件建模等，可以实现理论知识的强化和实践知识的拓展。三个层次根据由易到难递进设计，符合学生认知规律，也能满足不同层次学生的学习需求。

4. 融入数字化教学资源，打造多维、可视的立体化教材

教材对每个任务的文字部分和数字资源部分进行了整体设计，文字部分体现知识的逻辑性和系统性；数字资源部分针对教材中的重难点、关键知识点、典型例题、规范规程、进阶题库等，以视频、动画、虚拟仿真动画、文档等形式呈现，提升了教材的功能性和适用性。纸质教材和数字资源有机融合，打造多维、可视的立体化教材。

5. 助力产业升级，培养智慧型人才

选取最新的施工计算案例，使用 BIM 软件、Midas 软件进行力学建模，将新技术、新方法融入教材，使教材内容与产业升级后土木工程施工岗位对接，突出对学生职业能力的培养，助力产业升级对专业技术人才科技赋能的新要求下智慧型人才培养。

本书由安徽水利水电职业技术学院组织本校力学团队教师与企业人员共同编写。编写分工如下：张延编写模块 1、模块 9 学习任务部分；王凤娇编写模块 2、模块 8 学习任务部分；杨梦乔编写模块 3 学习任务部分、附录部分；康小燕编写模块 5、模块 7 学习任务部分；龙丽丽编写模块 4 学习任务 4.1、学习任务 4.2、学习任务 4.3，以及所有模块案例部分；崔龙龙编写模块 4 学习任务 4.1、学习任务 4.5，并对案例应用部分进行 Midas 建模；王武负责全书思政开发，并参与全书编写工作；安徽省水利水电勘测设计研究总院股份有限公司薛龙编写模块 4 学习任务 4.6，指导案例应用部分开发；湖南省高速公路集团有限公司范子仲与安徽省水利科学研究院束兵共同编写模块 6 学习任务部分，参与案例部分开发。全书由张延、龙丽丽任主编，康小燕、王凤娇、杨梦乔任副主编并统稿，薛龙任副主编。

本书特邀贵州交通职业大学罗筠教授担任主审，罗教授对本教材进行了认真细致的审核，并提出了许多宝贵的修改意见，在此深表感谢。在编写的过程中，编者还得到了广州富利建设集团李纯高工的指导和帮助，在此一并致谢。

由于编者水平有限，书中难免存在错误和不妥之处，恳请广大读者批评指正。相关意见和建议可发至编辑邮箱：liuq@ccpress.com.cn，以便重印时改正。

编者

2024 年 6 月

本教材配套数字资源索引

序号	二维码资源名称	页码	序号	二维码资源名称	页码
1	任务导学（PPT）	1	29	力偶矩的计算（视频）	19
2	结构、构件定义（视频）	1	30	力的平移定理（视频）	19
3	构件分类（视频）	2	31	力的平移定理在工程中的应用（视频）	20
4	强度、刚度、稳定性（视频）	3	32	任务实施（PPT）	21
5	两种计算模型（视频）	4	33	强化拓展（PPT）	21
6	理想变形固体模型基本假设（视频）	4	34	任务导学（PPT）	22
7	强化拓展（PPT）	4	35	任务描述（视频）	22
8	任务导学（PPT）	7	36	架桥机结构（视频）	22
9	力的定义（视频）	7	37	架桥机过孔（视频）	23
10	力的图示（视频）	8	38	架桥机过孔受力分析（视频）	23
11	力系的概念（视频）	8	39	任务实施（视频）	24
12	平衡的概念（视频）	9	40	强化拓展（视频）	24
13	二力平衡公理（视频）	10	41	任务导学（PPT）	29
14	作用力与反作用力公理、加减平衡力系公理（视频）	11	42	荷载的定义（视频）	29
15	平行四边形法则（视频）	11	43	荷载按作用效应分类（视频）	29
16	三力平衡汇交定理（视频）	12	44	荷载按作用范围分类（视频）	29
17	任务实施（视频）	12	45	例 2.1-1 讲解（视频）	31
18	强化拓展（文本）	12	46	荷载按作用时间长短分类（视频）	32
19	任务导学（PPT）	13	47	荷载组合（视频）	32
20	力对点之矩（视频）	13	48	荷载组合基本概念（视频）	32
21	例 1.2-1 讲解（视频）	14	49	荷载组合设计-承载能力极限状态（视频）	33
22	合力矩定理（视频）	14	50	荷载组合设计-正常使用极限状态（视频）	34
23	例 1.2-2 讲解（视频）	15	51	例 2.1-2 讲解（视频）	35
24	工程中的力矩分析（视频）	15	52	任务实施-计算荷载标准值（视频）	36
25	任务实施（视频）	17	53	任务实施-承载能力极限状态组合-可变荷载（视频）	36
26	强化拓展（视频）	17	54	任务实施-承载能力极限状态组合-永久荷载（视频）	36
27	任务导学（PPT）	18	55	任务实施-正常使用极限状态组合（视频）	36
28	力偶的概念（视频）	18	56	强化拓展（视频）	36

续上表

序号	二维码资源名称	页码	序号	二维码资源名称	页码
57	任务导学（PPT）	37	88	强化拓展（PPT）	52
58	约束与约束反力（视频）	37	89	任务导学（PPT）	53
59	柔性约束、光滑接触面约束（视频）	38	90	结构系统概念（视频）	53
60	光滑圆柱铰链约束（视频）	38	91	绘制构件AB和构件CD的受力图（视频）	55
61	固定铰支座、可动铰支座（视频）	39	92	绘制系统AC、构件AB和构件BC的受力图（视频）	55
62	链杆约束（视频）	40	93	强化拓展（文本）	55
63	固定端支座、定向支座（视频）	40	94	任务导学（PPT）	56
64	任务实施（PPT）	41	95	任务描述（视频）	56
65	强化拓展（PPT）	41	96	盖梁施工临时支撑体系介绍（视频）	57
66	任务导学（PPT）	42	97	盖梁施工过程（动画）	57
67	体系简化（视频）	42	98	盖梁施工临时支撑体系受力分析（动画）	57
68	杆件简化（视频）	42	99	建立分配横梁力学简图（视频）	58
69	结点简化（视频）	42	100	建立承重主梁力学简图（视频）	59
70	支座简化（视频）	44	101	建立穿心棒力学简图（视频）	59
71	任务实施（PPT）	45	102	强化拓展（文本）	59
72	强化拓展（PPT）	45	103	任务导学（PPT）	60
73	任务导学（PPT）	46	104	任务描述（文本）	60
74	计算简图的概念及建立步骤（视频）	46	105	各排立杆传至梁上荷载标准值、设计值计算资料（文本）	61
75	汽车起重机计算简图的建立（视频）	47	106	悬挑脚手架介绍（视频）	61
76	简支梁桥计算简图的建立（视频）	48	107	花篮式悬挑式脚手架施工过程（动画）	61
77	楼板支撑体系计算简图的建立（视频）	48	108	花篮式悬挑脚手架受力分析（动画）	62
78	轻钢工业厂房简介（视频）	49	109	建立主梁及上拉杆整体力学简图（视频）	63
79	长轴平面计算简图的建立（视频）	49	110	绘制主梁受力分析图（视频）	63
80	山墙平面计算简图的建立（视频）	49	111	绘制上拉杆受力分析图（PPT）	63
81	起重机梁计算简图的建立（视频）	49	112	强化拓展（视频）	63
82	强化拓展（文本）	49	113	任务导学（PPT）	69
83	任务导学（PPT）	50	114	平面汇交力系的合成（视频）	69
84	受力分析和受力图的绘制（视频）	50	115	例3.1-1讲解（视频）	71
85	例2.5-1讲解（视频）	51	116	平面力偶系的合成（视频）	72
86	例2.5-2讲解（视频）	51	117	平面任意力系的合成（视频）	72
87	任务实施（PPT）	52	118	平面任意力系简化结果的讨论（视频）	73

续上表

序号	二维码资源名称	页码	序号	二维码资源名称	页码
119	例 3.1-2 讲解（视频）	74	151	计算小梁支座反力（文本）	96
120	任务实施（PPT）	75	152	强化拓展（文本）	97
121	强化拓展（PPT）	75	153	任务导学（视频）	105
122	任务导学（PPT）	76	154	轴向拉伸或压缩变形（视频）	106
123	平面任意力系的平衡方程（视频）	76	155	剪切变形（视频）	106
124	平衡力系的几种特殊情况（视频）	77	156	扭转变形（视频）	107
125	例 3.2-1 讲解（视频）	78	157	平面弯曲变形（视频）	107
126	例 3.2-2 讲解（视频）	79	158	组合变形（视频）	108
127	例 3.2-3 讲解（视频）	79	159	内力（视频）	108
128	任务实施（PPT）	81	160	截面法（视频）	109
129	强化拓展（PPT）	81	161	构件应力分析（视频）	110
130	任务导学（PPT）	82	162	位移、变形、应变（视频）	111
131	结构系统平衡概念（视频）	82	163	任务实施（文本）	112
132	例 3.3-1 讲解（视频）	83	164	强化拓展（PPT）	112
133	例 3.3-2 讲解（视频）	84	165	任务导学（PPT）	113
134	例 3.3-3 讲解（视频）	85	166	轴向拉压构件的内力（视频）	113
135	例 3.3-4 讲解（视频）	86	167	例 4.2-1 讲解（视频）	114
136	任务实施（视频）	87	168	绘制轴力图（视频）	115
137	强化拓展（视频）	87	169	例 4.2-2 讲解（视频）	116
138	任务导学（PPT）	88	170	任务实施（PPT）	117
139	滑动摩擦（视频）	88	171	强化拓展（PPT）	117
140	考虑摩擦时物体的平衡问题（视频）	90	172	任务导学（PPT）	118
141	例 3.4-1 讲解（视频）	90	173	轴向拉压杆的应力计算（视频）	118
142	任务实施（视频）	91	174	例 4.3-1 讲解（视频）	119
143	强化拓展（PPT）	91	175	低碳钢铸铁拉压实验（PPT）	120
144	任务导学（PPT）	92	176	轴向拉压杆强度条件（视频）	120
145	任务描述（文本）	92	177	例 4.3-2 讲解（视频）	121
146	模板设计图纸资料（文本）	93	178	例 4.3-3 讲解（视频）	122
147	施工中临时支撑体系介绍（PPT）	93	179	任务实施（PPT）	123
148	板模板支撑体系介绍（PPT）	94	180	强化拓展（文本）	123
149	板模板支撑体系荷载及受力特点（PPT）	94	181	任务导学（PPT）	124
150	计算面板支座反力（文本）	95	182	拉压杆的变形分析（视频）	124

续上表

序号	二维码资源名称	页码	序号	二维码资源名称	页码
183	胡克定律（视频）	125	214	可调托撑承载力验算（文本）	145
184	任务实施（视频）	127	215	立杆细长比验算（文本）	145
185	强化拓展（文本）	127	216	立杆稳定性验算（文本）	145
186	任务导学（PPT）	128	217	强化拓展（PPT）	145
187	静定平面桁架概述（视频）	128	218	任务导学（PPT）	155
188	结点法（视频）	129	219	剪切及剪切面（视频）	155
189	例 4.5-1 讲解（视频）	130	220	剪切实用计算（视频）	156
190	截面法（视频）	131	221	例 5.1-1 讲解（视频）	157
191	例 4.5-2 讲解（视频）	132	222	例 5.1-2 讲解（视频）	158
192	截面法解题要点（视频）	132	223	任务实施（PPT）	159
193	任务实施（视频）	133	224	强化拓展（PPT）	159
194	强化拓展（视频）	133	225	任务导学（PPT）	160
195	任务导学（PPT）	134	226	挤压和挤压面（视频）	160
196	压杆稳定性的概念（视频）	134	227	挤压强度计算（视频）	161
197	各种支承约束条件下细长压杆的临界荷载（视频）	135	228	例 5.2-1 讲解（视频）	161
198	细长压杆临界应力（视频）	135	229	例 5.2-2 讲解（视频）	162
199	欧拉公式的适用范围（视频）	136	230	任务实施（PPT）	163
200	中长杆临界应力（视频）	136	231	强化拓展（PPT）	163
201	临界应力总图（视频）	137	232	任务导学（PPT）	164
202	例 4.6-1 讲解（视频）	137	233	任务认知（PPT）	164
203	压杆的稳定条件（视频）	138	234	穿心棒剪切强度验算（PPT）	164
204	折减系数法（视频）	138	235	任务实施（PPT）	165
205	例 4.6-2 讲解（视频）	139	236	强化拓展（文本）	165
206	任务实施（视频）	140	237	任务导学（PPT）	166
207	强化拓展（视频）	140	238	任务认知（视频）	166
208	任务导学（PPT）	141	239	吊耳板强度验算（视频）	168
209	任务认知（视频）	142	240	吊耳板螺栓抗剪强度验算（视频）	169
210	上拉杆、花篮螺栓强度验算（视频）	142	241	强化拓展（文本）	169
211	强化拓展（PPT）	142	242	任务导学（PPT）	175
212	任务导学（PPT）	143	243	扭转变形及扭矩（视频）	175
213	任务认知（PPT）	143	244	扭矩图的绘制（视频）	177

续上表

序号	二维码资源名称	页码	序号	二维码资源名称	页码
245	例 6.1-1 讲解（视频）	177	276	例 7.2-4 讲解（视频）	204
246	任务实施（PPT）	178	277	叠加法绘制内力图（视频）	206
247	强化拓展（PPT）	178	278	例 7.2-6 讲解（视频）	207
248	任务导学（PPT）	179	279	例 7.2-7 讲解（视频）	208
249	薄壁圆筒扭转的变形（视频）	179	280	任务实施（视频）	208
250	圆轴扭转的剪应力计算公式（视频）	180	281	强化拓展（文本）	209
251	例 6.2-1 讲解（视频）	181	282	任务导学（PPT）	210
252	圆轴扭转的强度计算（视频）	182	283	纯弯曲梁的正应力计算公式（视频）	211
253	例 6.2-2 讲解（视频）	182	284	剪切弯曲时梁的正应力计算（视频）	212
254	任务实施（视频）	183	285	例 7.3-1 讲解（视频）	213
255	强化拓展（视频）	184	286	矩形截面梁横截面上的剪应力计算公式（视频）	214
256	任务导学（PPT）	185	287	矩形截面梁横截面上的最大剪应力计算公式（视频）	215
257	圆轴扭转的变形和刚度计算（视频）	185	288	工字形截面梁横截面上的剪应力计算公式（视频）	215
258	例 6.3-1 讲解（视频）	186	289	T 形、圆形和圆环截面梁横截面上的最大剪应力计算公式（视频）	216
259	任务实施（PPT）	186	290	例 7.3-2 讲解（视频）	217
260	强化拓展（PPT）	187	291	梁的强度条件（视频）	217
261	任务导学（PPT）	193	292	任务实施（视频）	219
262	梁的定义和分类（视频）	193	293	强化拓展（视频）	219
263	剪力和弯矩（视频）	194	294	任务导学（PPT）	220
264	例 7.1-1 讲解（视频）	196	295	转角和挠度（视频）	220
265	直接法（视频）	197	296	挠曲线方程（视频）	221
266	例 7.1-2 讲解（视频）	197	297	叠加法（视频）	222
267	例 7.1-3 讲解（视频）	197	298	例 7.4-1 讲解（视频）	222
268	任务实施（PPT）	198	299	例 7.4-2 讲解（视频）	223
269	强化拓展（文本）	198	300	梁的刚度校核（视频）	224
270	任务导学（PPT）	199	301	例 7.4-3 讲解（视频）	224
271	方程式法绘制内力图（视频）	199	302	任务实施（PPT）	225
272	例 7.2-1 讲解（视频）	200	303	强化拓展（PPT）	225
273	例 7.2-2 讲解（视频）	201	304	任务导学（PPT）	226
274	例 7.2-3 讲解（视频）	202	305	分配横梁强度、刚度验算（文本）	227
275	简捷法绘制内力图（视频）	203	306	承重主梁强度、刚度验算（文本）	227

续上表

序号	二维码资源名称	页码	序号	二维码资源名称	页码
307	强化拓展（文本）	227	339	约束（视频）	265
308	任务导学（PPT）	228	340	瞬变体系（视频）	267
309	任务实施（文本）	229	341	计算自由度（视频）	267
310	强化拓展（文本）	230	342	例9.1-1讲解（视频）	268
311	任务导学（PPT）	239	343	计算自由度W结果的几种讨论（视频）	268
312	组合变形的概念（视频）	239	344	二元体规则（视频）	268
313	斜弯曲的概念（视频）	239	345	两刚片规则（视频）	269
314	斜弯曲的强度计算（视频）	240	346	三刚片规则（视频）	269
315	斜弯曲的刚度计算（视频）	242	347	例9.1-2讲解（视频）	270
316	例8.1-1讲解（视频）	243	348	例9.1-3讲解（视频）	270
317	任务实施（视频）	244	349	静定结构和超静定结构（视频）	271
318	强化拓展（PPT）	244	350	任务实施（PPT）	272
319	任务导学（PPT）	245	351	强化拓展（PPT）	272
320	拉（压）弯构件的概念（视频）	245	352	任务导学（PPT）	273
321	拉（压）弯构件的强度计算（视频）	246	353	结构位移的概念（视频）	273
322	例8.2-1讲解（视频）	247	354	虚功和虚功原理（视频）	274
323	任务实施（视频）	248	355	单位荷载法（视频）	275
324	强化拓展（文本）	248	356	静定结构位移计算（视频）	276
325	任务导学（PPT）	249	357	图乘法（视频）	277
326	偏心压缩（拉伸）（视频）	249	358	例9.2-1讲解（视频）	279
327	单向偏心压缩（视频）	250	359	任务实施（PPT）	281
328	双向偏心压缩（视频）	251	360	强化拓展（PPT）	281
329	例8.3-1讲解（视频）	253	361	任务导学（PPT）	282
330	任务实施（PPT）	254	362	超静定次数的确定（视频）	282
331	强化拓展（PPT）	254	363	例9.3-1讲解（视频）	284
332	任务导学（PPT）	255	364	力法基本原理（视频）	284
333	任务认知（PPT）	255	365	力法典型方程（视频）	287
334	任务实施（文本）	256	366	例9.3-2讲解（视频）	289
335	强化拓展（文本）	257	367	结构对称性的运用（视频）	290
336	任务导学（PPT）	263	368	任务实施（PPT）	292
337	几何不变体系和几何可变体系（视频）	263	369	强化拓展（PPT）	292
338	刚片、自由度（视频）	264	370	任务导学（PPT）	293

续上表

序号	二维码资源名称	页码	序号	二维码资源名称	页码
371	位移法概述（视频）	293	381	任务导学（PPT）	307
372	位移法基本未知量（视频）	295	382	面积矩和形心（视频）	307
373	例 9.4-1 讲解（视频）	297	383	组合截面的面积矩和形心（视频）	308
374	例 9.4-2 讲解（视频）	299	384	例 I-1 讲解（视频）	309
375	任务实施（文本）	300	385	惯性矩和惯性半径（视频）	310
376	强化拓展（PPT）	300	386	极惯性矩（视频）	311
377	任务导学（PPT）	301	387	惯性积（视频）	311
378	小梁强度、刚度验算（文本）	302	388	平行移轴公式（视频）	312
379	主梁强度、刚度验算（文本）	303	389	例 I-2 讲解（视频）	313
380	强化拓展（文本）	303	390	强化拓展（视频）	314

资源使用方法：

1. 扫描封面上的二维码（注意此码只可激活一次）；

2. 关注"交通教育出版"微信公众号；

3. 公众号弹出"购买成功"通知，点击"查看详情"，进入后即可查看资源；

4. 也可进入"交通教育出版"微信公众号，点击下方菜单"用户服务—图书增值"，选择已绑定的教材进行观看和学习。

目 录

绪 论 ……………………………………………………………………………………… 1

模块 1　工程力学基础知识的认知 ……………………………………………… 5

学习任务 1.1　力与平衡的认知 ………………………………………………… 7
学习任务 1.2　力矩的认知 ……………………………………………………… 13
学习任务 1.3　力偶的认知 ……………………………………………………… 18
案　　例 1.4　力矩的工程应用——架桥机过孔时抗倾覆稳定性验算 … 22
习　　题 …………………………………………………………………………… 25

模块 2　受力简图的绘制 …………………………………………………………… 27

学习任务 2.1　荷载的简化 ……………………………………………………… 29
学习任务 2.2　约束的简化 ……………………………………………………… 37
学习任务 2.3　结构的简化 ……………………………………………………… 42
学习任务 2.4　力学计算简图的建立 …………………………………………… 46
学习任务 2.5　单个构件受力图的绘制 ………………………………………… 50
学习任务 2.6　结构系统受力图的绘制 ………………………………………… 53
案　　例 2.7　工程结构力学简图的建立——盖梁施工临时支撑结构 … 56
案　　例 2.8　工程结构力学简图的绘制——花篮式悬挑脚手架 ……… 60
习　　题 …………………………………………………………………………… 64

模块 3　力系平衡的计算 …………………………………………………………… 67

学习任务 3.1　平面力系合成的分析 …………………………………………… 69
学习任务 3.2　平面力系平衡的计算 …………………………………………… 76
学习任务 3.3　结构系统平衡的计算 …………………………………………… 82
学习任务 3.4　考虑摩擦时物体平衡的计算 …………………………………… 88

案　　例 3.5　工程结构平衡的计算——高大模板（板模板）支撑
体系 …………………………………………………………… 92
习　　题 ……………………………………………………………………… 98

模块 4　轴向拉压构件的力学分析 …………………………………………… 103

学习任务 4.1　弹性变形构件力学分析方法认知 …………………………… 105
学习任务 4.2　轴力的计算及轴力图的绘制 ………………………………… 113
学习任务 4.3　轴向拉压杆的应力分析和强度计算 ………………………… 118
学习任务 4.4　轴向拉压杆件的变形分析 …………………………………… 124
学习任务 4.5　静定平面桁架的内力计算 …………………………………… 128
学习任务 4.6　压杆稳定的计算 ……………………………………………… 134
案　　例 4.7　轴向拉压构件强度验算——悬挑式脚手架上拉杆
及花篮螺栓 …………………………………………………… 141
案　　例 4.8　轴向拉压构件承载力及稳定性验算——高大模板
（板模板）可调托撑、立杆 …………………………………… 143
习　　题 ……………………………………………………………………… 146

模块 5　剪切构件的力学分析 ………………………………………………… 153

学习任务 5.1　剪切的强度计算 ……………………………………………… 155
学习任务 5.2　挤压的强度计算 ……………………………………………… 160
案　　例 5.3　剪切构件强度验算——盖梁施工临时支撑结构穿心棒 …… 164
案　　例 5.4　剪切构件强度验算——悬挑式脚手架吊耳板、螺栓 …… 166
习　　题 ……………………………………………………………………… 170

模块 6　扭转构件的力学分析 ………………………………………………… 173

学习任务 6.1　扭矩的计算及扭矩图的绘制 ………………………………… 175
学习任务 6.2　圆轴扭转的应力分析和强度计算 …………………………… 179
学习任务 6.3　圆轴扭转的变形分析和刚度计算 …………………………… 185
习　　题 ……………………………………………………………………… 188

模块 7　平面弯曲构件的力学分析 …………………………………………… 191

学习任务 7.1　梁内力的计算 ………………………………………………… 193
学习任务 7.2　梁的内力图的绘制 …………………………………………… 199
学习任务 7.3　梁的应力分析和强度计算 …………………………………… 210
学习任务 7.4　梁的变形分析和刚度计算 …………………………………… 220
案　　例 7.5　平面弯曲构件强度、刚度验算-盖梁施工临时支撑
结构分配横梁、承重主梁 …………………………………… 226

案　　例 7.6　平面弯曲构件强度、刚度验算——高大模板（板模板）
面板、小梁悬臂端 228
习　　题 231

模块 8　组合变形构件的力学分析 237

学习任务 8.1　斜弯曲构件的强度与刚度计算 239
学习任务 8.2　拉（压）弯构件的强度计算 245
学习任务 8.3　偏心压缩（拉伸）构件的强度计算 249
案　　例 8.4　组合变形构件强度、刚度验算——悬挑式脚手架
悬臂主梁 255
习　　题 258

模块 9　超静定结构的内力计算 261

学习任务 9.1　平面体系的几何组成分析 263
学习任务 9.2　结构位移计算 273
学习任务 9.3　力法计算超静定结构内力 282
学习任务 9.4　位移法计算超静定结构内力 293
案　　例 9.5　超静定结构强度、刚度验算——高大模板（板模板）
小梁、主梁 301
习　　题 304

附　　录 Ⅰ　截面的几何性质 307

附　　录 Ⅱ　简单荷载作用下梁的内力及变形 317

附　　录 Ⅲ　单跨超静定梁杆端弯矩和杆端剪力 319

附　　录 Ⅳ　梁的反力、剪力、弯矩、挠度计算公式 322

参 考 文 献 325

绪 论

一、工程力学的研究对象

工程中，需要建造各种建筑物来满足生产或生活需求，如水利工程中的水闸、大坝，房屋建筑中的住宅、厂房，道路工程中的桥梁、隧道等。这些建筑物中起着承担和传递荷载作用的骨架部分称为结构。结构是由一个或多个物体按一定方式组合而成的，组成结构的单个物体称为构件。如图 0.0-1 所示的房屋建筑中，构成骨架并承受上部传来的建筑物自重、人群荷载、风雪荷载的框架结构，由楼板、主梁、次梁和柱等构件组成。桥梁建筑中，构成骨架并承受桥梁上部荷载的桁架结构，由弦杆、腹杆等构件组成，如图 0.0-2 所示。这些结构和构件承受荷载的作用，为了保证建筑物的安全，需要对其进行力学分析和计算。

▣ 任务导学

任务导学（PPT）

结构、构件定义（视频）

图 0.0-1

图 0.0-2

此外，建筑物施工时还需要搭设工作平台、临时支撑体系等辅助设施，以保证施工顺利进行，如为施工提供作业平台的脚手架（图 0.0-3），为进行预制梁吊装搭设的临时支撑架（图 0.0-4）等。这些辅助施工的临时结构及受力构件，在施工中承受荷载的作用，其受力也关系到建筑物安全和施工人员的人身安全，同样需要进行力学分析和计算。

工程力学的研究对象即这些工程中的结构或构件。

图 0.0-3　　　　　　　　　图 0.0-4

工程实际中的构件形式多样，按照其几何特征，可分为杆件、板（或壳）构件，以及实体构件。

构件分类（视频）

（1）杆件：是指长度尺寸远大于宽度、厚度尺寸的构件。如图 0.0-1、图 0.0-2 所示，框架结构中的主梁、次梁、柱，桁架结构中的腹杆、弦杆等构件，都属于杆件。杆件是工程中最常见的构件，工程力学主要研究由杆件组成的杆系结构。杆件上，与杆件长度方向垂直的截面称为横截面；所有横截面形心的连线称为杆件的轴线，简称杆轴线。轴线为直线的杆件，称为直杆；轴线为曲线的杆件，称为曲杆。如图 0.0-5 所示。

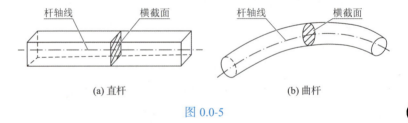

(a) 直杆　　　　　　　　　(b) 曲杆

图 0.0-5

（2）板（壳）构件：是指长度和宽度的尺寸远大于厚度的尺寸的构件。其中平面构件为板，如图 0.0-6（a）所示；曲面构件为壳，如图 0.0-6（b）所示。图 0.0-1 中的楼板即为板类构件。

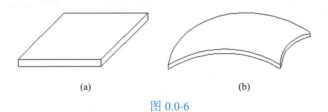

(a)　　　　　　　　　(b)

图 0.0-6

（3）实体构件：是指长度、宽度、高度三个尺寸接近的构件，如图 0.0-7（a）所示。水利工程中的重力坝［图 0.0-7（b）］和桥梁工程中的桥台［图 0.0-7（c）］，都属于实体构件。

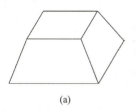 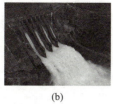 

(a)　　　　　　　　(b)　　　　　　　　(c)

图 0.0-7

二、工程力学的基本任务

工程力学是讨论如何将力学原理应用于工程实际的一门课程，它的任务主要包括以下三个方面：

（1）以力的基础知识、力系的平衡等理论为基础，对实际工程中的结构和构件进行受力分析，建立计算简图。

（2）以外力作用下物体内部力的特点、分布特征、变形规律为基础，校验结构或构件的承载能力。

工程中，结构或构件要有足够的承载能力，必须满足强度、刚度和稳定性的要求。即：

结构或构件必须具有足够的抵抗破坏［图 0.0-8（a）］的能力——强度要求；

结构或构件必须具有足够的抵抗变形［图 0.0-8（b）］的能力——刚度要求；

结构或构件必须具有足够的保持原有平衡状态［图 0.0-8(c)］的能力——稳定性要求。

强度、刚度、稳定性
（视频）

 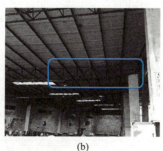

(a)　　　　　　　　(b)

(c)

图 0.0-8

（3）以结构系统的几何组成规则为基础，判别静定结构和超静定结构。对于超静定结构，以虚功、虚位移等原理为基础，计算超静定结构内力，校验承载能力。

三、工程力学的基本假定

工程实际中的结构和构件形式复杂多样，性质各不相同。进行力学分析时，为了使所研究的问题得以简化，通常略去影响较小的次要因素，只考虑主要因素，将结构和构件科学、合理地抽象为刚体和理想变形固体两种计算模型。

刚体是指在外力作用下形状、尺寸保持不变的一种理想模型。虽然任何物体受力后都会发生变形，但是一般情况下工程结构和构件的变形都极其微小，在研究平衡问题和几何组成分析时，通常忽略变形这一次要因素，将其考虑为刚体这一理想模型。

理想变形固体是指在分析与变形密切相关的问题时，考虑变形影响的一种理想固体模型。如对工程构件进行强度、刚度、稳定性验算等与变形密切相关的问题时，通常将工程构件考虑为理想变形固体模型。理想变形固体模型的基本假设如下：

连续、均匀、各向同性假设，假定物体（构件）内是密实的没有任何空隙；物体（构件）内部各处力学性质完全相同；且材料在各个方向力学性质也都相同。

弹性、微小变形假设，假定物体（构件）产生的变形都是弹性变形；物体（构件）在外力作用下所产生的变形与物体（构件）本身的几何尺寸相比非常小，即小变形。

工程中大多数工程材料，如钢、铸铁、混凝土、砖石等，是符合上述假设的。

通过对工程中结构和构件的假设得到抽象化模型，既满足了工程的计算精度要求，又极大地简化了计算过程。

两种计算模型（视频）

理想变形固体模型基本假设（视频）

● 小 贴 士

变形固体受力产生变形，其中卸去荷载后可完全消失的变形称为弹性变形，卸去荷载后不能恢复的变形称为塑性变形或残余变形。

强化拓展

强化拓展（PPT）

模块 1

工程力学基础知识的认知

知识目标

①了解静力学公理及相应推论。
②掌握力、力矩、力偶等基本概念及其性质。
③掌握合力矩定理的应用。
④理解力的平移定理。

技能目标

①会应用静力学公理分析工程中的实际问题。
②能熟练应用平移定理在力学分析中进行力的平移。
③能熟练地运用力的平移定理分析偏心构件,计算偏心距和附加力偶。
④能熟练地运用力矩知识验算工程中各类抗倾覆稳定性。

素质目标

培养科学的思维方式和勇于探索的科学精神。

工程中，各种建筑结构或构件在施工中和建成后的使用过程中都要承受力的作用，当力的作用超出建（构）筑物自身的承载能力或变形限度时，建（构）筑物将被破坏。因此，在建（构）筑物设计、施工和使用过程中，工程技术人员必须对结构和构件进行细致、科学的受力分析和计算。力的基本概念和性质是分析这些结构、构件复杂受力情况的基础。自力学基础知识出发的力学分析，能够使工程技术人员快速、科学地理解、应对工程实际中遇到的受力分析问题；此外，力学基础知识中一些基本定理、性质还能直接用于结构和构件的力学验算。

本模块学习任务部分将介绍力、力矩、力偶的概念和性质，以形成对力的基本认知。案例部分以架桥机过孔抗倾覆稳定性验算为例，将学习任务中力矩认知部分的理论内容与工程实际中抗倾覆稳定性验算联系起来，使学生能够理论联系实际。

学习任务1.1 力与平衡的认知

任务发布

任务书

根据静力学公理，试分析下列工程结构中指定构件的受力特点，并判断其符合静力学公理中的哪些定理。

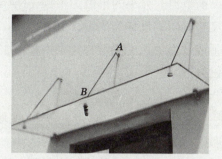

雨棚拉杆 AB

吊车吊钩 A 及梁 BC

任务导学

任务导学（PPT）

任务认知

一、力的概念

1. 力的定义

力，与人类的生活和生产实践息息相关。每个人都能感受到力，推、举物体时，肌肉的紧张与收缩；坐在沙发上时，沙发的凹陷；建筑物上堆载的重物过重时发生的破坏；螺栓受力过大时发生的变形等，这些都形成了人们对力的直观认识。在生产和生活中，人们还希望进一步认识力和掌握力，例如怎样的推、举动

力的定义（视频）

作能够更省力，沙发怎样的受力设计更符合人体工学，怎么才能防止工程结构物破坏，如何减少工程构件的变形等。这些问题的提出和解答都需要知道一个最基本的概念——力。

力的科学定义：力是物体间的相互机械作用，这种作用使物体的机械运动状态发生改变，或者使物体发生变形。其中，使物体的运动状态发生改变的效应称为力的运动效应或外效应，使物体发生变形的效应称为力的变形效应或内效应。

2. 力的三要素

实践表明，力对物体的作用效应取决于三个要素：力的大小、方向和作用点。力的大小表示物体间相互机械作用的强弱程度。国际单位制中，衡量力的大小的单位为牛顿（N）或千牛（kN）。

既有大小又有方向的量称为矢量，具有确定作用点的矢量称为定位矢量，不涉及作用点的矢量称为自由矢量，由力的三要素可知，力是定位矢量。

3. 力的图示

力的图示（视频）

力是矢量，由此可以用一根带箭头的线段来表示。如图1.1-1（a）所示，线段AB的长度表示力的大小；箭头的指向表示力的方向；线段的起点A（或终点B）表示力的作用点；通过力的作用点沿力的方向的直线，为力的作用线。力矢常采用黑体字母$\boldsymbol{F}$或上面带箭头的普通字母$\vec{F}$表示；若只有普通字母F，仅表示力的大小。

工程中绘制受力简图时，力的大小不一，用线段长短表示力的大小比较麻烦，大多采用直接在箭头旁标明力的大小，如图1.1-1（b）所示。

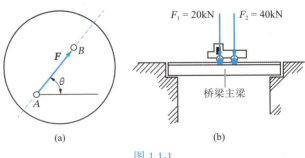

图 1.1-1

力系的概念（视频）

二、力系的概念

所谓力系，是指同时作用在物体上所有力的集合。若各力作用线位于同一平面内，该力系称为平面力系，如图1.1-2所示；否则，称为空间力系，如图1.1-3所示。

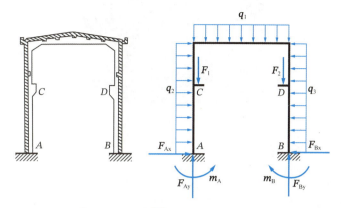

图 1.1-2

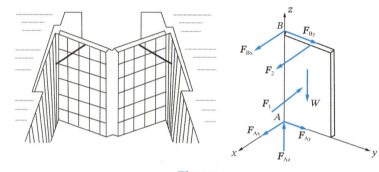

图 1.1-3

若两个力系作用于同一物体产生相同的效应,则这两个力系互为等效力系。若一个力与一个力系等效,则称该力为该力系的合力,而力系中的各力称为该合力的分力。用一个较简单的等效力系代替一个复杂力系的过程称为力系的简化。力系的简化是刚体静力学研究的一个基本问题。

三、平衡的概念

平衡是指物体相对于惯性参考系处于静止状态或匀速直线运动状态。平衡贯穿力学分析的始终,如图 1.1-4 所示,对于斜拉桥结构而言,分析作用在其上的外力时,斜拉桥结构整体要平衡,拉索、桥塔、主梁每个构件也要平衡。后续课程中分析各个构件内力时采用的方法——截面法,也是利用了构件的局部平衡。

平衡的概念(视频)

使物体处于平衡状态的力系称为平衡力系。当物体平衡时,作用在物体上的力需满足的条件是刚体静力学研究的又一基本问题。本书在静力学部分的介绍中将以力学基础知识为基础,对工程中的结构和构件建立受力简图,进行受力分析,并通过物体在外力作用下的平衡条件,解决实际工程中结构平衡的计算问题。

图 1.1-4

四、静力学公理

静力学的研究内容是物体的运动效应，研究对象是刚体，主要讨论刚体在力的作用下平衡的规律，因此静力学也被称为刚体静力学。本书中的模块 1 至模块 3 都属于刚体静力学的范畴。

静力学中有一些已被实践反复证实并被认为无须再证明的基本原理，这些基本原理被称为静力学公理，静力学的全部内容都是以静力学公理为基础推理出来的。

1. 二力平衡公理

作用于同一个刚体上的两个力，使刚体保持平衡的充分必要条件是：大小相等，方向相反，作用在同一条直线上。

二力平衡公理（视频）

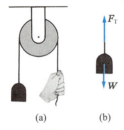

图 1.1-5

如图 1.1-5（a）所示，手拉绳子使物体保持静止。不计摩擦和变形，物体受自重及绳索的拉力作用，受力如图 1.1-5（b）所示。在自重 W 和拉力 F_T 作用下，物体平衡，故 $W = F_T$。

工程结构中的构件在两个力作用下处于平衡的情况是很常见的。若一构件忽略自重，仅在两个力作用下处于平衡，则该构件称为二力构件或二力杆件，简称二力杆。二力杆与其本身形状无关，它可以是折杆、曲杆或者直杆，如图 1.1-6 所示。二力杆的杆端力必定等值、反向、共线，且沿杆上两力的作用点连线方向，指向待定。

● 小 贴 士

二力平衡公理仅适用于同一刚体，不适用于变形体和多体。

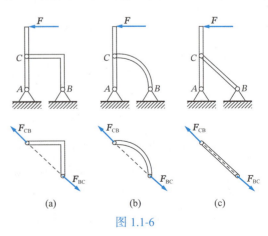

图 1.1-6

2. 作用力与反作用力公理

两个物体间的作用力和反作用力总是同时存在，它们大小相等，方向相反，沿同一直线，分别作用在这两个物体上。

如图 1.1-7 所示，手拉弹簧保持静止，A 弹簧显示 B 弹簧拉它的力，B 弹簧显示 A 弹簧拉它的力，可以看出，A、B 弹簧显示的刻度始终相同。

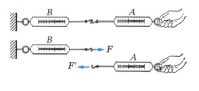

图 1.1-7

● 小贴士

二力平衡和作用力与反作用力的共同点：等值、反向、共线。

二力平衡和作用力与反作用力的区别：前者作用在同一刚体上，符合二力平衡条件，构成平衡力系；后者分别作用在两个物体上，不构成平衡力系。

作用力与反作用力公理、加减平衡力系公理（视频）

3. 加减平衡力系公理

在作用于刚体的任意力系上，加上或减去任意平衡力系，并不改变原力系对刚体的作用效应。

推论 1：力的可传性

作用于刚体上的力，可沿其作用线移动而并不改变该力对刚体的作用效应。

如图 1.1-8 所示，将小车视为刚体，推力 F 作用于小车上的 A 点，与大小、方向均相同的拉力 F 作用在小车的 B 点（A、B 两点在同一直线上），使小车产生的运动效应是相同的。因此，作用于刚体上力的三要素是：力的大小、方向和作用线。

图 1.1-8

● 小贴士

注意：加减平衡力系公理只适用于刚体，不适用于变形体。

平行四边形法则（视频）

4. 平行四边形法则

作用于物体上同一点的两个力，可以合成为一个合力，合力的作用点也在该点，合力的大小和方向，由以这两个力为邻边所构成的平行四边形的对角线来确定。

如图 1.1-9 所示，老师一人拎水桶，作用在水桶 O 点一竖直向上的力 F_R。若两学生一起拎水桶，他们分别在 O 点给水桶力 F_1 和 F_2。即一个力 F_R 对物体的作用效应等于两个力 F_1 和 F_2 对物体的共同作用效应，F_R 称为 F_1 和 F_2 的合力，F_1 和 F_2 称为 F_R 的分力，可表达为合力矢等于这两个分力矢的矢量和，即 $F_R = F_1 + F_2$。

图 1.1-9

力的平行四边形法可以简化为力三角形法则，如图 1.1-10 所示。将表示 F_1 和 F_2 的线段首尾相连，构成开口（即缺少一边）的力三角形，该力三角形的闭合边就是合力 F_R，它由第一个力的起点指向第二个力的终点；F_1 和 F_2 的连接顺序可任意对换而不改变最终结果。

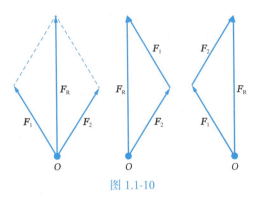

图 1.1-10

推论 2：三力平衡汇交定理

若刚体受到共面但不平行的三个力作用而平衡时，这三个力的作用线必汇交于一点。

三力平衡汇交定理对于三力平衡是必要而非充分条件。它常用来确定刚体在共面但不平行的三个力作用下平衡时，其中某一未知力的作用线方向。

三力平衡汇交定理（视频）

任务实施

步骤 1：绘制任务书中指定构件的受力分析图。

任务实施（视频）

步骤 2：分析构件的受力符合静力学公理中的哪条定理。

强化拓展

强化拓展（文本）

任务总结

模块 1　工程力学基础知识的认知　13

学习任务1.2　力矩的认知

任务发布

任务书

T形预制梁运输采取运梁炮车,运输路段的路面横坡为8%（$\tan\alpha = 0.08$）,炮车断面如下右图所示,其中 T 梁自重W为1400kN（$W_1 = W/2 = 700$kN）,炮车自重W_2为30kN。试分析炮车在行走的过程中会不会倾覆。

任务导学

任务导学（PPT）

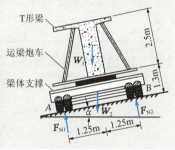

任务认知

一、力对点之矩

力作用于刚体产生的运动效应包括移动效应和转动效应。其中,力对刚体的移动效应用力矢来度量。而力对刚体的转动效应,如图 1.2-1 所示扳手上施加的力F使扳手绕螺母中心O转动的效应,则用力对点之矩（简称力矩）来度量。其中转动中心O,称为力矩中心,简称矩心。矩心到力的作用线的垂直距离d,称为力臂。力与矩心所确定的平面称为力矩平面。

力对点之矩（视频）

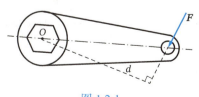

图 1.2-1

由图 1.2-1 所示的扳手拧螺母时的情形可知,在扳手端部施加力F,将使扳手绕O点发生转动。转动效应不仅与力F的大小成正比，还与O点到力F的垂直距离d成正比。若以相反方向对扳手施加力F，扳手也将以相反方向绕O点转动。因此，可以用力的大小与力臂的乘积Fd再冠以正负号来表示力F使物体绕O点转动的效应，称为力F对O点之矩，简称**力矩**，用$m_o(F)$来表示，即

$$m_o(F) = \pm Fd \tag{1.2-1}$$

式中的正负号表示在力矩平面内物体绕矩心的转动方向。力使物体绕矩心逆时针转动时，力矩为正；反之，力矩为负。力矩的单位为 N·m 或 kN·m

通过力对点之矩的定义可以得出以下结论：

（1）力对点之矩不仅与力的大小及方向有关，还与矩心的位置有关。

（2）当力沿作用线移动时，不会改变力对指定点之矩。

（3）当力的大小等于零或力的作用线通过矩心时，力矩恒等于零。

> ● 小 贴 士
>
> 在平面问题中，力对点之矩只取决于力矩的大小和转向，因此，力矩是代数量。

例 1.2-1 讲解（视频）

【例 1.2-1】简支刚架如图 1.2-2 所示，其上作用荷载 $F = 30\text{kN}$，$\alpha = 45°$，尺寸见图。试分别计算 F 对支座 A、B 两点之矩。

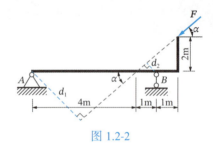

图 1.2-2

解 （1）力 F 对 A 点的力矩

$$\text{力臂} \, d_1 = 4 \times \sin 45° = 2\sqrt{2} \, (\text{m})$$

$$m_A(F) = -F \cdot d_1 = -30 \times 2\sqrt{2} = -84.9 \, (\text{kN} \cdot \text{m})$$

（2）力 F 对 B 点的力矩

$$\text{力臂} \, d_2 = 1 \times \sin 45° = \frac{\sqrt{2}}{2} \, (\text{m})$$

$$m_A(F) = F \cdot d_2 = 30 \times \frac{\sqrt{2}}{2} = 21.2 \, (\text{kN} \cdot \text{m})$$

二、合力矩定理

合力矩定理（视频）

如果力系F_1、F_2、…、F_n的合力为F_R（图 1.2-3），合力F_R对其作用平面内任一点O的矩等于力系中各分力对同一点之矩的代数和，即**合力矩定理**：

$$m_o(\pmb{F_R}) = m_o(\pmb{F_1}) + m_o(\pmb{F_2}) + \cdots m_o(\pmb{F_n}) = \sum m_o(\pmb{F_i}) \qquad (1.2\text{-}2)$$

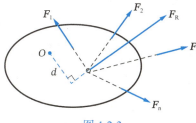

图 1.2-3

【例 1.2-2】如图 1.2-4 所示，用合力矩定理求解例 1.2-1。

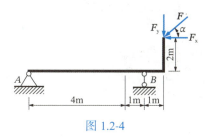

图 1.2-4

解（1）将力 $\pmb{F}$ 分解为水平力 $\pmb{F_x}$ 和竖直力 $\pmb{F_y}$

$$F_x = F \cdot \cos\alpha = 30 \times \cos 45° = 21.2(\text{kN})$$
$$F_y = F \cdot \sin\alpha = 30 \times \sin 45° = 21.2(\text{kN})$$

（2）根据合力矩定理，力 $\pmb{F}$ 对 A 点的力矩
$$m_A(\pmb{F}) = m_A(\pmb{F_x}) + m_A(\pmb{F_y}) = F_x \times 2 - F_y \times 6 = -84.9(\text{kN}\cdot\text{m})$$

（3）根据合力矩定理，力 $\pmb{F}$ 对 B 点的力矩
$$m_B(\pmb{F}) = m_B(\pmb{F_x}) + m_B(\pmb{F_y}) = F_x \times 2 - F_y \times 1 = 21.2(\text{kN}\cdot\text{m})$$

● 小 贴 士

当力臂不易求出时，通常可用合力矩定理来计算力对点之矩。

例 1.2-2 讲解（视频）

三、工程中的力矩分析

在工程中，结构和构件通常需要考虑抗倾覆稳定性问题，如在风荷载作用下，需要验算支撑脚手架的倾覆承载力；在工程设计中，需要计算重力式挡土墙、挡水坝的抗倾覆稳定性；运输预制梁片的炮车在运梁过程中，需要验算架桥机过孔时的抗倾覆稳定性等。

对于解决抗倾覆稳定性这类问题，主要在于分析结构或构件将产生倾覆时的矩心位置，计算倾覆力矩和抗倾覆力矩，从而确定结构或构件是否满足抗倾覆安全要求。

例如，在基础工程中，重力式挡土墙的设计包括挡土墙抗倾覆稳定性验算。重力式挡土墙的倾覆是指挡墙在墙背土压力作用下可能产生绕墙趾远离土体的转动而倾覆。

工程中的力矩分析（视频）

● 小 贴 士

工程中，通常将主动作用在结构或构件上的外力称为荷载。如风荷载，即为作用在支撑脚手架上的风的作用力。

● 小 贴 士

根据《建筑边坡工程技术规范》(GB 50330—2013)的规定,挡土墙抗倾覆稳定性系数应该不小于1.6,挡土墙抗滑移稳定性系数不小于1.3。

如图 1.2-5 所示,挡土墙自重为 W,墙背受到的主动土压力为 E_a。主动土压力 E_a 对 O 点的矩,使挡土墙绕着墙趾 O 点远离土体转动,使挡土墙产生倾倒的趋势,称为倾覆力矩;挡土墙的自重 W 对 O 点的矩,阻止挡土墙倾倒,称为抗倾覆力矩。要保证挡土墙的抗倾覆稳定性,必须要求抗倾覆力矩与倾覆力矩之比,即抗倾覆安全系数不小于 1.6。

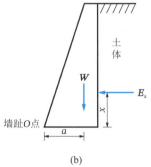

(a)　　　　　　　　　(b)

图 1.2-5

● 小 贴 士

工程中,将连续分布在一定长度上的荷载,称为线荷载。风线荷载即风荷载连续分布在支撑脚手架的立杆上。

又如,支撑脚手架是桥梁、建筑或水利设施施工中常用的,可用于承受各种荷载,具有安全保护功能,为施工提供支撑和作业平台的脚手架,如图 1.2-6 所示。《建筑施工脚手架安全技术统一标准》(GB 51210—2016)中规定,在水平风荷载作用下,需对支撑脚手架进行倾覆承载力的验算。如图 1.2-7 所示,可取支撑脚手架的一列横向(取短边方向)立杆作为计算单元,以倾覆原点为矩心,作用在计算单元架体上的风线荷载为 q_{wk},作用在作业层栏杆(模板)上风荷载产生的水平力为 F_{wk},对倾覆原点的力矩为倾覆力矩。架体自重、架体上部模板等物料自重以及计算单元上集中堆放的物料自重,对倾覆原点的力矩为抗倾覆力矩。抗倾覆承载力验算中,倾覆力矩与抗倾覆力矩的大小,需满足相关规范要求。

图 1.2-6

模块 1　工程力学基础知识的认知 17

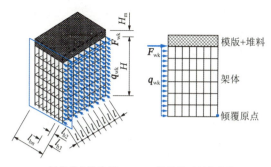

(a) 风荷载整体作用　　(b) 计算单元风荷载作用

图 1.2-7

任务实施

步骤 1：分析发生倾覆时炮车的受力条件。

任务实施（视频）

步骤 2：对 A 点求倾覆力矩。

步骤 3：对 A 点求抗倾覆力矩。

步骤 4：判断炮车是否会倾覆。

强化拓展

强化拓展（视频）

任务总结

学习任务1.3 力偶的认知

任务导学

任务导学（PPT）

任务发布

任务书

如下图所示某牛腿柱，已知牛腿柱承受过形心 O 的屋面荷载 $F_1=100\text{kN}$，起重机梁作用力 $F_2=50\text{kN}$，F_2 距离形心 O 的偏心距 $e=0.2\text{m}$，试求将偏心压力 F_2 平移到过形心 O 所产生的附加力偶矩。

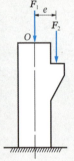

任务认知

一、力偶

起重机司机双手转动转向盘时，作用在转向盘上有两个力，如图1.3-1（a）所示；工人用丝锥攻螺纹时作用在丝锥上有两个力，如图1.3-1（b）所示。两情境中展示的都是大小相等、方向相反、不共线的两个平行力 F 和 F'，这样的两个力作用在同一物体上时，使物体只产生转动效应，而不产生移动效应。力学上把这种由大小相等、方向相反、不共线的两个平行力组成的力系，称为力偶，用符号 (F, F') 表示。力偶中两力之间的垂直距离 d 称为力偶臂，两力所确定的平面称为力偶作用面。

力偶作用于物体产生的转动效应用力偶矩来衡量，符号 $m(F, F')$，简记为 m。力偶在受力图中的表示如图1.3-2所示。

实践表明，组成力偶的力越大，或力偶臂越长，则力偶使物体转动的效应越强；反之越弱。因此，可用力的大小与力偶臂的

力偶的概念（视频）

乘积 $F \cdot d$ 和适当的正负号来度量力偶对物体的转动效应。

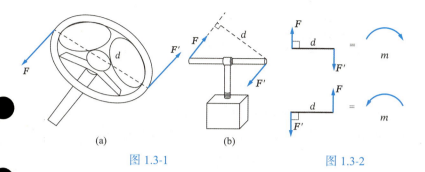

图 1.3-1　　　　　　　　图 1.3-2

力偶矩的计算（视频）

$$m = \pm F \cdot d \quad (1.3\text{-}1)$$

在平面问题中，力偶矩是代数量。一般规定：力偶使物体逆时针方向转动时，力偶矩为正；反之，力偶矩为负。力偶矩单位与力矩的单位相同，为 N·m 或 kN·m。

● 小贴士

力偶矩和力矩的联系与区别：两者都使物体发生转动效应。但是力偶矩是由力偶（两个等值、反向、平行不共线的力）作用下物体产生的转动效应；而力矩是由一个力作用下对确定点（矩心）产生的转动效应。

二、力偶的性质

（1）力偶对其作用面内任一点的矩恒等于力偶矩，而与矩心位置无关。

（2）力偶不能简化为一个力，即不能与一个力平衡，力偶只能与力偶平衡。

（3）作用在同一平面内的两个力偶，若其转向相同且力偶矩大小相等，则这两个力偶等效。这个性质称为力偶的等效性。

（4）力偶在任意轴上的投影等于零。

由以上性质可知：作用在刚体上的力偶，其力偶矩的大小和转向不变时，力偶可在该作用平面内任意转动和移动，不会改变其对刚体造成的转动效应。即力偶对刚体的作用效应与它在作用平面的位置无关。

力偶矩的大小、力偶的转向、力偶的作用平面即为平面力偶的三要素。

三、力的平移定理

由力的可传性可知，作用于刚体上的力，可沿其作用线移动而并不改变该力对刚体的作用效应。但在受力分析时，通常会遇到需要将力平行移动到同一刚体上任意一点进行计算的情况。

如图 1.3-3 所示，力 F 过 A 点，将力 F 平行移动到 B 点时，为了保持原来力的作用效应，需要同时附加一个力偶。附加力偶的力偶矩为：

力的平移定理（视频）

● 小 贴 士

（1）力的平移定理的作用过程是可逆的，作用于刚体上的一个力可分解为作用在同一平面内的一个力和一个力偶；当然，也可以将同一平面内一个力和一个力偶合成为作用在另一点上的力。

（2）力的平移定理只适用刚体，对于变形体是不适用的。

力的平移定理在工程中的应用（视频）

$$m = F \cdot d = m_B(F)$$

图 1.3-3

由此，可得出力的平移定理：作用于刚体上某点的力可以平移到此刚体上的任一点，为保持原有的作用效应，必须附加一个力偶，附加力偶的力偶矩等于原力对平移点的力矩。

四、力的平移定理在工程中的应用

力的平移定理不仅可以将力等效地平移到同一刚体的任意点上，在工程中，还可以用来分析偏心构件，计算偏心距。如图 1.3-4 所示的偏心受压柱，将偏心力 F 平移到柱截面形心 O 处时，将在 O 处得到一个中心压力 F' 和一个附加力偶 m。中心压力 $F' = F$，使柱产生压缩变形；附加力偶 $m = Fe$，使柱产生弯曲变形，其中 e 是偏心力 F 到截面形心 O 的水平距离，称为偏心距。

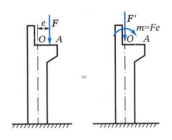

图 1.3-4

工程中，偏心受压对构件安全是不利的，偏心距越大，构件越不安全。因此，在一些工程受力计算时，需限定偏心距的大小，以确保构件安全。如《塔式起重机混凝土基础工程技术标准》（JGJ/T 187—2019）中规定：塔式起重机采用矩形或十字形基础，进行地基承载力计算时，要求偏心距 $e \leqslant b/4$，b 为矩形基础底面宽度。如图 1.3-5（a）所示，当地基上方结构（如塔机）处于独立状态，作用于基础的荷载包括塔机作用于基础顶的竖向荷载标准值 F_k、水平荷载标准值 F_{vk}、倾覆力矩（包括塔机自重、起重荷载、风荷载等引起的力矩）荷载标准值 M_k、扭矩荷载标准值 T_k 及基础与其上土的自重荷载标准值 G_k。不考虑扭矩 T_k 的情况下，将这些力平移到基底中心 O 点时，形成竖直方向合力 $F = F_k + G_k$，水平方向合力 F'_{vk} 及合力偶 $m = M_k + F_{vk} \cdot h$。如图 1.3-5（b）所示。最后，根据力的平移定理，如图 1.3-5（c）所示，得塔式起重机地基承载力计算时偏心距的计算公式为：

$$e = \frac{m}{F} = \frac{M_k + F_{vk} \cdot h}{F_k + G_k} \quad (1.3\text{-}2)$$

$$e \leqslant b/4$$

● 小 贴 士

公式(1.3-2)来自于《塔式起重机混凝土基础工程技术标准》(JGJ/T 187—2019)。

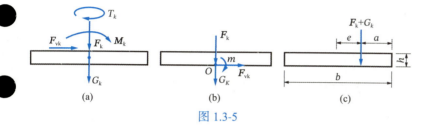

图 1.3-5

📋 任务实施

步骤1：根据力的平移定理，计算偏心压力 F_2 产生的附加力偶的力偶矩大小。

任务实施（PPT）

步骤2：判断附加力偶的力偶矩方向。

📋 任务总结

◎ 强化拓展

强化拓展（PPT）

案例1.4 力矩的工程应用——架桥机过孔时抗倾覆稳定性验算

📖 任务导学

任务导学（PPT）

任务描述（视频）

任务发布

任 务 书

验算架桥机最大跨径过孔抗倾覆稳定性。

任务描述

某闸桥工程，上部结构布置跨径为 $20 \times 21m + 15 \times 29m$ 预制简支小箱梁，桥面分左、右两幅，每幅每跨6片箱梁，共420片。箱梁单片最大重量85t，采用40m-160t 步履式架桥机进行架设。

架桥机参数：

（1）临时支腿重：1.6t。
（2）主梁、桁架及桥面系均布荷载：$q = 1.42t/m$（单边）。
（3）中托重：14.6t。
（4）后支腿重：4.9t。
（5）1号起重天车重：14.8t。
（6）2号起重天车重：14.8t。

任务认知

力矩是工程力学的基本概念之一，在本课程后续的支座反力计算以及内力分析当中都需要计算力矩。此外，它还可以直接用于工程中，用来分析结构和构件的抗倾覆稳定性问题。本案例以架桥机为例，利用本模块任务1.2"力矩的认知"中的基础知识，验算其过孔倾覆稳定性。

一、架桥机结构

架桥机是支承在桥梁结构上，可沿纵向自行变换支承位置，用于将预制桥梁梁体（包括整孔梁体、整跨梁片、节段梁体、非整跨梁片）安装在桥墩（台）指定位置的一种专用起重机，被广泛用于公路、铁路、桥梁以及水利工程中大型梁片的架设。其总体结构如图1.4-1所示。

架桥机结构（视频）

模块 1　工程力学基础知识的认知 | 23

图 1.4-1　架桥机总体结构图

①-主梁；②-天车；③-后支腿；④-中托；⑤-前支腿；⑥-临时支腿

二、架桥机过孔

架桥机在吊装架设梁片前后，需沿桥向自行从一桥墩（台）移到下一桥墩（台），这一作业过程称为过孔作业。架桥机过孔有两种工况，自平衡过孔如图 1.4-1 所示，提梁配重过孔如图 1.4-2 所示。自平衡过孔时，主梁向前移动，架桥机完全依靠自身的重力来维持过孔平衡。提梁配重的工况在过孔前，需要先将接下来要架设的梁片提前吊装在 2 号起重天车上作为配重来抵抗倾覆。因为增加了梁片的重力来抗倾覆，所以提梁配重的过孔方式相对比较安全，但是其相对自平衡过孔而言工作效率低、劳动强度大，且过孔时为了吊装梁片需抬高重心，增加了不稳定性。本任务对于过孔时倾覆稳定性的受力分析主要集中在自平衡过孔这一工况。

架桥机过孔（视频）

图 1.4-2　架桥机和提梁配重过孔状态图

三、架桥机过孔受力分析

在架桥机过孔过程中，支点前侧的结构重力将产生顺时针转向的倾覆力矩，支点后侧的结构重力将产生逆时针转向的抗倾覆力矩。只有在抗倾覆力矩大于倾覆力矩的情况下，架桥机才能满足倾覆稳定性的要求。分析图 1.4-1、图 1.4-2 的过孔状态受力可知，倾覆力矩最大的情况出现在架桥机最大跨径自平衡过孔过程中，即辅助支腿刚到下一个桥墩但还未支承在上面时，该状态的受力图如图 1.4-3 所示。取单侧进行受力分析，此时，倾覆力矩有：临时支腿重力P_1、支点前段主梁重力P_2产生的力矩；抗倾覆力矩有：中托重力P_3、后支腿重力P_4、1 号和 2 号起重天车重力P_5、P_6，以及支点后段主梁重力P_7产生的力矩。不同型号的架桥机，各力到支点

架桥机过孔受力分析（视频）

O 的距离各不相同，分别用 l 加上下标表示。

工程中，为了确保架桥机过孔安全，过孔时还需满足抗倾覆系数：

$$K_c = \frac{m_{抗}}{m_{倾}} \geqslant 1.5$$

- 小 贴 士

  使用架桥机进行安装作业时，其抗倾覆稳定系数应不小于 1.3，架桥机过孔时，抗倾覆系数应不小于 1.5。

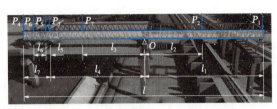

图 1.4-3　架桥机最大跨径过孔受力图

任务实施（视频）

任务实施

架桥机最大跨径过孔稳定性验算

步骤 1：绘制架桥机过孔稳定性计算简图。

步骤 2：分析确定稳定性验算的支点（找矩心）。

步骤 3：计算各受力点重力的大小，确定力到支点的距离（力臂）。

步骤 4：分析、计算倾覆力矩。

步骤 5：分析、计算抗倾覆力矩。

步骤 6：计算抗倾覆系数，验算稳定性。

- 强化拓展

强化拓展（视频）

任务总结

习　题

一、基础题

1-1　如图 1-1 所示，一槽形杆件用螺栓固定于点 O，在杆端点 A 作用力 $F = 400\text{N}$，F 与水平方向成 30°，试求力 F 对点 O 的矩。

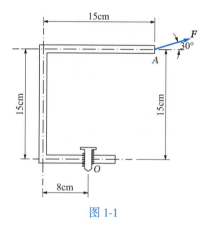

图 1-1

1-2　如图 1-2 所示的各梁，其受力情况如图所示，试求 F_1、F_2、m 对 A、B 点的矩。

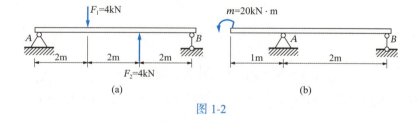

图 1-2

1-3 试求图 1-3 所示的三个力偶的合力偶矩，已知 $F_1 = F_1' = 100\text{N}$，$F_2 = F_2' = 140\text{N}$，$F_3 = F_3' = 180\text{N}$；$d_1 = 80\text{cm}$，$d_2 = 40\text{cm}$，$d_3 = 60\text{cm}$。

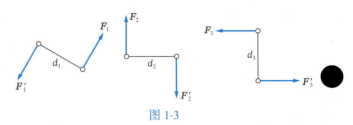

图 1-3

1-4 如图 1-4 所示的平面力系，其中 $F_1 = F_1' = 180\text{N}$，$F_2 = F_2' = 220\text{N}$，$F_3 = F_3' = 240\text{N}$，试求合力偶矩。

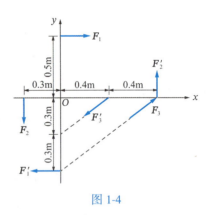

图 1-4

二、提高题

1-5 如图 1-5 所示，一直径为 $D = 1000\text{mm}$ 的圆轮，皮带产生的拉力为 $F_{T1} = 3.2\text{kN}$，$F_{T2} = 1.6\text{kN}$，与水平线的夹角 $\alpha = 30°$。求皮带拉力 F_{T1}、F_{T2} 各自对轮的中心 O 点之矩。

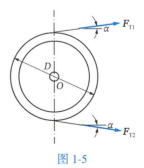

图 1-5

模块 2

受力简图的绘制

知识目标

①了解荷载、约束及结构的概念。
②了解荷载、约束及结构的简化过程。
③了解荷载组合的概念及规范中对于荷载组合的规定。
④理解受力分析、受力图的概念。
⑤理解结构系统的概念。

技能目标

①能根据规范要求，对工程实际结构或构件上的荷载进行荷载组合。
②能对实际工程中的结构构件进行荷载、约束及结构的简化，并建立力学简图。
③能绘制单个构件和结构系统的受力图。
④熟练掌握单个物体受力图的绘制方法。
⑤熟练掌握结构系统受力图的绘制方法。

素质目标

①培养勤于思考的习惯。
②培养严谨、细致、认真的工作态度。
③增强理论联系实际的能力，践行实践认知论。

实际结构和构件构造复杂、受力繁多、变形多样，完全按实际情况进行受力分析是不可能也不必要的。工程技术人员对实际结构和构件进行力学计算前，通常保留结构构件中对内力、变形影响大的主要因素，忽略影响小的次要因素，将实际结构和构件上的荷载按一定方式进行归类，按照规范要求进行荷载组合，并对结构及其上作用的约束进行简化，建立理想化的力学模型。最终，基于简化后的荷载、结构、约束绘制出力学简图，再对力学简图中的研究对象进行受力分析。

本模块学习任务2.1～2.3分别介绍荷载简化、约束简化、结构简化的基本原则及简化过程，学习任务2.4"力学简图的建立"在前面3个任务的基础上，介绍工程中常见的3种计算简图建立方法；学习任务2.5、2.6秉承由简单到复杂的思路，介绍单个构件和结构系统受力图的绘制。案例2.7和2.8分别以盖梁施工临时支撑结构和花篮式悬挑脚手架中结构和构件力学简图的建立为例，将整个模块学习任务中所学理论知识与具体工程实践结合起来。

学习任务2.1　荷载的简化

任务发布

任务书

组合钢模板块 P3012，宽 300mm，长 1200mm，钢板厚 2.5mm，钢模板两端支承在钢楞上，用作浇筑 220mm 厚的钢筋混凝土楼板，试计算钢模板上的荷载，并简化为沿长度方向的线荷载。

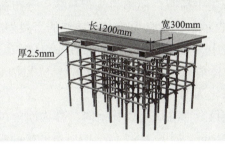

任务导学

任务导学（PPT）

任务认知

一、荷载

工程中各种建筑结构或构件在施工中和建成后的使用过程中都要承受各种力的作用，如施工中人和设备的重力、混凝土振动产生的冲击力，使用过程中结构的自重、风的作用力等，这些主动作用在结构或构件上的外力称为荷载。

荷载的定义（视频）

二、荷载的分类

1. 按照作用效应分

荷载按照作用效应不同可分为静力荷载和动力荷载。

静力荷载指缓慢地加到结构上的荷载。静荷载作用下结构不产生明显的加速度，如结构自重。

动力荷载指大小、方向随时间而变化的荷载。动荷载作用下结构各点产生明显的加速度，如起重机起吊重物加速上升时吊绳对重物的拉力、打桩时重锤对桩的冲击力等。

荷载按作用效应分类（视频）

2. 按照作用范围分

荷载按照作用范围的不同可分为集中荷载和分布荷载。

荷载按作用范围分类（视频）

若荷载作用的范围跟结构的尺寸相比很小，可认为荷载集中作用于一点，称为集中荷载。如图 2.1-1 所示，吊车传给梁的力，以及盖梁施工中工字钢主梁传递给钢棒的力等，均可考虑为集中荷载，用符号 F 表示，单位为 N 或 kN。

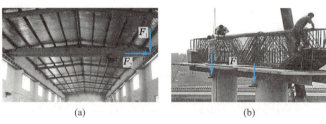

图 2.1-1

若荷载连续地作用在整个结构或者结构的一部分上，此时的荷载不能看作集中荷载，而称为分布荷载。分布荷载中各点荷载用荷载集度 q 表示，其含义为荷载在该点的密集程度。

分布荷载中，当荷载连续地分布在一定体积上时，称为体分布荷载，简称体荷载，即重度（容重），单位 kN/m^3。体荷载在工程中往往被简化为面荷载或线荷载。

当荷载连续分布在一定面积上时，称为面分布荷载，简称面荷载，单位 kN/m^2。如图 2.1-2（a）中所示的楼面板，其自重在厚度方向上没有变化，而是连续分布在楼板面积上，是常见的面荷载，如图 2.1-2（b）所示。

- **小 贴 士**

  工程中，《建筑工程计算手册》和《路桥施工计算手册》等规定：常用的新浇混凝土、砌体重度为 $24kN/m^3$，含筋率 $\leqslant 2\%$ 的钢筋混凝土重度为 $25kN/m^3$，含筋率 $> 2\%$ 的钢筋混凝土重度为 $26kN/m^3$。

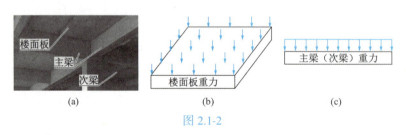

图 2.1-2

当荷载连续分布在一定长度上时，称为线分布荷载，简称线荷载，单位 kN/m。图 2.1-2（a）中的主梁和次梁，其截面尺寸（厚度及宽度）比其长度 l 小得多，故可忽略截面形状和尺寸的影响，其自重即可简化为线荷载，如图 2.1-2（c）所示。工程中，线荷载是受力分析最常用的方式，后述介绍分布荷载时以线荷载为主。

线荷载按照分布情况又分为均布线荷载和非均布线荷载。如图 2.1-3（a）所示等截面梁起吊时，其重力沿长度方向均匀分布，可简化为均布线荷载，如图 2.1-3（b）所示。图 2.1-4（a）中变截面柱起吊时，其重力在截面变化处发生变化，应简化为非均布荷载，如图 2.1-4（b）所示。

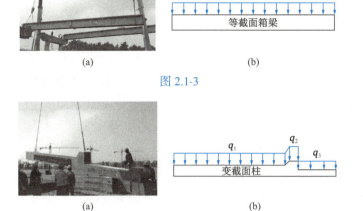

图 2.1-3

图 2.1-4

刚体静力学部分在计算工程结构或构件的外力时，通常将作用在结构或构件上的分布荷载用其合力（集中荷载）代替，以此简化计算。常见的线荷载等效成集中荷载的合力大小及作用点位置如图 2.1-5 所示。

● 小 贴 士

以变形体为研究对象时，作用在结构上的分布荷载则不能用其合力代替。

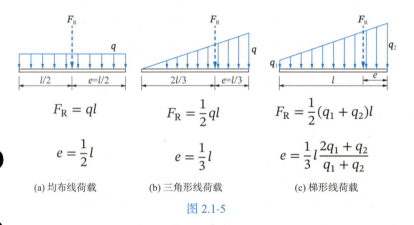

(a) 均布线荷载　　(b) 三角形线荷载　　(c) 梯形线荷载

图 2.1-5

【例 2.1-1】如图 2.1-6（a）所示的钢筋混凝土预制柱横置于垫木上，柱的质量均匀分布，重度为 25kN/m^3，柱长 3.2m，横截面面积 1600cm^2，求柱所受均布荷载 q。

例 2.1-1 讲解（视频）

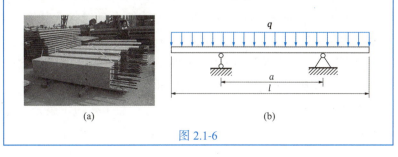

图 2.1-6

> **解** 预制柱的荷载简图如图 2.1-6（b）所示：
> 柱的自重 $W = 25 \times 3.2 \times 1600 \times 10^{-4} = 12.8$（kN）
> 均布荷载 $q = W/l = 12.8/3.2 = 4$（kN/m）

3. 按照作用时间长短分

荷载按照作用时间长短可分为永久荷载、可变荷载、偶然荷载。

永久荷载：又称**恒荷载**，是指长期作用在结构上，其大小、方向、位置恒定不变的荷载，如结构、设备的自重。

可变荷载：又称**活荷载**，是指大小或者作用点可能发生变化的荷载，如楼面活荷载、汽车荷载、风雪荷载等。

偶然荷载：指在建筑工程中不一定出现，一旦出现，数值很大、作用时间很短的荷载，如地震力、爆炸力、撞击力等。

三、荷载组合

工程实际中，荷载是结构或构件设计最基础、最重要的基本信息，如何对荷载准确取值是结构构件设计中非常重要的问题。然而，设计过程中不可能把每一个实际存在的荷载全部统计出来，通常需要根据规范对荷载分类取值，然后进行设计。

荷载具体量值的确定，是以极限状态为设计依据的。工程结构或构件超出极限状态是危险的，所以建筑物进行结构设计时，应按极限状态进行设计。设计中的极限状态，以**荷载作用引起的结构或结构构件的反应（如内力、变形和裂缝等）**即**荷载效应**，超过相应规定的标志作为依据。根据设计中要求考虑的结构功能，极限状态分为**承载能力极限状态**和**正常使用极限状态**两大类。前者指结构或构件达到最大承载力或达到不适于继续承载更大力的变形时的极限状态；后者为结构或构件达到正常使用或耐久性能的某项规定限值的极限状态。

确定荷载的具体量值，还需要进行荷载组合。**荷载组合是结构或构件按极限受力状态进行设计时，为保证结构的可靠性而对同时出现的各种荷载设计值的规定**。下面以《建筑结构荷载规范》（GB 50009—2012）为例，介绍荷载组合。

《建筑结构荷载规范》（GB 50009—2012）中规定：建筑结构设计应根据使用过程中在结构上可能同时出现的荷载，按承载能力极限状态和正常使用极限状态分别进行荷载（效应）组合，并应取各自**最不利**的效应组合进行荷载（效应）组合设计。

荷载按作用时间长短分类
（视频）

● 小 贴 士

不同设计规范对荷载分类描述有所不同。《铁路桥涵设计规范》（TB 10002—2017）中将荷载分为恒载、活载、附加力以及特殊荷载。《公路桥涵设计通用规范》（JTG D60—2015）中将荷载分为永久作用、可变作用、偶然作用三类，与《建筑结构荷载规范》（GB 50009—2012）将荷载分为永久荷载、可变荷载和偶然荷载类似。

荷载组合（视频）

荷载组合基本概念
（视频）

1. 承载能力极限状态下的荷载组合

按承载能力极限状态设计时，应采用式(2.1-1)设计表达式进行设计：

$$\gamma_0 S_d \leqslant R_d \quad (2.1\text{-}1)$$

式中：γ_0——结构重要性系数，根据结构安全等级进行选择；
R_d——结构构件抗力的设计值；
S_d——荷载基本组合效应的设计值。

荷载组合设计-承载能力极限状态（视频）

对于承载能力极限状态，应按荷载效应的基本组合或偶然组合进行荷载效应组合。其中，基本组合为永久荷载和可变荷载的组合；偶然组合为永久荷载、可变荷载和一个偶然荷载的组合，以及偶然事件发生后，受损结构整体稳固性验算时永久荷载与可变荷载的组合。

1）基本组合

要计算荷载基本组合的效应设计值S_d，应分别计算可变荷载控制的效应设计值和永久荷载控制的效应设计值，从中取最不利的效应设计值进行设计计算。

（1）由可变荷载控制的S_d：

$$S_d = \sum_{j=1}^{m} \gamma_{G_j} S_{G_jk} + \gamma_{Q_1}\gamma_{L_1} S_{Q_1k} + \sum_{i=2}^{n} \gamma_{Q_i}\gamma_{L_i}\psi_{c_i} S_{Q_ik} \quad (2.1\text{-}2)$$

式中：γ_{G_j}——第j个永久荷载的分项系数；
γ_{Q_i}——第i个可变荷载的分项系数，其中γ_{Q_1}为主导可变荷载Q_1的分项系数，按规定选用；
γ_{L_i}——第i个可变荷载考虑设计使用年限的调整系数，其中γ_{L_1}为主导可变荷载Q_1考虑设计使用年限的调整系数；
S_{G_jk}——第j个永久荷载标准值G_{jk}计算的荷载效应值；
S_{Q_ik}——第i个可变荷载标准值Q_{ik}计算的荷载效应值，其中S_{Q_1k}为诸可变荷载效应中起控制作用者；
ψ_{c_i}——第i个可变荷载Q_i的组合值系数；
n——参与组合的可变荷载数；
m——参与组合的永久荷载数。

式(2.1-2)中第一大项为永久荷载效应设计值，第二大项为主导可变荷载效应设计值，第三大项为其他可变荷载效应设计值。设计计算时，部分主导可变荷载的取值在具体技术规范中已明确给定，可直接根据规范选用。需注意，若主导可变荷载无法明显判断时，应依次以各可变荷载作为主导可变荷载计算效应设计值，并取最不利的荷载组合效应设计值作为设计依据。

（2）由永久荷载控制的S_d：

$$S_d = \sum_{j=1}^{m}\gamma_{G_j}S_{G_jk} + \sum_{i=2}^{n}\gamma_{Q_i}\gamma_{L_i}\psi_{c_i}S_{Q_ik} \qquad (2.1\text{-}3)$$

计算由永久荷载控制的S_d时，可变荷载不区分主导和其他，式(2.1-3)中第一大项仍为永久荷载效应设计值，第二大项为所有可变荷载效应设计值。各变量含义同上。

特别要注意，效应设计值S_d**是荷载设计值按规范进行荷载组合后所求得的内力值或应力值或变形值**，S_d的详细计算需要在学习内力、应力、变形相关知识后才能进行。

荷载设计值在按基本组合进行的荷载效应组合中，是通过**荷载标准值乘以相应分项系数得到的**。根据《建筑结构荷载规范》（GB 50009—2012）规定，分项系数取值见表2.1-1。

分项系数表 表2.1-1

分项系数	控制情况		取值
永久荷载的分项系数r_G	效应对结构不利	可变荷载效应控制的组合	1.2
		永久荷载效应控制的组合	1.35
	效应对结构有利		1.0
可变荷载的分项系数r_Q	一般情况		1.4
	标准值大于4kN/m²的工业房屋楼面结构的活荷载		1.3

结构的倾覆、滑移或漂浮验算以及荷载的分项系数应按有关的结构设计规范的规定进行和采用。

2）偶然组合

荷载偶然组合的效应设计值S_d，用于承载能力极限状态计算时：

$$S_d = \sum_{j=1}^{m}S_{G_jk} + S_{A_d} + \psi_{f_1}S_{Q_1k} + \sum_{i=2}^{n}\psi_{q_i}S_{Q_ik} \qquad (2.1\text{-}4)$$

式中：S_{A_d}——按偶然荷载标准值A_d计算的荷载效应值；

ψ_{f_1}——第1个可变荷载的频遇值系数；

ψ_{q_i}——第i个可变荷载的准永久值系数；

其余变量含义同上。

偶然组合中，由于偶然荷载标准值的确定往往带有主观和经验因素，因此设计表达式中没有荷载分项系数，即**荷载设计值等于荷载标准值**。

2. 正常使用极限状态下的荷载组合

按正常使用极限状态设计时，应采用式(2.1-5)设计表达式进行设计：

荷载组合设计-正常使用极限状态（视频）

$$S_d \leqslant C \tag{2.1-5}$$

式中： C——结构或构件达到正常使用要求的规定限值，即可能将产生变形、裂缝时，应按各有关规范的规定采用。

对于正常使用极限状态，包括标准组合、频遇组合或准永久组合，计算效应设计值应根据不同的设计要求选用。

（1）标准组合

$$S_d = \sum_{j=1}^m S_{G_jk} + S_{Q_1k} + \sum_{i=2}^n \psi_{c_i} S_{Q_ik} \tag{2.1-6}$$

（2）频遇组合

$$S_d = \sum_{j=1}^m S_{G_jk} + \psi_{f_1} S_{Q_1k} + \sum_{i=2}^n \psi_{q_i} S_{Q_ik} \tag{2.1-7}$$

（3）准永久组合

$$S_d = \sum_{j=1}^m S_{G_jk} + \sum_{i=1}^n \psi_{q_i} S_{Q_ik} \tag{2.1-8}$$

式(2.1-6)～式(2.1-8)中变量含义同上。

按正常使用极限状态设计时，S_d 的表达式中也没有荷载分项系数，荷载设计值也等于荷载标准值。

【例 2.1-2】如图 2.1-7 所示，支承在墙上的木梁承受楼板传来的荷载，相邻两木梁的间距 $a = 1.4\text{m}$，跨度 $l = 5\text{m}$，楼板宽度 $b = 500\text{mm}$，厚度 $h = 100\text{mm}$。（1）试将该楼板的重力简化为面荷载和沿长度方向的线荷载；（2）确定楼板重力作用在木梁上的计算荷载。

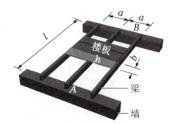

图 2.1-7

例 2.1-2 讲解（视频）

● 小 贴 士

《混凝土结构设计标准（2024 年版）》（GB 50010—2010）规定：沿两对边支承的板应按单向板计算；对于四边支承的板，当长边与短边比值大于 3 时，可按沿短边方向的单向板计算，但应沿长边方向布置足够数量的构造钢筋；当长边与短边比值介于 2 与 3 之间时，宜按双向板计算；当长边与短边比值小于 2 时，应按双向板计算。

解 （1）受力构件为楼板，先计算整个楼板重 W：

楼板（钢筋混凝土板）取重度 $\gamma = 25\text{kN/m}^3$

楼面板共跨 3 根木梁，每两个木梁间距为 a，所以楼面板长度为 $2a$，则自重 W 为：

$$W = \gamma \cdot 2a \cdot b \cdot h = 25 \times 2 \times 1.4 \times 0.5 \times 0.1 = 3.5(\text{kN})$$

若将自重简化为面荷载，单位面积上的均布荷载 q 为：

$$q = W/2ab = \gamma \cdot 2a \cdot b \cdot h/(2a \cdot b) = \gamma \cdot h = 25 \times 0.1 = 2.5(\text{kN/m}^2)$$

> 若将自重简化为沿长度方向的线荷载，该楼板长宽比 $2 \times 1.4/0.5 = 5.6 > 3$ 为单向板，可简化为沿长度方向的均布线荷载，沿长度方向的均布线荷载q'为
> $$q' = W/2a = \gamma \cdot 2a \cdot b \cdot h/2a = \gamma \cdot h \cdot b = 25 \times 0.1 \times 0.5$$
> $$= 1.25 (\text{kN/m})$$
> 因为$q = \gamma \cdot h$，所以$q' = b \cdot q$
>
> （2）楼板的重力连续作用在木梁的长度上，木梁上的荷载简化为均布线荷载。楼板总重W'为：
> $$W' = \gamma l 2 a h = 25 \times 5 \times 2 \times 1.4 \times 0.1 = 35 (\text{kN})$$
> 因楼板总重W'均匀地分布到木梁的整个跨度l上，且楼板的长度为2倍木梁间距，则木梁上的均布线荷载q''为：
> $$q'' = W'/2l = \gamma \cdot l \cdot 2a \cdot h/2l = \gamma \cdot a \cdot h = 25 \times 1.4 \times 0.1$$
> $$= 3.5 (\text{kN/m})$$
> 因为$q = \gamma \cdot h$，所以$q'' = a \cdot q$

任务实施

步骤1：明确构件荷载类型，计算荷载标准值。

任务实施-计算荷载
标准值（视频）

步骤2：进行荷载组合。
（1）按承载能力极限状态组合，由可变荷载控制。

任务实施-承载能力
极限状态组合-可变荷载
（视频）

（2）按承载能力极限状态组合，由永久荷载控制。

任务实施-承载能力
极限状态组合-永久荷载
（视频）

（3）按正常使用极限状态组合，由永久荷载控制。

任务实施-正常使用
极限状态组合
（视频）

强化拓展

强化拓展（视频）

任务总结

学习任务2.2　约束的简化

任务发布

任 务 书

指出下列指定结构或构件的约束类型，并画出约束反力。

起吊的装配式构件

简支梁桥

轻钢雨棚拉杆

桥墩

任务导学（PPT）

任务认知

一、约束与约束反力

在实际工程中，任何物体都受到与它相连的其他物体的限制而不能自由运动。例如梁受到柱子或墙的限制，柱子受到基础的限制等。这种限制物体运动的周围物体在力学中称为约束。如上述的柱子或墙是梁的约束，基础是柱子的约束。

由于约束限制了物体的运动，因此约束必然受到被约束物体的作用力；同时，被约束物体也受到约束给予的反作用力，这种反力称为约束反力（简称反力）。约束反力的作用点是约束与物体的接触点，方向与该约束所能够限制物体运动的方向相反。

作用在物体上的力除了约束反力外还有荷载，比如重力、水压力、土压力等，这些使物体产生运动趋势或运动状态发生变化

约束与约束反力（视频）

的力称为**主动力**。主动力是已知的，或可根据已有的资料确定。约束反力由主动力引起，随主动力的改变而改变，故又称为**被动力**。当物体在荷载和约束反力作用下处于平衡时，可应用本课程后续内容中即将介绍的力系的平衡条件确定未知的约束反力。

二、工程中常见的约束及其约束反力

约束反力的确定与约束类型及主动力有关。下面介绍工程中常见的几种约束。

1. 柔性约束

柔性约束、光滑接触面约束（视频）

由不计自重的绳索、链条或皮带等柔性体构成对物体运动的限制，称为**柔性约束**。这种约束的特点是只能限制物体沿柔性体伸长方向的运动，而不能限制其他方向的运动。因此，**柔性约束的约束反力，作用在接触点，方向只能沿柔性体中心线背离被约束体，为拉力**，常用 F_T 表示，如图 2.2-1 所示。

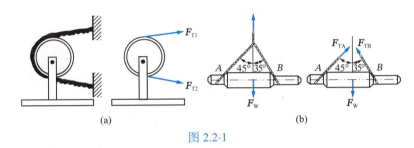

图 2.2-1

2. 光滑接触面约束

当两物体接触面之间的摩擦力很小、可忽略不计时，若接触面构成对物体运动的限制，则称为**光滑接触面约束**。这种约束只能限制被约束物体沿接触点处公法线朝接触面方向的运动，而不能限制沿其他方向的运动。因此，**光滑接触面的约束反力，作用在接触点，方向沿接触面在接触点处的公法线指向被约束物体，即为压力**。这种约束反力也称为法向反力，用 F_N 表示，如图 2.2-2 所示。

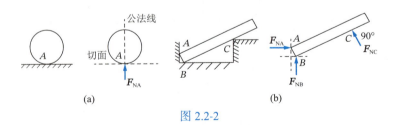

图 2.2-2

3. 光滑圆柱铰链约束

光滑圆柱铰链约束（视频）

在两个构件上各钻有同样大小的圆孔，并用圆柱形销钉连接起来，忽略销钉与孔壁的摩擦，销钉对所连接的物体构成的约束称为光滑圆柱铰链约束，简称铰链约束或中间铰。这种约束不能限制物体绕销钉轴线相对转动，只能限制物体垂直于销钉轴线的平面内沿任意方向的相对移动。因此，铰链的约束反力作用在垂直销钉轴线的平面内，并通过销钉中心，方向与系统的构造和受力状态有关，往往不能预先确定，通常用两个正交分力 F_{Cx} 和 F_{Cy} 来表示铰链约束反力，两个分力的指向可任意假定，如图 2.2-3 所示。

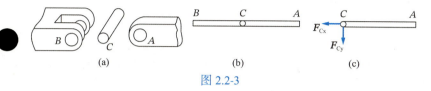

图 2.2-3

4. 固定铰支座

用光滑圆柱铰链把结构物或构件与支承部分连接而构成的支座，称为固定铰支座。固定铰支座的约束反力同铰链约束类似，约束反力通过销钉中心，方向随主动力方向变动而不同，可用过销钉中心的两个正交分力 F_{Ax} 和 F_{Ay} 表示，如图 2.2-4 所示。

固定铰支座、可动铰支座
（视频）

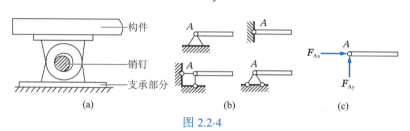

图 2.2-4

5. 可动铰支座

在固定铰链支座的底部安装可滚动的辊轴，就构成了可动铰支座，也称为辊轴支座。这种支座限制物体沿支承面法线方向移动，不限制物体绕铰链中心的转动和沿支承面切线方向移动。因此，可动铰支座的约束反力垂直于支承面，且通过铰链中心，指向待定，通常用 F 表示，作用点用下标注明，如图 2.2-5 所示。

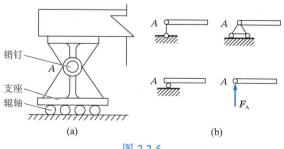

图 2.2-5

6. 链杆约束

链杆约束（视频）

两端用光滑铰链与其他物体连接，不计自重且中间不受力作用的杆件称为链杆。链杆只能限制物体沿链杆轴线方向的运动，而不能限制其他方向的运动。因此，链杆的约束反力的作用线一定是沿着链杆两端铰链中心的连线，指向待定。链杆属于二力杆，如图 2.2-6 所示的 AB 杆，由二力杆受力特点可知，AB 杆两端受力等值、反向、共线。根据作用力与反作用力公理，被约束物体在 A 点处的约束反力为 F'_A。

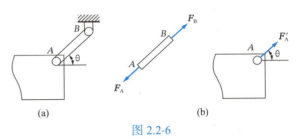

图 2.2-6

7. 固定端支座

固定端支座、定向支座（视频）

将构件的一端与一固定物体（如墙、基础等）紧密相连，在连接处具有较大的刚性，既能阻止构件支撑端相对移动，又能阻止构件支撑端相对转动的支座，就称为固定端支座。固定端支座的约束反力，一般用两个正交分力 F_x、F_y 和一个约束反力偶 m 来代替，指向待定，如图 2.2-7 所示。

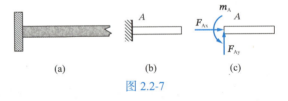

图 2.2-7

8. 定向支座

定向支座也称为滑动支座，支座限制物体的转动和垂直于其支承面方向的移动，但不能限制物体沿支承面方向的移动。因此，定向支座的约束反力，可用一个约束反力偶 m 和垂直于支承面的约束反力 F 来表示。在计算简图中，定向支座可用两根平行支杆表示，如图 2.2-8 所示。

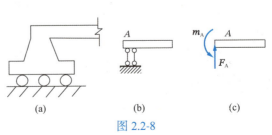

图 2.2-8

任务实施

步骤1：指出约束的类型。

任务实施（PPT）

步骤2：画出约束反力。

任务总结

强化拓展

强化拓展（PPT）

学习任务2.3 结构的简化

任务导学

任务导学（PPT）

任务发布

任 务 书

对单层厂房结构进行结构简化。

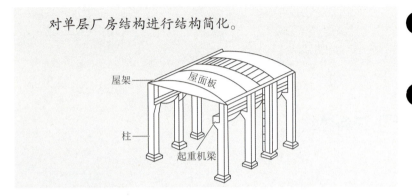

任务认知

工程中结构的实际构造比较复杂，在进行力学计算前，必须先将实际结构加以简化，实际结构的简化应考虑以下几方面的内容。

一、体系简化

体系简化（视频）

一般的结构都是空间结构，结构体系的简化是指把实际的空间体系在可能的条件下简化或分解为若干个平面结构体系，这样对整个空间体系的计算就可以简化为基于平面体系的计算。

二、杆件简化

杆件简化（视频）

杆件截面尺寸（厚度及宽度）通常比其长度小得多，在杆件简化时，可以用杆件纵轴线代替杆件，以忽略截面形状和尺寸的影响，直杆可简化为直线，曲杆可简化为曲线。

三、结点简化

结点简化（视频）

结构中各杆件间的相互连接处称为结点。结点可简化为以下两种基本类型。

1. 铰结点

铰结点是杆件与杆件之间采用光滑圆柱铰链进行连接的一种

结点。其特征是其所连接的各杆之间可以绕结点中心产生相对转动而不能产生相对移动，即可以传递力但不能传递力矩。螺栓、铆钉、榫头的连接处，计算时可作为铰结点处理，如图 2.3-1 所示的木屋架结点处，各杆之间不能相对移动，但允许有微小的相对转动，可作为铰结点处理。

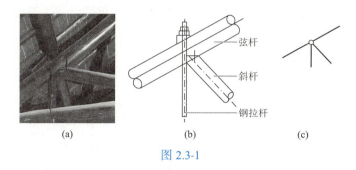

图 2.3-1

2. 刚结点

刚结点是杆件与杆件之间采用焊接（钢结构）或现浇（钢筋混凝土结构）等方式进行连接的一种结点。其特征是所连接的各杆之间既不能产生相对移动，也不能产生相对转动，即可以传递力也可以传递力矩。结构在荷载作用下发生变形，结点处各杆端之间的夹角仍然保持不变。如图 2.3-2 所示，梁与柱的混凝土为整体浇筑，在梁与柱的结点处不能产生相对移动也不能产生相对转动，可作为刚结点处理。

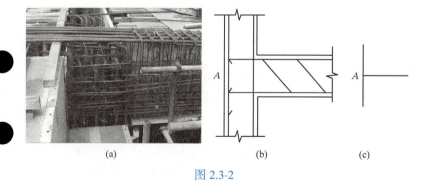

图 2.3-2

3. 组合结点

组合结点是由两种不同结点组合而成的一种结点，这种结点的一部分具有铰结点的特征，而另一部分具有刚结点的性质。如图 2.3-3 所示，BC杆与BD杆在B点处为刚结点，其整体与AB杆在B点处进行铰接。

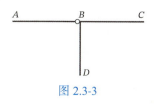

图 2.3-3

四、支座简化

支座简化（视频）

把结构与基础或支承部分连接起来的装置称为支座。进行支座简化时，一般忽略支座与构件接触面间摩擦以及接触面大小的影响，认为支座与杆件是通过一支承点（即反力的合力作用点）连接起来的。实际工程中支座根据构造和约束特点通常可简化为以下几种。

1. 可动铰支座

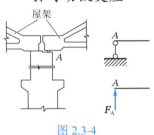

图 2.3-4

在实际结构中，在单层多跨并有纵向变形缝的厂房中，当中柱为单柱时，搭在中柱柱顶的其中一榀屋架将直接搁置于钢滚轴上，而钢滚轴搁置于柱顶或牛腿顶面上，其支座可简化为可动铰支座，如图 2.3-4 所示。

2. 固定铰支座

在实际结构中，柱子插入预制杯形基础内，若柱子与杯口之间用沥青麻丝填实，柱脚的移动被限制，但仍可作微小转动，则可简化为固定铰支座，如图 2.3-5 所示。

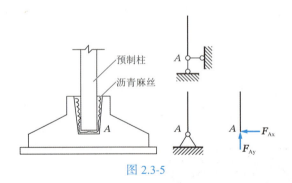

图 2.3-5

3. 固定端支座

在实际结构中，钢筋混凝土框架结构中悬挑阳台梁，其插入墙体内的部分有足够的长度，梁端的移动和转动都被限制，可简化为固定端支座形式，如图 2.3-6 所示。

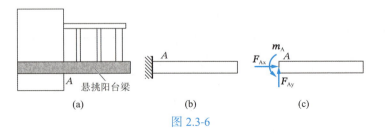

图 2.3-6

任务实施

步骤1：结构体系的简化。

任务实施（PPT）

步骤2：杆系简化。

步骤3：结点与支座的简化。

任务总结

强化拓展

强化拓展（PPT）

学习任务2.4　力学计算简图的建立

任务导学

任务导学（PPT）

任务发布

任 务 书

下图所示为一轻钢工业厂房骨架。分别对长轴方向平面、山墙方向平面及起重机梁建立力学计算简图。

长轴平面　　　　　　山墙平面

任务认知

一、计算简图

在工程实践中，由于结构的实际构造、受力及变形特征相当复杂，直接基于其真实工作状态进行力学分析是非常困难的。因此，对实际结构进行力学计算之前必须进行简化，用一个简单的图形来代替其真实结构和受力情况，这个图形即为结构的计算简图。

计算简图的概念及建立步骤（视频）

二、计算简图建立应遵循原则

（1）能正确反映结构的实际受力情况，使计算结果尽可能与实际相符。

（2）可较大简化甚至忽略对结构的内力和变形影响较小的次要因素，使计算大大简化。

三、计算简图建立步骤

（1）结构简化：分析结构特点，对结构体系进行简化。

（2）约束简化：分析结构上的约束，根据约束特点，确定约束类型。

（3）荷载简化：分析结构上的荷载，根据荷载类型，绘制主动力。

（4）计算简图绘制：补全尺寸等要素，绘制计算简图。

四、计算简图建立实例

1. 汽车起重机计算简图的建立

汽车起重机（图 2.4-1）是工程中常用的一种起重设备，其计算简图建立步骤如下：

汽车起重机计算简图的
建立（视频）

图 2.4-1

（1）结构简化：起重臂是细长杆件，忽略尺寸和大小影响，可简化为一根轴线，如图 2.4-2（a）所示。

（2）约束简化：起吊重物的钢索是柔性约束，可简化为一根直线；起重机的回转机构（回转中心）限制起重臂离开它的运动，但不限制起重臂绕着它转动，可简化为固定铰支座；起重机的变幅油缸在忽略自重的情况下，只在两端受力，可简化为链杆约束，如图 2.4-2（b）所示。

（3）荷载简化：忽略起重臂和变幅油缸的自重，只考虑起重机起吊重物的自重，此自重可简化为作用在重物重心上的主动力 W，如图 2.4-2（c）所示。

（4）计算简图绘制：汇总以上简化结果，绘制图形尺寸，形成起重机的计算简图，如图 2.4-2（d）所示。

(a) 结构的简化

(b) 约束的简化

图 2.4-2

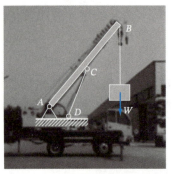
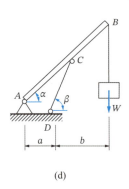

(c) 荷载的简化   (d)

图 2.4-2

2. 简支梁桥计算简图的建立

如图 2.4-3（a）所示，这种上部结构两端由墩台简单支承的桥梁称为简支梁桥。简支梁桥因其构造简单，容易标准化、装配化，制造安装方便，已成为工程中使用最广泛的一种桥型。其计算简图建立步骤如下：

（1）结构简化：桥梁的主梁一般为杆系结构，在忽略桥梁截面形状和尺寸的影响下，可将它简化为一根轴线。

（2）约束简化：桥梁由桥墩支承，两端都不能产生垂直向下的移动，可以看成在两端各有一个竖直方向上的约束；整个桥梁虽然不能在水平方向上移动，但是在温度变化时会发生热胀冷缩现象，可以看成仅在一端有一个水平方向上的约束；当桥梁发生弯曲变形时，两端可以发生微小转动，可以看成梁的两端都没有力偶约束。这些刚好是简支梁约束反力的特点，在建立力学简图时，可将一端简化为固定铰支座，另一端简化为可动铰支座。

（3）荷载简化：不考虑桥面上行驶的汽车，桥梁只受重力作用，重力沿轴线均匀分布在桥梁上，可简化为均布线荷载。

（4）计算简图绘制：汇总上述结果，去除多余结构，绘制图形尺寸，形成简支梁桥的计算简图如图 2.4-3（b）所示。

简支梁桥计算简图的建立（视频）

● 小 贴 士

工程中，一端为固定铰支座，另一端为可动铰支座的梁称为**简支梁**。

楼板支撑体系计算简图的建立（视频）

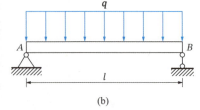

(a)   (b)

图 2.4-3

3. 施工过程中部分结构计算简图的建立

施工中的模板、支架、脚手架等工程都要进行受力的计算和验算，这些常见的施工过程中结构和构件的力学简图，还可以通过查找施工规范和各类施工计算手册进行确定。

任务实施

步骤 1：长轴平面的计算简图。

步骤 2：山墙平面的计算简图。

步骤 3：起重机梁的计算简图。

轻钢工业厂房简介（视频）

长轴平面计算简图的
建立（视频）

山墙平面计算简图的
建立（视频）

起重机梁计算简图的
建立（视频）

任务总结

强化拓展

强化拓展（文本）

学习任务2.5　单个构件受力图的绘制

任务导学

任务导学（PPT）

任务发布

任 务 书

任务一：绘制AB杆的受力图；
任务二：绘制圆球的受力图（竖直面光滑）。

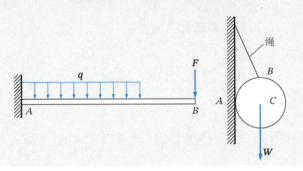

任务认知

一、受力分析和受力图

进行静力学计算时，需要分析物体的受力情况，确定物体受哪些力的作用，哪些是已知力，哪些是未知力，这一过程称为受力分析。受力分析绘制出来的表示物体受力情况的图形称为受力图。

二、受力图的绘制步骤

（1）确定研究对象，去除约束，绘制分离体。受力分析中要研究的物体称为研究对象。将研究对象上的约束解除，被分离出来的研究对象称为分离体。

（2）绘制分离体受到的主动力。画分离体上的主动力时，要跟物体上原有的主动力保持一致，不能多画或少画。

（3）绘制分离体受到的约束反力。根据本模块任务 2.2 中介绍的约束类型，画出相应约束反力。

三、单个构件受力图的绘制

当结构中只有一个构件时，研究对象即为该单个构件。画受

受力分析和受力图的绘制
（视频）

力图时，直接解除构件上的全部约束，得到分离体，然后在分离体上画出主动力，以及所解除约束相应的约束反力。

【例 2.5-1】画出如图 2.5-1（a）所示 AB 杆的受力分析图。

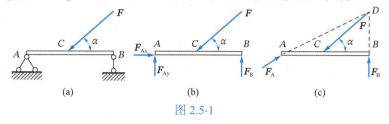

例 2.5-1 讲解（视频）

图 2.5-1

解 （1）以 AB 杆为研究对象，去除 AB 杆两端支座，画出其分离体图。

（2）画主动力。与计算简图原图保持一致，主动力 F 作用在 C 点，与水平方向夹角为 α。

（3）画约束反力。根据约束类型绘制约束反力。A 点为固定铰支座，约束反力通过铰链中心，方向不定，用水平和竖直方向分力 F_{Ax}、F_{Ay} 表示；B 点为可动铰支座，其约束反力通过铰链中心且垂直于支承面，用 F_B 表示。受力分析图如图 2.5-1（b）所示。

本例中，由于该梁仅受三个力作用且处于平衡状态，还可应用三力平衡汇交定理确定 A 端支座反力的方向。将主动力 F 与支座反力 F_B 两力作延长线交于 D 点，根据三力平衡汇交定理，A 点约束反力 F_A 的作用线也必过 D 点，连接 A、D 两点，将 F_A 沿 A、D 两点连线的方向画在 A 点上，如图 2.5-1（c）所示。

【例 2.5-2】画出如图 2.5-2（a）所示刚架 AB 的受力分析图。

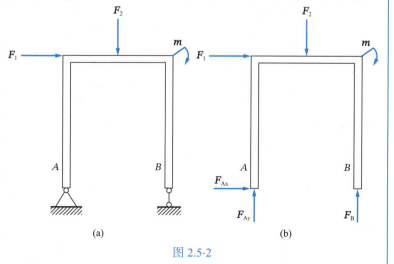

例 2.5-2 讲解（视频）

图 2.5-2

解 （1）以刚架 AB 为研究对象，去除 A、B 处的支座，画出其分

● 小 贴 士

画约束反力的时候，一定注意：有约束的地方才有约束反力。哪个地方的约束被拆除，就代之以约束反力。即：拆什么补什么，拆多少补多少，不拆不补。

离体图。

（2）画主动力。与原图保持一致，画主动力F_1和F_2以及力偶m。

（3）画约束反力。根据约束的类型绘制约束反力。A点为固定铰支座，约束反力通过铰链中心，方向不定，用水平和竖直方向分力F_{Ax}、F_{Ay}表示；B点为可动铰支座，其约束反力通过铰链中心且垂直于支承面，用F_B表示。刚架AB受力分析如图2.5-2（b）所示。

任务实施

任务一：绘制AB杆的受力图

步骤1：确定研究对象，解除约束，画分离体图。

步骤2：画主动力。

步骤3：画约束反力。

任务实施（PPT）

任务二：绘制圆球的受力图（竖直面光滑）

步骤1：确定研究对象，解除约束，画分离体图。

步骤2：画主动力。

步骤3：画约束反力。

● 强化拓展

强化拓展（PPT）

任务总结

学习任务2.6　结构系统受力图的绘制

任务发布

任 务 书

任务一：绘制结构系统中构件AB和构件CD的受力图；
任务二：绘制系统、构件AB和构件BC的受力图。

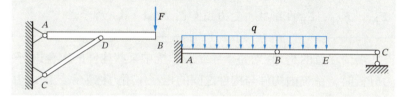

任务导学（PPT）

任务认知

一、结构系统

工程结构通常是由几个构件通过一定的约束联系在一起的系统，这种系统称为**物体系统，也称结构系统**。如图2.6-1（a）所示的三铰刚架，是由构件AC和构件BC通过铰C连接，由A、B支座支承而组成的一个结构系统。

结构系统概念（视频）

二、结构系统受力图绘制

结构系统的受力图绘制与单个构件的受力图绘制基本相同。绘制系统的受力图时，只需将系统作为单个构件一样对待。绘制系统的某一部分或某一构件的受力图时，可以将其从系统中分离出来，并加上相应的约束力。

【例2.6-1】三铰刚架受力如图2.6-1（a）所示，试分别绘制整体、构件AC和构件BC的受力图，各部分自重均不计。

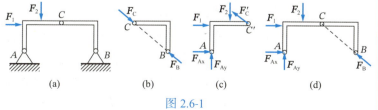

图2.6-1

解 分析图 2.6-1（a）可知，构件BC不计自重，无主动力作用，只在B、C两处受到铰链约束反力的作用，且处于平衡状态，所以构件BC为二力杆。

（1）取BC为研究对象：由二力杆性质可知，F_C和F_B沿B、C两铰链的连线方向，指向可任意假设，如图 2.6-1（b）所示。

（2）取AC为研究对象：构件受主动力F_1、F_2作用，与计算简图保持一致。根据作用力与反作用力定理，铰链C处所受约束反力F_C'与构件BC上C处的约束反力F_C等值、反向、共线。A处为固定铰支座，其约束反力用两个正交分力F_{Ax}、F_{Ay}来表示。构件AC的受力如图 2.6-1（c）所示。

（3）取整体为研究对象：整体受主动力F_1、F_2和约束反力F_{Ax}、F_{Ay}、F_B的作用，受力图如图 2.6-1（d）所示。

需要注意的是，在对整个系统或系统中某些构件的组合进行受力分析时，系统内构件与构件之间的相互作用力称为<u>系统的内力</u>；系统以外构件对系统的作用力，称为<u>系统的外力</u>。本题中，对于三铰刚架这个系统而言，支座A、B处的约束反力为系统的外力；构件AC和构件BC通过铰C相互作用，铰C处的约束反力为系统的内力，绘图时只需绘制支座A、B处的外力即可，如图 2.6-1（d）所示。

当取构件BC或构件AC进行受力分析时，铰C处的约束力不再是内力，而是构件所受的外力，就需绘制在受力图上，如图 2.6-1（b）、图 2.6-1（c）所示。可见，单独对构件进行受力分析时，系统的内力会转化为系统的外力。

【例 2.6-2】如图 2.6-2（a）所示的平面结构中，杆AB、BD和滑轮C均不计自重。试分别绘制滑轮C、杆BD和整体的受力图。

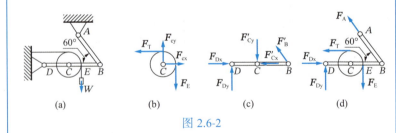

图 2.6-2

解 分析图 2.6-2（a），AB为二力杆。

（1）取滑轮为研究对象。轮C受绳索的拉力F_T、F_E以及铰链C处的约束反力F_{Cx}、F_{Cy}作用，滑轮的受力图如图 2.6-2（b）所示。

（2）取杆BD为研究对象。D处受固定铰支座约束反力F_{Dx}、F_{Dy}的作用；C处受铰链的约束反力F_{Cx}'和F_{Cy}'作用，且F_{Cx}'与

F_{Cx}、F'_{Cy} 与 F_{Cy} 满足作用力与反作用力定理；B 处受二力杆 AB 对它的作用力 F'_B。杆 BD 的受力图如图 2.6-2（c）所示。

（3）取整体为研究对象。整体受绳索的拉力 F_T、F_E 和约束反力 F_{Dx}、F_{Dy} 作用，A 处受支座给二力杆的作用力 F_A 作用。铰链 B、C 处所受力均为系统内力，不必画出。整体受力图如图 2.6-2（d）所示。

通过以上例题分析，可将受力图绘制的注意点总结如下：

（1）当取整体为研究对象时，构件与构件之间的相互作用力，即系统内力不需要绘制，只需绘制系统外力；

（2）当分析构件与构件之间的相互作用力时，应遵循作用力与反作用力关系，某一构件作用力方向确定后，另一构件所受的反作用力方向必与之相反，不可再假设指向；

（3）同一个力在不同的受力图上的表示方法要完全一致；

（4）若结构系统中存在二力杆，可利用其等值、反向、共线的性质来确定力的作用线方向。

任务实施

任务一：绘制结构系统中构件 AB 和构件 CD 的受力图

步骤 1：确定研究对象，解除约束，得分离体。

步骤 2：在分离体上画主动力。

步骤 3：在分离体上画约束反力。

绘制构件 AB 和构件 CD 的
受力图（视频）

任务二：绘制系统、构件 AB 和构件 BC 的受力图

步骤 1：确定研究对象，解除约束，得分离体。

步骤 2：在分离体上画主动力。

步骤 3：在分离体上画约束反力。

绘制系统 AC、构件 AB
和构件 BC 的受力图（视频）

强化拓展

强化拓展（文本）

任务总结

案例2.7 工程结构力学简图的建立——盖梁施工临时支撑结构

任务导学

任务导学（PPT）

任务描述（视频）

任务发布

任 务 书

任务一：绘制临时支撑结构分配横梁受力分析图；
任务二：绘制临时支撑结构承重主梁受力分析图；
任务三：绘制临时支撑结构穿心棒受力分析图。

任务描述

某大桥 12～15 号墩预应力盖梁单个长 24.3m、底宽 1.4m、顶宽 2.2m、高 2.3m，混凝土 81.2m³，接柱直径 2m。项目盖梁实物图如图 2.7-1 所示，项目盖梁立面图如图 2.7-2 所示。

 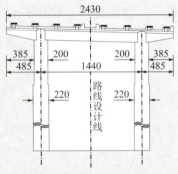

图 2.7-1 盖梁实物图　　图 2.7-2 某大桥 12～15 号墩盖梁立面图

模板、支撑结构信息：

（1）侧模、底模和端模板均为钢模板，共重 2×10^4 kg。

（2）盖梁底模下采用顺桥向 I14 工字钢作为横梁。每延米重 16.89kg，按间距 40cm 布设，每个盖梁 50 根，单根长 4m。

（3）横梁下采用横桥向双拼 HW400×400H 型钢作为受力主梁。每延米重 172kg，每个盖梁设置 4 根，单根长 26m。

（4）穿棒采用单柱两根 ϕ100mm 高强钢棒。

📋 任务认知

建立力学简图是对工程结构和构件进行受力分析的基础。实际中建立工程结构的力学简图,除了需要掌握本模块前述各任务的基础知识,还需要了解结构体系的组成,清楚结构和构件上荷载的组成,然后分析受力特点,形成力学简图。

盖梁施工临时支撑结构是施工中较为简单的支撑体系,本案例介绍穿心棒支撑体系结构构件力学简图的建立过程。

盖梁施工临时支撑体系
介绍(视频)

盖梁施工过程(动画)

盖梁施工临时支撑体系
受力分析(动画)

一、结构体系

如图 2.7-3 所示,盖梁施工临时支撑结构(穿心棒法)包括分配横梁、承重主梁以及穿心棒。

 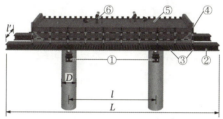

图 2.7-3　盖梁施工临时支撑结构图

①-穿心棒;②-承重主梁;③-分配横梁;④-模板;⑤-盖梁;⑥-施工人员、设备、材料等
D-接柱直径;l-支点跨度;L-承重主梁长度;l'-两侧承重主梁中心间距

二、荷载及受力特点

从图 2.7-3 中可以看出,分配横梁承受上部传来的盖梁和模板的重力荷载,施工中施工人员、施工设备、施工材料的活荷载,以及倾倒、振捣混凝土时产生的冲击荷载。这些荷载与分配横梁的重力荷载一起传递到承重主梁上,再与承重主梁的重力荷载一起传递至穿心棒。

进行结构和约束简化时,因分配横梁通常搁置在承重主梁上进行点焊,模板底部均落在分配横梁内侧,受力模型可简化为单跨简支梁,承受上部及自身的均布荷载,如图 2.7-4(a)所示。承重主梁搁置在穿心棒上,两端向外伸出支座,其受力模型简化为外伸简支梁,承受自身重力的均布荷载,以及分配横梁放置位置的集中荷载。施工计算中,若分配横梁比较密集,也可将分配横梁及上部的荷载与承重主梁自重一起考虑为均布荷载,如图 2.7-4(b)所示。穿心棒穿过墩柱,通过钢扣件限制其在预留孔内的滑移,其受力模型简化为悬臂梁,承受承重主梁传递来的荷载,因承重主梁与穿心棒接触面面积很小,其上作用荷载简化为集中荷载,如图 2.7-4(c)所示。

● 小 贴 士

荷载的确定可参考《建筑结构荷载规范》（GB 50009—2012）、《路桥施工计算手册》或《建筑施工计算手册》等。

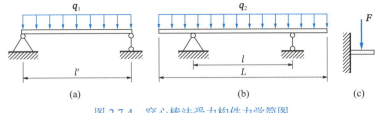

图 2.7-4　穿心棒法受力构件力学简图

📋 任务实施

任务一：绘制临时支撑结构分配横梁受力分析图

步骤 1：计算分配横梁上部及自重荷载。
①计算新浇筑混凝土、钢筋、预应力筋或其他圬工结构的荷载。

建立分配横梁力学简图
（视频）

②计算模板、支架重力荷载。

③计算顺桥向Ⅰ14工字钢自重荷载。

步骤 2：查《路桥施工计算手册》确定其他荷载的大小。
①确定施工人员及施工设备、施工材料等荷载。

②确定倾倒、振捣混凝土时产生的冲击荷载。

步骤 3：确定荷载计算组合。
查《路桥施工计算手册》确定荷载分项系数，并确定荷载计算组合。
①按承载能力极限状态组合。

②按正常使用极限状态组合。

步骤 4：建立计算简图，绘制受力分析图。

任务二：绘制临时支撑结构承重主梁受力分析图

步骤 1：计算承重主梁上部及自重荷载。
①计算承重主梁上部荷载。

②计算横桥向 HW400×400H 型钢自重荷载。

建立承重主梁力学简图
（视频）

步骤 2：查《路桥施工计算手册》确定其他荷载的大小。

步骤 3：确定荷载计算组合。
①按承载能力极限状态组合。

②按正常使用极限状态组合。

步骤 4：建立计算简图，绘制受力分析图。

任务三：绘制临时支撑结构穿心棒受力分析图

步骤 1：计算穿心棒上部荷载。

建立穿心棒力学简图
（视频）

步骤 2：确定荷载计算组合。

步骤 3：建立计算简图，绘制受力分析图。

强化拓展

强化拓展（文本）

任务总结

案例2.8　工程结构力学简图的绘制——花篮式悬挑脚手架

任务导学

任务导学（PPT）

任务描述（文本）

任务发布

任 务 书

任务一：绘制花篮式悬挑脚手架主梁及上拉杆整体受力分析图；

任务二：绘制花篮式悬挑脚手架主梁受力分析图；

任务三：绘制花篮式悬挑脚手架上拉杆受力分析图。

任务描述

某项目36号住宅自二层板设置花篮式悬挑扣件钢管脚手架，局部风井位置自三层开始悬挑，脚手架现场图如图2.8-1所示，立面图及平面图如图2.8-2所示。

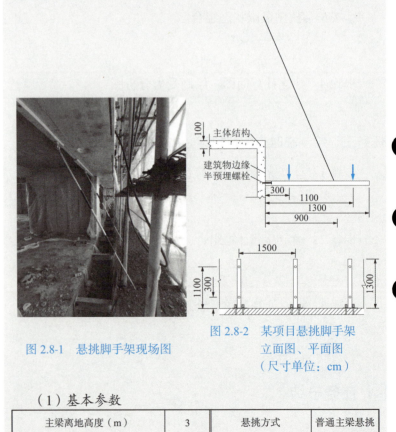

图 2.8-1　悬挑脚手架现场图

图 2.8-2　某项目悬挑脚手架立面图、平面图（尺寸单位：cm）

（1）基本参数

| 主梁离地高度（m） | 3 | 悬挑方式 | 普通主梁悬挑 |

主梁间距（mm）	1500	主梁与建筑物连接方式	锚固螺栓连接
主梁建筑物外悬挑长度L_x（mm）	1300	梁/楼板混凝土强度等级	C30

（2）荷载布置参数

支撑点号	支撑方式	距主梁外锚固点水平距离L_3（mm）	支撑件上下固定点的垂直距离L_1（mm）	支撑件上下固定点的水平距离L_2（mm）	是否参与计算
1	上拉	900	2900	1050	是

作用点号	各排立杆传至梁上荷载标准值F（kN）	各排立杆传至梁上荷载设计值F（kN）	各排立杆距主梁外锚固点水平距离l_1、l_2（mm）	主梁间距l_a（mm）
1	7.15	9.77	300	1500
2	7.15	9.77	1100	1500

（3）主梁参数

主梁材料类型	工字钢	主梁合并根数n_z	1
主梁材料规格	16号工字钢	主梁自重标准值g_k（kN/m）	0.205

各排立杆传至梁上荷载标准值、设计值计算资料（文本）

任务认知

悬挑脚手架是为建筑施工而搭设的，主要利用悬挑梁或悬挑架来承受荷载的结构架体，是一种作业脚手架。悬挑脚手架为建筑施工提供了作业平台和安全防护，其结构构件受力安全直接关系到施工作业人员的人身安全。脚手架设计必须满足规范规定的基本构造要求，同时必须按规范进行结构力学设计及力学性能试验。

本案例项目采用的花篮式悬挑脚手架，采用螺栓与建筑物相连的方式，对建筑结构破坏小，脚手架上的拉杆可灵活调节长短，使受力更加均衡，在建筑施工中被广泛使用。下面介绍其结构构件的力学简图。

悬挑脚手架介绍（视频）

花篮式悬挑式脚手架施工过程（动画）

● 小 贴 士

脚手架是由杆件或结构单元、配件通过可靠连接而组成，能承受相应荷载，具有安全防护功能，为建筑施工提供作业条件的结构架体，包括作业脚手架和支撑脚手架。

作业脚手架是由杆件或结构单元、配件通过可靠连接而组成，支承于地面、建筑物上或附着于工程结构上，为建筑施工提供作业平台和安全防护的脚手架。

一、结构体系

花篮式悬挑式脚手架的受力体系包括悬臂和架体两个部分。悬臂部分的主要受力构件为悬臂主梁、预埋高强度锚固螺栓和斜拉杆（包括上拉杆和花篮螺栓）；架体部分包括外立杆、内立杆、纵向水平杆和横向水平杆，如图2.8-3所示。架体部分通过立杆定位装置放置在悬臂主梁上，两个体系的受力分别进行验算。架体部分的受力可通过扫描二维码观看。各排立杆传至梁上荷载标准值、设计值计算资料中已进行验算，这里主要讲述悬臂部分受力的验算。

图 2.8-3　花篮式悬挑脚手架构造示意图

①-悬臂主梁；②-预埋高强度锚固螺栓；③-斜拉杆；④-外立杆；
⑤-内立杆；⑥-纵向水平杆；⑦-横向水平杆

二、荷载及受力特点

花篮式悬挑脚手架悬臂部分的主要受力构件为悬臂主梁和上拉杆，连接件包括花篮螺栓、吊耳板、吊耳板螺栓、预埋螺栓拉环及预埋高强度锚固螺栓，如图 2.8-4（a）所示。

进行结构简化时，悬臂主梁通过预埋高强度锚固螺栓与建筑物连接，该处约束简化为固定铰支座；悬臂主梁上的吊耳板通过螺栓与上拉杆相连，简化为一个铰链；上拉杆与预埋螺栓拉环相连处也简化为一个固定铰支座。

悬臂部分承受的荷载包括两个部分。一部分是通过立杆定位装置搁置在主梁上的内立杆和外立杆传递下来的架体的重力、施工活荷载等。该部分荷载经过组合，平均分配在内立杆和外立杆上，在该处简化为两个集中力 F。另一部分是悬臂主梁的自重，简化为均布荷载 q，作用在整根悬臂主梁上。悬臂主梁和上拉杆一起承担架体和悬臂两部分的所有荷载，最终形成计算简图如图 2.8-4（b）所示。

花篮式悬挑脚手架受力分析
（动画）

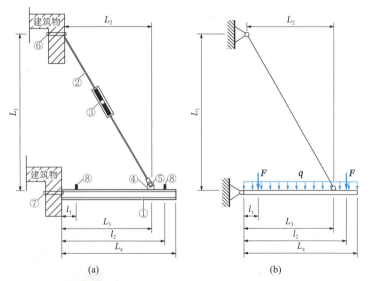

图 2.8-4　悬挑脚手架悬臂部分受力体系示意图

①-悬臂主梁；②-上拉杆；③-花篮螺栓；④-吊耳板；⑤-吊耳板螺栓；⑥-预埋螺栓拉环；
⑦-预埋高强度锚固螺栓；⑧-立杆定位装置

任务实施

任务一：绘制花篮式悬挑脚手架主梁及上拉杆整体受力分析图

步骤1：绘制悬臂体系的结构尺寸图。

步骤2：确定荷载作用类型、大小及位置。
①查找规范或手册，确定主梁自重标准值。

②根据架体计算的结果，确定主梁荷载。

步骤3：建立计算简图，绘制受力分析图。

任务二：绘制花篮式悬挑脚手架主梁受力分析图

任务三：绘制花篮式悬挑脚手架上拉杆受力分析图

任务总结

● 小 贴 士

《建筑施工扣件式钢管脚手架安全技术规范》（JGJ 130—2011）和《建筑施工扣件式钢管脚手架安全技术标准》（T/CECS 699—2020）中展示的计算简图稍有不同，但是计算结果是一样的。

建立主梁及上拉杆整体力学简图（视频）

绘制主梁受力分析图（视频）

绘制上拉杆受力分析图（PPT）

● 小 贴 士

工字钢的自重标准值参考《热轧型钢》（GB/T 706—2016）。

强化拓展

强化拓展（视频）

习　题

一、基础题

2-1　试绘制图 2-1 中各构件的受力图，忽略摩擦，未标明重力的构件不计自重。

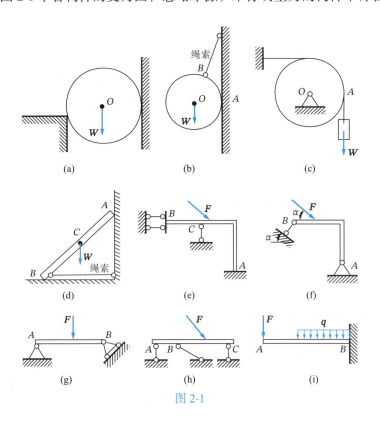

图 2-1

2-2　试绘制图 2-2 中指定物体的受力图，忽略摩擦，未标明重力的构件不计自重。

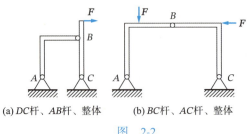

(a) DC杆、AB杆、整体　　(b) BC杆、AC杆、整体

图 2-2

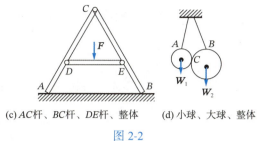

(c) AC杆、BC杆、DE杆、整体　　(d) 小球、大球、整体

图 2-2

2-3 试绘制图 2-3 中指定物体的受力图，忽略摩擦，未标明重力的构件不计自重。

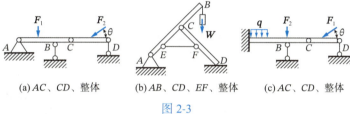

(a) AC、CD、整体　　(b) AB、CD、EF、整体　　(c) AC、CD、整体

图 2-3

二、提高题

2-4 试绘制图 2-4 中 AC 杆（带销钉）和 BC 杆的受力图，不计杆件自重，忽略销钉与孔壁间的摩擦。

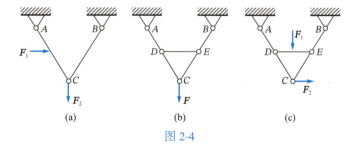

(a)　　　　　　(b)　　　　　　(c)

图 2-4

2-5 试绘制图 2-5 中指定物体的受力图，忽略摩擦，未标明重力的构件不计自重。

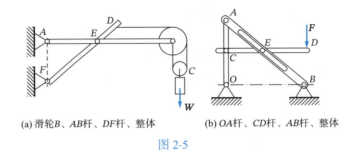

(a) 滑轮B、AB杆、DF杆、整体 (b) OA杆、CD杆、AB杆、整体

图 2-5

三、拓展题

2-6 试绘制图 2-6 中ABD刚架、BC刚架及整体的受力图，不计杆件自重。

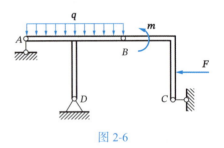

图 2-6

2-7 试绘制图 2-7 中ACE杆和BCD杆及整体的受力图，不计杆件自重。

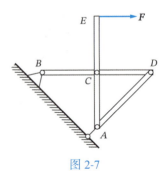

图 2-7

模 块 3

力系平衡的计算

知识目标

①理解主矢和主矩的概念,掌握各种平面力系的简化方法及简化结果。
②熟练掌握平面力系的平衡条件和计算方法。
③了解结构的静定和超静定概念。
④掌握滑动摩擦、摩擦力和摩擦角的概念。

技能目标

①能计算平面力系的主矢和主矩。
②能利用平面汇交力系、平面任意力系的平衡方程解决工程中简单的平衡问题。
③能求解考虑滑动摩擦时简单结构系统的平衡问题。

素质目标

①培养创新思维和团队合作精神。
②培养认真负责、严谨务实的工作态度和工作作风。
③培养规范意识、安全意识和职业道德。

要对工程结构和构件进行力学计算，首先需要明确结构和构件上所受的所有外力。外力包括荷载（主动力）以及荷载引起的约束反力（被动力）。荷载在工程设计和施工中通常是已知的，可以按上一模块介绍的荷载简化过程进行确定。约束反力是由荷载（主动力）引起的，对于静定结构，通过分析力系的平衡条件即可计算出约束反力的大小，从而明确结构和构件上所有外力的具体数值。

本模块学习任务 3.1、3.2 分别介绍平面力系的合成和简化，总结平面任意力系的平衡条件，进行约束反力的计算。学习任务 3.3 将平衡条件推广到结构系统的平衡问题，介绍静定结构体系中约束反力的求解方法。学习任务 3.4 介绍考虑工程中滑动摩擦的影响进行物体平衡计算的方法。案例 3.5 以工程施工中高大模板(板模板)支撑体系为例，介绍工程结构中受力平衡的计算问题。

学习任务3.1 平面力系合成的分析

任务发布

任 务 书

某重力坝受力情况如下图所示。已知：$W_1 = 500\text{kN}$，$W_2 = 240\text{kN}$，$F_1 = 320\text{kN}$，$F_2 = 80\text{kN}$，角度$\alpha = 30°$。各力作用位置如下图所示。求力系的合力F_R的大小和方向。

任务导学

任务导学（PPT）

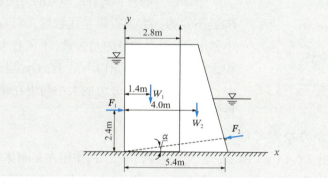

任务认知

平面力系按照力分布特点分为平面汇交力系、平面平行力系、平面力偶系和平面任意力系等。本任务讨论各种平面力系的合成问题。

一、平面汇交力系的合成

如图3.1-1所示，起重机起吊重物时，作用在吊钩上的三个的拉力F_T、F_1、F_2都在同一平面内，而且汇交于同一点C，这种所有力都相交于一点的平面力系称为平面汇交力系。又如图3.1-2所示，桁架的结点O上作用有F_1、F_2、F_3、F_4、F_5，这五个力相交于O点，也是平面汇交力系。

平面汇交力系的合成（视频）

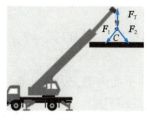

图3.1-1

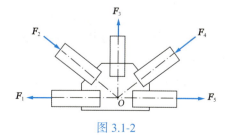

图3.1-2

平面汇交力系的合成可采用几何法和解析法，本任务用解析法来讨论平面汇交力系的合成。

1. 力在平面直角坐标轴上的投影

如图 3.1-3 所示，在力 **F** 的作用平面内选取直角坐标系 xOy，从力 **F** 的起点 A 及终点 B 分别向 x 轴和 y 轴作垂线，得垂足 a、b 和 a'、b'。对线段 ab 和 $a'b'$ 的长度冠以正负号，即为 **F** 在 x 轴和 y 轴上的投影，分别用 F_x、F_y 表示，即：

$$F_x = \pm F\cos\alpha$$
$$F_y = \pm F\sin\alpha$$
(3.1-1)

投影的正负号规定如下：力投影的起点到终点的方向，与坐标轴正方向一致，投影为正；反之为负。

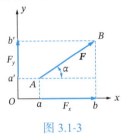

图 3.1-3

注意：力的投影 F_x、F_y 和力的分力 **F_x**、**F_y** 是不同的，力的投影是代数量，只有大小和正负；而力的分力是矢量，不仅有大小和正负，还有方向和作用点。在 xOy 坐标轴内，力沿着坐标轴分力的大小与力在轴上投影的数值相等。

2. 合力投影定理

如图 3.1-4（a）所示，汇交力系 **F_1**、**F_2**、**F_3** 作用在某刚体上，在平面内建立坐标系 xOy，做力的多边形 $ABCD$。由力的多边形法则知，**F_R** 是 **F_1**、**F_2**、**F_3** 的合力。画出合力和分力在 x 轴上的投影，如图 3.1-4（b）所示。

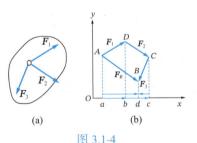

图 3.1-4

由图上几何关系可知：

$$F_{Rx} = ad, \quad F_{1x} = ab, \quad F_{2x} = bc, \quad F_{3x} = -cd$$
$$F_{Rx} = F_{1x} + F_{2x} + F_{3x}$$

同理，若做合力和分力在 y 轴上的投影，则有 $F_{Ry} = F_{1y} + F_{2y} + F_{3y}$

则对于由 n 个力系 **F_1**、**F_2** … **F_n** 组成的平面内汇交力系，有：

$$F_{Rx} = F_{1x} + F_{2x} + \cdots + F_{nx} = \sum F_x$$
$$F_{Ry} = F_{1y} + F_{2y} + \cdots + F_{ny} = \sum F_y$$
(3.1-2)

由此推导出合力投影定理：平面汇交力系的合力在任一坐标轴上的投影，等于它的各分力在同一坐标轴上投影的代数和。

3. 平面汇交力系的合成

根据合力投影定理，对于平面内任一汇交力系 F_1、$F_2 \cdots F_n$，如图 3.1-5（a）所示，合力 F_R 在 x 轴和 y 轴上的投影 F_{Rx}、F_{Ry} 为：

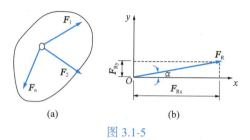

图 3.1-5

$$F_R = \sqrt{F_{Rx}^2 + F_{Ry}^2} = \sqrt{\left(\sum F_x\right)^2 + \left(\sum F_y\right)^2}$$

$$\tan\alpha = \left|\frac{F_{Ry}}{F_{Rx}}\right| = \left|\frac{\sum F_y}{\sum F_x}\right| \tag{3.1-3}$$

式中：α——力 F_R 与 x 轴所夹的锐角。力 F_R 的具体指向由两投影正负号来确定。

合力作用线通过力系的汇交点，如图 3.1-5（b）所示。

【例 3.1-1】如图 3.1-6 所示，已知 $F_1 = F_2 = F_3 = F_4 = 200\text{kN}$，试求该平面汇交力系的合力。

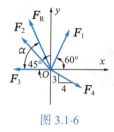

图 3.1-6

例 3.1-1 讲解（视频）

解　取直角坐标系如图，合力 F_R 在坐标轴上的投影为：

$F_{Rx} = F_{1x} + F_{2x} + F_{3x} + F_{4x} = F_1\cos 60° - F_2\cos 45° - F_3 + \dfrac{4}{5}F_4$

$\quad = 200 \times \dfrac{1}{2} - 200 \times \dfrac{\sqrt{2}}{2} - 200 + \dfrac{4}{5} \times 200$

$\quad = -81.4(\text{kN})$

$F_{Ry} = F_{1y} + F_{2y} + F_{3y} + F_{4y} = F_1\sin 60° + F_2\sin 45° - \dfrac{3}{5}F_4$

$\quad = 200 \times \dfrac{\sqrt{3}}{2} + 200 \times \dfrac{\sqrt{2}}{2} - \dfrac{3}{5} \times 200$

$\quad = 194.6(\text{kN})$

$$F_R = \sqrt{F_{Rx}^2 + F_{Ry}^2} = \sqrt{(-81.4)^2 + (194.6)^2} = 210.94(\text{kN})$$

$$\tan \alpha = \left|\frac{F_{Ry}}{F_{Rx}}\right| = \left|\frac{194.6}{81.4}\right| = 2.39$$

$$\alpha = 67.29°$$

因为 F_x 为负值，F_y 为正值，所以 $\boldsymbol{F_R}$ 在第二象限。

二、平面力偶系的合成

作用在同一平面内的若干力偶组成的力系称为平面力偶系。

平面中的力偶为代数量，因此平面力偶系可以合成为一个合力偶，其力偶矩等于各分力偶矩的代数和。用公式表示为：

$$m = m_1 + m_2 + \cdots + m_n = \sum m_i \tag{3.1-4}$$

三、平面任意力系的合成

在平面力系中，若各力不都汇交于一点，也不都互相平行，则为平面任意力系。如图 3.1-7 所示的反铲挖掘机，其受力不汇交于一点，也不彼此平行，为平面任意力系。再如图 3.1-8 所示的水坝，取单位长度的坝段受力分析，坝段受重力、水压力和地基反力作用，形成一个平面任意力系。

平面力偶系的合成（视频）

平面任意力系的合成（视频）

图 3.1-7

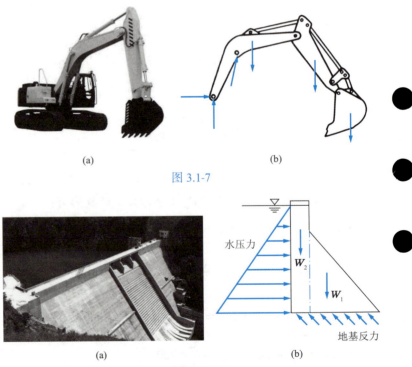

图 3.1-8

1. 平面任意力系的简化

如图 3.1-9（a）所示，在某刚体上作用一平面任意力系（F_1、$F_2 \cdots F_n$），取其作用平面内任一点 O 作为简化中心，由力的平移定理，将力系中各力平行移动到 O 点，同时附加相应的力偶。于是原力系便简化为作用于 O 点的平面汇交力系（F'_1、$F'_2 \cdots F'_n$）和附加力偶系（m_1、$m_2 \cdots m_n$），如图 3.1-9（b）所示。平面汇交力系可合成为过 O 点的一个合力 F'_R，附加的力偶系可合成为平面上的一个合力偶 m_O，如图 3.1-9（c）所示。

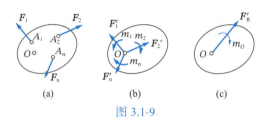

图 3.1-9

2. 主矢和主矩

由上述分析可知，平面任意力系简化为过简化中心的一个合力和一个合力偶。这个合力 F'_R 称为此任意力系的主矢。这个合力偶的合力偶矩 m_O 称为此任意力系的主矩。

此主矢的大小和方向可用解析法计算，即：

$$F'_{Rx} = \sum F'_x = \sum F_x$$
$$F'_{Ry} = \sum F'_y = \sum F_y$$

$$F'_R = \sqrt{F'^2_{Rx} + F'^2_{Ry}} = \sqrt{\left(\sum F_x\right)^2 + \left(\sum F_y\right)^2}$$

$$\tan \alpha = \left|\frac{F'_{Ry}}{F'_{Rx}}\right| = \left|\frac{\sum F_y}{\sum F_x}\right| \tag{3.1-5}$$

由平面力偶系合成可知，主矩的大小为：

$$m_O = m_1 + m_2 + \cdots + m_n = m_O(F_1) + m_O(F_2) + \cdots + m_O(F_n) = \sum m_O(F) \tag{3.1-6}$$

即合力偶矩（主矩）等于原力系中各个力对简化中心力矩的代数和。

3. 平面任意力系简化结果的讨论

平面任意力系简化结果有四种情况：

（1）主矢为零，主矩不为零。即：$F'_R = 0$，$m_O \neq 0$。其合成结果为一个合力偶，合成结果和简化中心 O 的位置无关。

（2）主矢为零，主矩为零。即：$F'_R = 0$，$m_O = 0$。力系平衡，合成结果和简化中心 O 的位置无关。

（3）主矢不为零，主矩为零。即：$F'_R \neq 0$，$m_O = 0$。其合成

平面任意力系简化结果的讨论（视频）

结果为一个合力，合力作用线过简化中心O。

（4）主矢不为零，主矩不为零。即：$F'_R \neq 0$，$m_O \neq 0$。根据力的平移定理逆过程推理，其合成结果为一个不通过简化中心 O 的合力，该合力距简化中心的距离 $d = |m_O|/F'_R$。

例 3.1-2 讲解（视频）

【例 3.1-2】如图 3.1-10 所示，一桥墩顶部受上部桥梁传递来的铅垂力 $F_1 = 2000\text{kN}$，$F_2 = 850\text{kN}$，水平方向机车制动力 $F_H = 200\text{kN}$。桥墩自重 $W = 5500\text{kN}$，水平方向风荷载 $F_W = 150\text{kN}$，各力的作用线如图。求将这些力向基础中心 O 简化的结果。若能简化为一个合力，试求出合力作用线的位置。

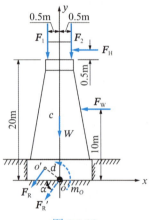

图 3.1-10

解 取桥墩基础的中心 O 为简化中心，坐标系建立如图 3.1-10 所示。

主矢为

$F_{Rx} = \sum F_x = -F_W - F_H = -150 - 200 = -350(\text{kN})$

$F_{Ry} = \sum F_y = -F_1 - F_2 - W = -2000 - 850 - 5500$
$\qquad = -8350(\text{kN})$

$F'_R = \sqrt{F_{Rx}^2 + F_{Ry}^2} = \sqrt{(\sum F_x)^2 + (\sum F_y)^2} = \sqrt{350^2 + 8350^2}$
$\quad = 8357(\text{kN})$

方向 $\tan\alpha = \left|\dfrac{F_{Ry}}{F_{Rx}}\right| = \left|\dfrac{\sum F_y}{\sum F_x}\right| = 23.857$

$\alpha = 87.6°$

因为 $\sum F_x$ 和 $\sum F_y$ 都为负值，所以主矢 F'_R 在第三象限，与 x 轴所夹锐角为 α。

力系对 O 点的主矩为

$m_O = \sum m_O(F) = F_1 \times 0.5 - F_2 \times 0.5 + F_H \times 20.5 + F_W \times 10$
$\quad = 2000 \times 0.5 - 850 \times 0.5 + 200 \times 20.5 + 150 \times 10$
$\quad = 6175(\text{kN} \cdot \text{m})$

主矢主矩都不为 0，力系的简化结果是一个不过简化中心O的合力，该合力$\boldsymbol{F}_{\mathbf{R}}$的作用线距简化中心$O$的距离

$$d = \frac{|m_O|}{F'_{\mathrm{R}}} = 0.74(\mathrm{m})$$

因为m_O为正，主矢方向斜向下，所以合力$\boldsymbol{F}_{\mathbf{R}}$在$O$的左上方，如图 3.1-10 所示。

任务实施

步骤 1：求主矢在x轴上的投影$F'_{\mathrm{R}x}$。

任务实施（PPT）

步骤 2：求主矢在y轴上的投影$F'_{\mathrm{R}y}$。

步骤 3：求主矢$\boldsymbol{F}'_{\mathbf{R}}$的大小和方向。

步骤 4：求主矩m_O。

步骤 5：将主矢$\boldsymbol{F}'_{\mathbf{R}}$和主矩$m_O$合成为一个不过简化中心$O$的合力$\boldsymbol{F}_{\mathbf{R}}$，并求合力$\boldsymbol{F}_{\mathbf{R}}$的作用线距简化中心$O$的距离$d$。

强化拓展

强化拓展（PPT）

任务总结

学习任务3.2 平面力系平衡的计算

任务导学

任务导学（PPT）

任务发布

任 务 书

现浇混凝土柱浇筑时，需要支设模板，柱模板由四侧竖向模板和柱箍组成。柱箍的力学简图中，长边按照外伸梁简化，短边按照简支梁简化，其所受荷载用均布荷载 q 表示，计算简图如下。试求柱箍长、短边所受约束反力。

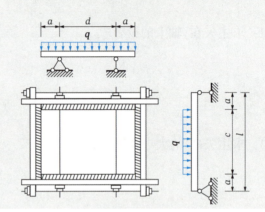

任务认知

一、平面任意力系的平衡条件和平衡方程

平面任意力系的平衡方程（视频）

由上一任务可知，平面任意力系向任意一点的简化结果是主矢 F_R' 和主矩 m_O，若 $F_R' = 0$，$m_O = 0$，则力系平衡。反之，若主矢或者主矩中至少有一个不为零，简化的结果为合力或者合力偶，力系无法平衡。因此，平面任意力系平衡的充要条件是：力系的主矢和力系对任一点的主矩都为零，即：

$$F_R' = \sqrt{\left(\sum F_x\right)^2 + \left(\sum F_y\right)^2} = 0 \qquad m_O = \sum m_O(F) = 0$$

上式用代数方程表示为：

$$\begin{cases} \sum F_x = 0 \\ \sum F_y = 0 \\ \sum m_O(\boldsymbol{F}) = 0 \end{cases} \qquad (3.2\text{-}1)$$

式(3.2-1)为平面任意力系平衡方程的基本形式，也称一矩式平衡方程。其中前两式为力的投影平衡方程，表示力系中各个力在两坐标轴上的投影的代数和都等于零；第三式为力矩平衡方程，表示力系中各个力对其作用平面内任一点力矩的代数和等于零。此三个方程彼此独立，至多可求解三个未知量。

除了上述基本形式外，平面任意力系平衡方程的表示还有以下两种形式：

对任意一个平面坐标系内力的投影方程和对平面内任意两点 A、B 的力矩平衡方程，即二矩式平衡方程。

$$\begin{cases} \sum F_x = 0 \\ \sum m_A(\boldsymbol{F}) = 0 \\ \sum m_B(\boldsymbol{F}) = 0 \end{cases} \quad (3.2\text{-}2)$$

其中，矩心 A、B 的连线不能垂直于所选坐标轴。

对平面内任意三点 A、B、C 的力矩平衡方程，即三矩式平衡方程。

$$\begin{cases} \sum m_A(\boldsymbol{F}) = 0 \\ \sum m_B(\boldsymbol{F}) = 0 \\ \sum m_C(\boldsymbol{F}) = 0 \end{cases} \quad (3.2\text{-}3)$$

其中，矩心 A、B、C 三点不能共线。

二、平衡力系的几种特殊情况

1. 平面汇交力系

平面汇交力系中，对汇交点的力矩方程恒为零，$\sum m_O = 0$ 恒成立，其平衡方程为：

$$\begin{cases} \sum F_x = 0 \\ \sum F_y = 0 \end{cases} \quad (3.2\text{-}4)$$

平衡力系的几种特殊情况
（视频）

2. 平面平行力系

各力的作用线都互相平行的平面力系，称为平面平行力系，如图 3.2-1 所示。平面平行力系的平衡方程中必然有一个力的投影方程自然满足，$\sum F_x = 0$ 恒成立，其平衡方程为：

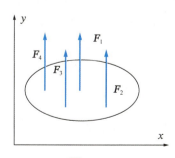

图 3.2-1

$$\begin{cases} \sum F_y = 0 \\ \sum m_O = 0 \end{cases} \tag{3.2-5}$$

3. 平面力偶系

平面力偶系的合成结果是一个合力偶，平面力偶系平衡的充分必要条件是该合力偶为零。即：

$$\sum m_i = m_1 + m_2 + \cdots + m_n = 0 \tag{3.2-6}$$

三、平面力系平衡的计算

用平衡方程求解未知力的步骤：

（1）确定研究对象，选取分离体；

（2）绘制分离体的受力分析图，先画主动力，再画约束反力；

（3）列平衡方程，求解未知量；

（4）利用其他形式的平衡方程对计算结果进行校核。

• 小贴士

有几个独立方程最多就可以求解几个未知量。平面汇交力系有两个方程，最多可求解两个未知量；平面平行力系有两个方程，最多也可求解两个未知量；平面力偶系只有一个方程，至多只能求解一个未知量。

• 小贴士

（1）列平衡方程求解未知力时，应该选取适当的坐标轴和矩心来简化计算。如：坐标轴的选择上可尽量和未知力垂直，使力在此轴上投影为零，以减少方程中未知量个数；或矩心选在两个未知力的交点上。

（2）画约束反力的时候，要根据约束的性质来画。当约束力的指向不能确定时，可以任意假设其方向。若计算结果为正，表示实际方向和假设方向一致；若结果为负，表示实际方向和假设方向相反。

（3）尽量使一个方程中只有一个未知量，避免联立方程求解，从而简化计算。

【例 3.2-1】支架由直杆AB、AC构成，A、B、C三处由铰链连接，在A点挂一重为 $W = 50kN$ 的重物，如图 3.2-2（a）所示。求杆AB、AC所受的力，杆的自重不计。

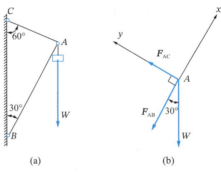

图 3.2-2

解（1）取A点为研究对象，建立坐标轴；

（2）绘制A点受力分析图。AB、AC都是二力杆，其杆上的约束反力均沿着两杆的杆轴线方向。AB、AC杆对A点的约束反力与两杆的约束反力均为作用力与反作用力，也应为沿着两杆轴线的方向，先假设为拉力，如图 3.2-2（b）所示；

（3）列平衡方程：

$\sum F_x = 0, \quad -F_{AB} - W\cos 30° = 0$

$F_{AB} = -50 \times \dfrac{\sqrt{3}}{2} = -43.3 (kN)$

$\sum F_y = 0, \quad F_{AC} - W\sin 30° = 0$

$F_{AC} = 50 \times \dfrac{1}{2} = 25 (kN)$

例 3.2-1 讲解（视频）

F_{AB} 计算结果为负值,表明该力的实际方向和假定的方向相反,F_{AB} 为压力;F_{AC} 为正值,表明该力的实际方向和假定的方向相同,F_{AC} 为拉力。

【例 3.2-2】如图 3.2-3(a)所示,梁 AB 受一力偶作用,集中力偶 $m = 20 \text{kN} \cdot \text{m}$,倾斜支承面与水平面间的夹角 $\alpha = 30°$,不计梁自重,求 A、B 支座反力。

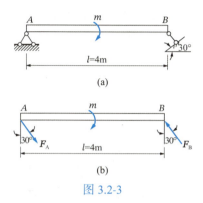

图 3.2-3

例 3.2-2 讲解(视频)

解 (1)取 AB 杆为研究对象;

(2)绘制 AB 杆的受力分析图。因为力偶只能与力偶平衡,所以 A、B 支座处的两个支座反力必定组成一个力偶。该力系为平面力偶系,由于 B 支座是可动铰支座,其支座反力 F_B 必垂直于支承面,所以,A 支座的反力 F_A 一定与 F_B 等值、反向、平行,即 F_A 与 F_B 构成一个力偶,与 m 转向相反,如图 3.2-3(b)所示;

(3)列平面力偶系的平衡方程;

$$\sum m_i = 0, \quad -m + F_B \times l \cos 30° = 0$$

$$-20 + F_B \times 4 \times \frac{\sqrt{3}}{2} = 0$$

解得:$F_B = 5.77 (\text{kN})$

$F_A = F_B = 5.77 (\text{kN})$

【例 3.2-3】如图 3.2-4(a)所示一悬臂梁 AB,梁上受 $q = 8 \text{kN/m}$ 的均布荷载作用,在自由端 B 受一集中力 $F = 20 \text{kN}$ 和一力偶 $m = 40 \text{kN} \cdot \text{m}$ 作用,梁的跨度为 $l = 4\text{m}$。试求固定端 A 处的约束反力。

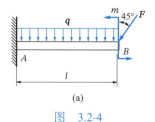

图 3.2-4

例 3.2-3 讲解(视频)

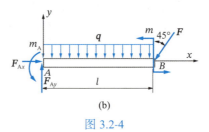

图 3.2-4

解 （1）取梁AB为研究对象，建立坐标轴；

（2）绘制梁AB受力分析图，如图 3.2-4（b）所示，该力系为平面任意力系；

（3）列平衡方程：

$\sum F_x = 0$, $F_{Ax} - F \cdot \cos 45° = 0$

解得：$F_{Ax} = 20 \times \sqrt{2}/2 = 14.14(\text{kN})$

$\sum F_y = 0$, $F_{Ay} - ql - F \times \sin 45° = 0$

解得：$F_{Ay} = 8 \times 4 + 20 \times \sqrt{2}/2 = 46.14(\text{kN})$

$\sum m_A(\boldsymbol{F}) = 0$, $m_A - ql \times l/2 - F \times \cos 45° \times l + m = 0$

解得：$m_A = 8 \times 4 \times 2 + 20 \times \sqrt{2}/2 \times 4 - 40$
$= 80.56(\text{kN} \cdot \text{m})$

（4）校核：对B点求矩，$\sum m_B(\boldsymbol{F}) = -F_{Ay} \times l + ql \times l/2 + m + m_A = -46.14 \times 4 + 8 \times 4 \times 2 + 40 + 80.56 = 0$

计算无误。

【例 3.2-4】一刚架受力情况如图 3.2-5（a）所示，求支座反力。

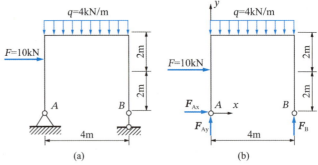

图 3.2-5

解 （1）取刚架为研究对象，建立坐标轴；

（2）画刚架受力分析图，如图 3.2-5（b）所示；

（3）列平衡方程：

$\sum F_x = 0$, $10 + F_{Ax} = 0$

解得：$F_{Ax} = -10(\text{kN})$

$$\sum m_A(\boldsymbol{F}) = 0, \quad -F \times 2 - q \times 4 \times 2 + 4 \times F_B = 0$$
解得：$F_B = 13(\text{kN})$

$$\sum F_y = 0, \quad F_B + F_{Ay} - q \times 4 = 0$$
解得：$F_{Ay} = 4 \times 4 - 13 = 3(\text{kN})$

（4）校核：
$$\sum m_B(\boldsymbol{F}) = -F_{Ay} \times 4 + q \times 4 \times 2 - F \times 2$$
$$= -3 \times 4 + 4 \times 4 \times 2 - 10 \times 2 = 0$$
计算无误。

任务实施

步骤1：以柱箍的长边、短边为研究对象。

任务实施（PPT）

步骤2：绘制受力分析图。

步骤3：列平衡方程。

步骤4：校核。

强化拓展

强化拓展（PPT）

任务总结

学习任务3.3　结构系统平衡的计算

任务导学

任务导学（PPT）

任务发布

任 务 书

梁上起重机起吊重物$W_1 = 20\text{kN}$，起重机自重$W_2 = 80\text{kN}$，其作用线位于铅垂线EC上，不计梁重，求A、B、D处的支座约束反力。

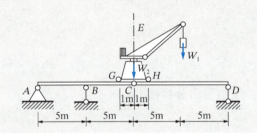

任务认知

一、结构系统的平衡

结构系统平衡概念（视频）

当系统平衡时，组成系统的每一个物体也处于平衡状态。研究结构系统的平衡问题，既可以取整体为研究对象，也可以取某一部分为研究对象，应用相应的平衡方程求解未知约束反力。

对于n个物体组成的结构系统，其受平面任意力系作用时，最多可列$3n$个独立的平衡方程。

如果系统中未知约束反力的数目不大于独立的平衡方程数，单用平衡方程就能解出全部未知约束反力，这类问题称为静定问题。如图 3.3-1 所示，AB梁中有三个未知约束反力，恰好能列出三个独立的平衡方程，求出全部未知力。

如果系统中未知约束反力的数目大于独立的平衡方程数，用刚体静力学方法就不能解出所有的未知量，这类问题称为超静定问题。如图 3.3-2 所示，AB梁中因为增加了D处的可动铰支座，该梁有四个未知约束反力，但仅能列出三个独立的平衡方程，无法求出全部未知力。

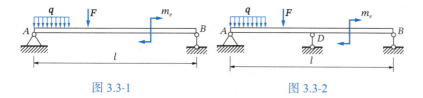

图 3.3-1　　　　　　　　图 3.3-2

二、结构系统平衡的计算

【例 3.3-1】多跨静定梁由 AC、CB 铰接而成，如图 3.3-3 所示。已知 $F_1 = 20\text{kN}$，$F_2 = 30\text{kN}$，试求 A、B、C、D 处的约束反力。

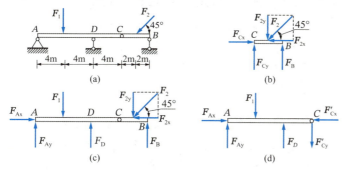

例 3.3-1 讲解（视频）

图 3.3-3

解　解题过程分析：

①去除铰链 C 后，AC 梁单靠自身能承受荷载并保持平衡，BC 梁则不能，因此 AC 梁为主梁，BC 梁为次梁。

②A 处固定铰支座有 2 个未知力，B、D 可动铰支座各有 1 个未知力，C 处铰链有 2 个未知力；系统由 2 个物体组成，最多可以列 6 个独立的平衡方程；此题为静定结构。

计算过程：

①取次梁 BC 分析，如图 3.3-3（b）所示。

$\sum m_C(F) = 0 \quad F_B \times 4 - F_2 \sin 45° \times 2 = 0$

解得 $F_B = \dfrac{F_2 \sin 45° \times 2}{4} = \dfrac{30}{4} \times \dfrac{\sqrt{2}}{2} \times 2 = 10.61(\text{kN})$

$\sum F_x = 0, \quad F_{Cx} - F_2 \cos 45° = 0$

解得 $F_{Cx} = F_2 \cos 45° = 30 \times \dfrac{\sqrt{2}}{2} = 21.21(\text{kN})$

$\sum F_y = 0, \quad F_{Cy} + F_B - F_2 \sin 45° = 0$

解得 $F_{Cy} = F_2 \sin 45° - F_B = 30 \times \dfrac{\sqrt{2}}{2} - 10.61 = 10.6(\text{kN})$

②取整体 AB 分析，如图 3.3-3（c）所示。

$\sum F_x = 0, \quad F_{Ax} - F_A \cos 45° = 0$

解得 $F_{Ax} = F_2 \cos 45° = 30 \times \dfrac{\sqrt{2}}{2} = 21.21(\text{kN})$

$$\sum m_A(\boldsymbol{F}) = 0,$$
$$-F_1 \times 4 + F_D \times 8 - F_2 \sin 45° \times 14 + F_B \times 16 = 0$$

解得 $F_D = \dfrac{F_1 \times 4 + F_2 \sin 45° \times 14 - F_B \times 16}{8}$

$$= \dfrac{20 \times 4 + 30 \times \dfrac{\sqrt{2}}{2} \times 14 - 10.61 \times 16}{8} = 25.9(\text{kN})$$

$$\sum F_y = 0, \quad F_{Ay} - F_1 + F_D - F_2 \sin 45° + F_B = 0$$

解得 $F_{Ay} = F_1 - F_D + F_2 \sin 45° - F_B$

$$= 20 - 25.9 + 30 \times \dfrac{\sqrt{2}}{2} - 10.61 = 4.7(\text{kN})$$

③校核：取梁 AC，如图 3.3-3（d）所示。
$$\sum m_C(\boldsymbol{F}) = -F_{Ay} \times 12 + F_1 \times 8 - F_D \times 4$$
$$= -4.7 \times 12 + 20 \times 8 - 25.9 \times 4 = 0$$
计算无误。

● 小 贴 士

多跨静定梁由主梁和次梁组成，主次梁之间通过铰链相连。

求解多跨静定梁约束反力的解题思路为：先取次梁为研究对象，利用平衡条件求解所有未知约束反力，再取整体或主梁为研究对象，即可求出全部未知约束反力。

直接支承在基础上，单靠自身就能承受荷载并保持平衡的物体，称为主梁（也称基本部分）；必须依靠主梁的支承才能承受荷载并保持平衡的物体，称为次梁（也称附属部分）。

例 3.3-2 讲解（视频）

【例 3.3-2】如图 3.3-4（a）所示的组合结构，已知结构上作用的均布荷载 $q = 2\text{kN/m}$、集中力偶 $m = 6\text{kN}\cdot\text{m}$、集中力 $F = 3\text{kN}$，$l_{AB} = l_{BC} = l_{DE} = 4\text{m}$，$l_{BD} = 3\text{m}$，杆 BD 与杆 BC 垂直，所有构件忽略自重，求固定端 A 的约束力。

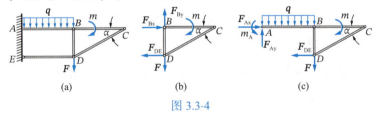

图 3.3-4

解 解题过程分析：

①本题中所有构件忽略自重，ED 杆、BD 杆和 CD 杆可视为二力杆。

②此题将多跨静定联合梁和桁架结构融为一体，可以将 AB 杆考虑为主梁，构件 BC、BD 和 CD 组成的结构考虑为次梁，将二力杆 ED 类比为可动铰支座，则可判断该组合结构为静定结构。

计算过程：

①取结构BCD分析，如图 3.3-4（b）所示：

$\sum m_B(F) = 0$, $\quad -F_{DE} \times l_{BD} - m = 0$

解得 $F_{DE} = -\dfrac{m}{l_{BD}} = -\dfrac{6}{3} = -2(\text{kN})$

②取结构ABCD分析，如图 3.3-4（c）所示：

$\sum m_A(F) = 0$,

$m_A - q \times l_{AB} \times \dfrac{l_{AB}}{2} - m - F_{DE} \times l_{BD} - F \times l_{AB} = 0$

解得

$m_A = q \times l_{AB} \times \dfrac{l_{AB}}{2} + m + F_{DE} \times l_{BD} + F \times l_{AB}$
$= 2 \times 4 \times 2 + 6 - 2 \times 3 + 3 \times 4 = 28(\text{kN} \cdot \text{m})$

$\sum F_x = 0$, $\quad F_{Ax} - F_{DE} = 0$

解得 $F_{Ax} = F_{DE} = -2(\text{kN})$

$\sum F_y = 0$, $\quad F_{Ay} - q \times l_{AB} - F = 0$

解得 $F_{Ay} = q \times l_{AB} + F = 2 \times 4 + 3 = 11(\text{kN})$

③校核：取结构ABCD。

$\sum m_D(F) = m_A - F_{Ay} \times l_{AB} - F_{Ax} \times l_{BD} + q \times l_{AB} \times \dfrac{l_{AB}}{2} - m$
$= 28 - 11 \times 4 + 2 \times 3 + 2 \times 4 \times 2 - 6 = 0$

计算无误。

【例 3.3-3】如图 3.3-5（a）所示的等高程三铰刚架，A、B 支座在同一水平线上，已知 $q = 10 \text{kN/m}$、$a = 2\text{m}$、$h = 4\text{m}$，求 A、B 支座处的约束反力。

例 3.3-3 讲解（视频）

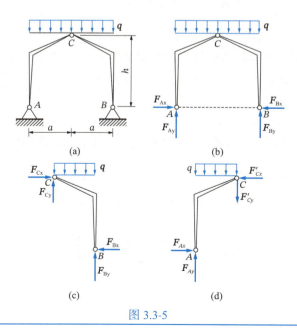

图 3.3-5

解 解题过程分析：

A、B处固定铰支座各有2个未知力，C处铰链有2个未知力。系统由2个物体组成，最多可以列6个独立的平衡方程，故此题为静定结构。

计算过程：

①取结构系统分析，如图3.3-5（b）所示：

$\sum m_A(\boldsymbol{F}) = 0, \quad F_{By} \times 2a - 2qa \times a = 0$

解得 $F_{By} = \dfrac{2qa \times a}{2a} = qa = 10 \times 2 = 20(\text{kN})$

$\sum F_y = 0, \quad F_{Ay} - 2qa + F_{By} = 0$

解得 $F_{Ay} = 2qa - F_{By} = 2qa - qa = qa = 10 \times 2 = 20(\text{kN})$

②取刚架BC分析，如图3.3-5（c）所示：

$\sum m_C(\boldsymbol{F}) = 0, \quad F_{By} \times a - F_{Bx} \times h - qa \times \dfrac{a}{2} = 0$

解得 $F_{Bx} = \dfrac{1}{h}\left(F_{By} \times a - qa \times \dfrac{a}{2}\right) = \dfrac{1}{h}\left(qa^2 - \dfrac{qa^2}{2}\right)$

$= \dfrac{qa^2}{2h} = \dfrac{10 \times 2^2}{2 \times 4} = 5(\text{kN})$

③取结构系统分析，如图3.3-5（b）所示：

$\sum F_x = 0, \quad F_{Ax} - F_{Bx} = 0$

解得 $F_{Ax} = F_{Bx} = \dfrac{qa^2}{2h} = \dfrac{10 \times 2^2}{2 \times 4} = 5(\text{kN})$

④校核：取刚架 AC，如图3.3-5（d）所示：

$\sum m_C(\boldsymbol{F}) = F_{Ax}h - F_{Ay}a + qa \times \dfrac{a}{2}$

$= 5 \times 4 - 20 \times 2 + 10 \times 2 \times 1 = 0$

计算无误。

求解三铰刚架约束反力的解题思路为：先以整体为研究对象，解出部分约束反力；再以局部为研究对象，利用平衡方程求解剩余未知约束反力。

例3.3-4 讲解（视频）

【例3.3-4】桁架结构如图3.3-6（a）所示，已知F、a，求支座反力。

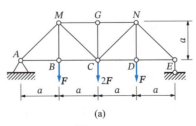

图 3.3-6

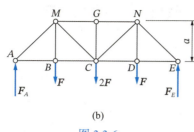

(b)

图 3.3-6

解 以整个桁架为研究对象，因为桁架整体平衡，且受力均在竖直方向，所以 A 处虽为固定铰支座，但只有竖直方向有约束反力，其受力分析如图 3.3-6（b）所示。

$\sum m_A(F) = 0$,

$F_E \times 4a - F \times 3a - 2F \times 2a - F \times a = 0$

解得 $F_E = \dfrac{F \times 3a + 2F \times 2a + F \times a}{4a} = 2F$

$\sum F_y = 0$, $\quad F_A - F - 2F - F + F_E = 0$

解得 $F_A = 4F - F_E = 4F - 2F = 2F$

校核：取整个桁架。

$\sum m_E(F) = -F_A \times 4a + F \times 3a + 2F \times 2a + F \times a$
$ = -2F \times 4a + F \times 3a + 2F \times 2a + F \times a = 0$

计算无误。

求解平面静定桁架约束反力的解题思路为<u>取整体为研究对象，利用平面力系平衡条件直接求解</u>。

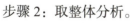 任务实施

步骤 1：取次梁分析。

步骤 2：取整体分析。

任务实施（视频）

强化拓展

步骤 3：校核检验。

强化拓展（视频）

任务总结

学习任务3.4　考虑摩擦时物体平衡的计算

任务导学

任务导学（PPT）

任务发布

任 务 书

如下图所示的某混凝土重力坝，已知单位宽度坝体上作用有重力 $W_1 = 18450\text{kN}$、$W_2 = 66500\text{kN}$，水压力 $F_1 = 51980\text{kN}$、$F_2 = 1540\text{kN}$、$F_3 = 1200\text{kN}$，扬压力 $U_1 = 13400\text{kN}$、$U_2 = 29250\text{kN}$ 等荷载。若坝底与河床岩面间的静摩擦系数 $f = 0.6$。试校核此坝是否可能滑动。

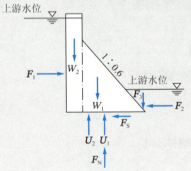

任务认知

一、滑动摩擦

当物体接触面比较光滑，或者有良好的润滑条件时，物体受到的摩擦力可以忽略不计。然而在日常生活和工程实际问题中，摩擦常成为主要因素，摩擦力不仅不能忽略，而且还应作为重点来研究。按两物体的相对运动形式分，摩擦可分为滑动摩擦和滚

滑动摩擦（视频）

动摩擦。本任务只介绍工程中常见的滑动摩擦，滑动摩擦又可分为静滑动摩擦和动滑动摩擦。

1. 静滑动摩擦力

两个表面粗糙的物体，当其接触表面之间有相对滑动趋势，但尚保持相对静止时，彼此相互作用着阻碍相对滑动的阻力，这种摩擦称为静滑动摩擦，相应的阻力称为静滑动摩擦力，简称静摩擦力，常用 F_s 表示。

如图 3.4-1 所示，物体置于非光滑的水平面上，当主动力 F 为 0 时，物体无滑动趋势，摩擦力 F_s 为 0。当主动力 F 较小时，物体有运动趋势，但仍处于静止（平衡）状态，静摩擦力 F_s 不为零，可由平衡方程确定静摩擦力大小。

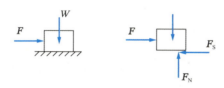

图 3.4-1

$$\sum F_x = 0, \quad F_s = F$$

当主动力 F 增加到某个值，物体处于将动未动的临界平衡状态。此时静摩擦力达到最大，称为最大静滑动摩擦力 F_{smax}。

最大静摩擦力的大小与两物体间的正压力（即法向反力）成正比，称为静摩擦定律（又称库仑摩擦定律）。

$$F_{smax} = f_s F_N \tag{3.4-1}$$

式中：F_N——正压力（法向反力）；

f_s——静摩擦因数，它与接触面的材料和接触表面情况有关，可由试验测定。

2. 动滑动摩擦力

如图 3.4-1 所示，当主动力 F 继续增大，物体沿接触表面有相对滑动，彼此互相作用着阻碍相对滑动的阻力，这种摩擦称为动滑动摩擦（简称动摩擦），接触面处产生的阻力称为动滑动摩擦力，用 F'_s 表示。

动滑动摩擦力大小与两物体间的正压力成正比，称为动摩擦定律。

$$F'_s = f F_N \tag{3.4-2}$$

式中：f——动摩擦因数，它的大小除与两物体接触面的材料及表面情况有关外，还与两物体间的相对运动速度有关。

● 小 贴 士

滑动摩擦力沿接触点的公切面，方向与相对滑动及相对滑动趋势的方向相反。

● 小 贴 士

试验表明，f 略小于 f_s，在一般的工程中，可近似认为二者相等。

二、考虑摩擦时物体的平衡问题

考虑具有摩擦的物体或结构系统的平衡问题,其解法与不考虑摩擦时的平衡问题在原则上并无差别,但是这类问题也有自身特点:

(1)受力计算时必须分析摩擦力,其方向恒与物体相对运动趋势方向相反。

(2)静滑动摩擦力大小随着主动力的变化而变化,其值在一个范围内变化,即 $0 \leqslant F_s \leqslant F_{smax}$,其大小和方向可由平衡方程确定。

(3)若物体处于临界平衡状态时,可补充方程 $F_{smax} = f_s F_N$。

考虑摩擦时物体的平衡问题(视频)

【例 3.4-1】如图 3.4-2 所示的一木质闸门,闸门上作用的水压力合力 $F = 42\text{kN}$,闸门自重 $W = 3.5\text{kN}$。设门槽与闸门之间的摩擦系数为 0.5,不计水的浮托力作用,求所需的启门力 F_{T1} 和闭门力 F_{T2} 的大小。

例 3.4-1 讲解(视频)

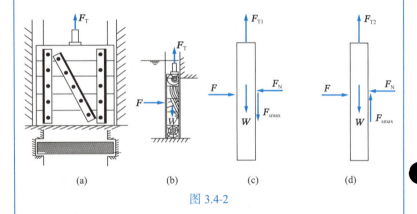

图 3.4-2

解 (1)取木质闸门为研究对象,当闸门开启时,其受到闸门自重 W、水压力 F、启门力 F_{T1}、门槽反力 F_N 和向下的最大静摩擦力 F_{smax},受力分析如图 3.4-2(c)所示。列平衡方程:

$$\sum F_x = 0, \quad F - F_N = 0$$
$$\sum F_y = 0, \quad F_{T1} - W - F_{smax} = 0$$

补充方程 $\quad F_{smax} = f_s F_N = f_s F$

联立求解得 $\quad F_{T1} = W + f_s F = 3.5 + 0.5 \times 42 = 24.5(\text{kN})$

(2)当闸门关闭时,闸门向下滑动,故最大静摩擦力 F_{smax} 向上,受力分析如图 3.4-2(d)所示。列平衡方程:

$$\sum F_x = 0, \quad F - F_N = 0$$
$$\sum F_y = 0, \quad F_{T2} - W + F_{smax} = 0$$

补充方程 $F_{smax} = f_s F_N = f_s F$

联立求解得 $F_{T2} = W - f_s F = 3.5 - 0.5 \times 42 = -17.5 (kN)$

任务实施

步骤1：取单位坝段为研究对象，画受力分析图。

任务实施（视频）

步骤2：列平衡方程求解。

步骤3：判断重力坝是否会滑动。

任务总结

强化拓展

强化拓展（PPT）

案 例 3.5 工程结构平衡的计算——高大模板（板模板）支撑体系

📋 任务导学

任务导学（PPT）

任务描述（文本）

📋 任务发布

任 务 书

任务一：计算高大模板（板模板）支撑体系面板支座反力；

任务二：计算高大模板（板模板）支撑体系小梁支座反力。

任务描述

某洼地治理工程中某泵站进、出水流道施工，其支撑体系属于危险性较大分部分项工程，需进行专项施工方案的编制及计算，支撑体系架体搭设平面图、剖面图如图 3.5-1、图 3.5-2 所示。

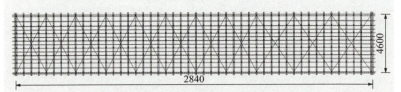

图 3.5-1　进、出水流道层架体搭设平面图

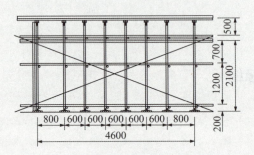

图 3.5-2　进、出水流道层架体搭设剖面图

（1）工程属性（表 3.5-1）

工程属性　　　　表 3.5-1

名称	600mm 厚板	新浇混凝土楼板板厚（mm）	600
模板支架高度 H（m）	2.6	模板支架纵向长度 L（m）	28.4
模板支架横向长度 B（m）	4.6		

（2）荷载设计（表3.5-2）

荷载设计　　　　　　表3.5-2

模板及其支架自重标准值G_{1k}（kN/m²）	面板	0.1
	面板及小梁	0.3
	楼板模板	0.5
混凝土自重标准值G_{2k}（kN/m³）	25　　钢筋自重标准值G_{3k}（kN/m³）	1.1
施工人员及设备荷载标准值Q_{1k}	当计算面板和小梁时的均布活荷载（kN/m²）	2.5
	当计算面板和小梁时的集中荷载（kN）	2.5
	当计算主梁时的均布活荷载（kN/m²）	1.5
	当计算支架立杆及其他支承结构构件时的均布活荷载（kN/m²）	1
模板支拆环境是否考虑风荷载	否	

● 小贴士

荷载的确定参考《建筑结构荷载规范》（GB 50009—2012）、《路桥施工计算手册》或《建筑施工计算手册》等。

（3）模板体系设计（表3.5-3）

模板体系设计　　　　表3.5-3

主梁布置方向	平行立杆纵向方向	立杆纵向间距l_a（mm）	600
立杆横向间距l_b（mm）	600	步距h（mm）	1200
小梁间距l（mm）	200	小梁最大悬挑长度l_1（mm）	150
主梁最大悬挑长度l_2（mm）	100	结构表面的要求	结构表面外露

模板设计图纸资料（文本）

● 小贴士

模板体系设计参考《建筑施工扣件式钢管脚手架安全技术规范》（JGJ 130—2011）、《建筑施工扣件式钢管脚手架安全技术标准》（T/CECS 699—2020）等。

（4）模板设计图纸

模板设计平面图、模板设计剖面图（模板支架纵向）、模板设计剖面图（模板支架横向）可见二维码资源——模板设计图纸资料（文本）。

任务认知

水利、房建、桥梁等土木工程施工中对结构或构件进行临时支撑的最常用方法之一是支撑架法。一般的支撑架满足相关规范的基本要求即可使用，但是对超过一定规模的危险性较大的单项工程（简称危大工程），根据《危险性较大分部分项工程安全管理规定》，施工单位应在施工前编制专项施工方案并组织专家论证。

对于混凝土模板支撑工程：搭设高度 8m 及以上，或搭设跨度 18m 以上，或施工总荷载（设计值）15kN/m² 以上，或集中线荷载（设计值）20kN/m 以上，属于危大工程，需对支撑体系进行受力计算。

施工中临时支撑体系介绍（PPT）

板模板支撑体系介绍（PPT）

● 小 贴 士

支撑架又称支撑脚手架，由杆件或结构单元、配件通过可靠连接而组成，包括以各类不同杆件（构件）和节点形式构成的结构安装支撑脚手架、混凝土施工用模板支撑脚手架等。

板模板支撑体系荷载及受力特点（PPT）

一、结构体系

浇筑混凝土板时，板模板支撑架结构体系如图 3.5-3 所示，其主要受力构件包括面板、次楞（小梁）、主楞（主梁）、可调托撑（托座）和立柱（立杆）。

图 3.5-3　板模板支撑架结构体系图

①-面板；②-次楞（小梁）；③-主楞（主梁）；④-可调托撑；⑤-立柱；⑥-纵向水平杆；⑦-横向水平杆

H-支架高度；h-步距；B-支架横向长度；L-支架纵向长度；l_a-立杆纵向间距；l_b-立杆横向间距；l-小梁间距；l_1-小梁最大悬挑长度；l_2-主梁最大悬挑长度

二、荷载及受力特点

从图 3.5-3 可以看出，浇筑混凝土板时，高大模板（板模板）支撑体系中板模板及新浇筑的混凝土、钢筋等重力荷载及施工人员、施工设备荷载等，通过面板由次楞（小梁）支承，次楞将荷载传递给主楞（主梁），再通过可调托撑、支架立柱（立杆）传至地面。具体荷载计算参照模块二任务一"荷载的简化"。

根据《建筑施工模板安全技术规范》（JGJ 162—2008）现浇混凝土模板计算规定：面板可按简支跨计算，施工荷载分别按均布荷载与集中荷载作用时进行计算，分别如图 3.5-4（a）、图 3.5-4（b）所示；支承楞梁计算时，次楞（小梁）一般为 2 跨以上连续楞梁，如图 3.5-5（a）、图 3.5-5（b）所示，可按《建筑施工模板安全技术规范》附录 C 计算，当次楞（小梁）跨度不等时，应按不等跨度连续楞梁或悬臂楞梁设计，按悬臂楞计算时如图 3.5-5（c）、图 3.5-5（d）所示；主楞（主梁）可根据实际情况按连续梁、简支梁或悬臂梁设计。图 3.5-6 所示为基于图 3.5-3 支撑体系简化而成的两端外伸的三跨连续主楞计算简图。

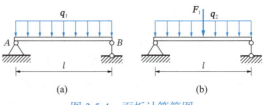

图 3.5-4　面板计算简图

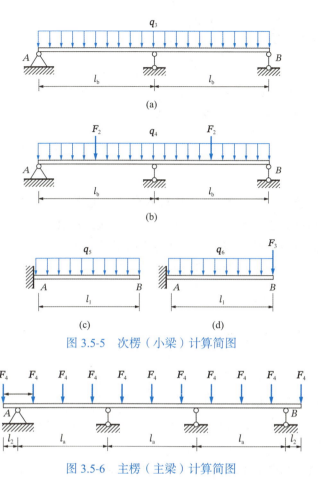

图 3.5-5 次楞（小梁）计算简图

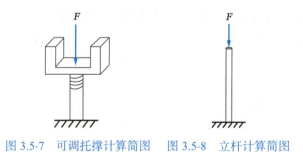

图 3.5-6 主楞（主梁）计算简图

从主楞传来的荷载作用在可调托撑和立杆的横截面上，其作用范围与主楞的尺寸相比非常小，可简化为集中力，计算简图分别如图 3.5-7、图 3.5-8 所示。

图 3.5-7 可调托撑计算简图　　图 3.5-8 立杆计算简图

● 小 贴 士

不同规范关于荷载分项系数的确定以及计算简图的简化稍有不同。

计算面板支座反力（文本）

任务实施

任务一：计算高大模板（板模板）支撑体系面板支座反力

步骤 1：根据《建筑施工模板安全技术规范》（JGJ 162—

2008），确定面板受力简图。

①施工荷载按均布荷载考虑。

②施工荷载按集中荷载考虑。

步骤2：查《建筑施工模板安全技术规范》（JGJ 162—2008）确定荷载分项系数，计算承载能力极限状态荷载。

计算可变荷载按均布荷载考虑时的荷载组合。

由可变荷载控制的组合。

由永久荷载控制的组合。

两者取大值。

计算可变荷载按集中荷载考虑时的荷载组合。

步骤3：查《建筑施工模板安全技术规范》（JGJ 162—2008）确定荷载分项系数，计算正常使用极限状态荷载。

步骤4：绘制受力分析图，计算支座反力。

计算小梁支座反力（文本）

任务二：计算高大模板（板模板）支撑体系小梁支座反力

步骤1：根据《建筑施工模板安全技术规范》（JGJ 162—2008），确定次楞（受力简图）。

①二等跨连续梁。

施工荷载按均布荷载考虑　　　施工荷载按集中荷载考虑

②悬臂端。
施工荷载按均布荷载考虑　　　施工荷载按集中荷载考虑

步骤2：查《建筑施工模板安全技术规范》（JGJ 162—2008）确定荷载分项系数，计算承载能力极限状态荷载。
计算可变荷载按均布荷载考虑时的荷载组合。
由可变荷载控制的组合。

由永久荷载控制的组合。

两者取大值。

计算可变荷载按集中荷载考虑时的荷载组合。

步骤3：查《建筑施工模板安全技术规范》（JGJ 162—2008）确定荷载分项系数，计算正常使用极限状态荷载。

步骤4：绘制受力分析图，计算支座反力。

强化拓展

强化拓展（文本）

任务总结

习　题

一、基础题

3-1　如图 3-1 所示，计算下列各力在坐标轴上的投影。其中 $F_1 = 100\text{kN}$，$F_2 = 80\text{kN}$，$F_3 = 140\text{kN}$，$F_4 = 180\text{kN}$。

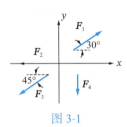

图 3-1

3-2　图 3-2 所示平面任意力系中，$F_1 = 80\text{N}$，$F_2 = 50\text{N}$，$F_3 = 120\text{N}$，$F_2 = 80\text{N}$，$m = 20\text{N} \cdot \text{m}$。各力作用位置如图所示，图中尺寸的单位为 mm。求：（1）该力系向 O 点简化的结果；（2）将力系的简化结果用一个合力表示，求其合力并在图中标出作用位置。

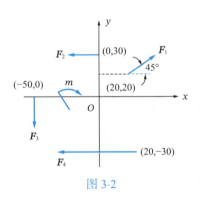

图 3-2

3-3　试求图 3-3 所示各梁支座的约束反力。

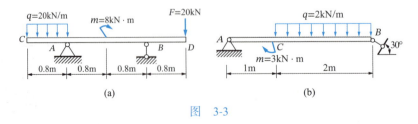

图 3-3

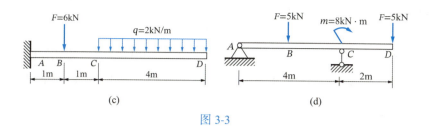

图 3-3

3-4 求图 3-4 所示刚架各支座处的约束反力。

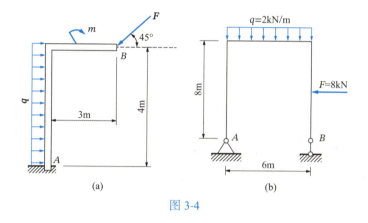

图 3-4

3-5 如图 3-5 所示，物体 A 重 $W_1 = 10\text{N}$，与斜面间静摩擦系数 $f_s = 0.4$。

（1）若物体 B 重 $W_2 = 5\text{N}$，试求 A 与斜面间的摩擦力的大小和方向。

（2）若物体 B 重 $W_2 = 8\text{N}$，试求 A 与斜面间的摩擦力的大小和方向。

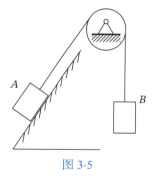

图 3-5

二、提高题

3-6 某多跨静定梁由AC、CD在C处用铰链连接而成，约束和所受荷载如图3-6所示。其中，$F=20\text{kN}$，$q=4\text{kN/m}$，$m=10\text{kN}\cdot\text{m}$，$a=2\text{m}$。求A、B、C、D四处的约束反力。

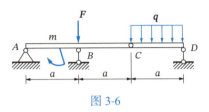

图 3-6

3-7 某悬臂多跨梁如图3-7所示。求A和D处的约束反力。

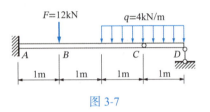

图 3-7

3-8 图3-8所示杆系结构由折杆AC、直杆BD组成。外力$F=100\text{N}$。$AE=EC=BC=2\text{m}$，$CD=1\text{m}$。求A、B两点约束反力。

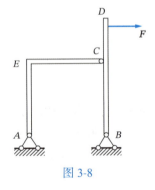

图 3-8

3-9 如图3-9所示，三铰拱由两半拱连接而成，已知每个半拱重$W=300\text{kN}$，$l=16\text{m}$，$h=10\text{m}$。求支座A、B的约束反力。

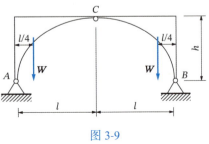

图 3-9

3-10 图 3-10 所示结构中，物块重 1000kN，由细绳跨过滑轮E而水平系于墙上，尺寸如图所示，不计杆和滑轮的重量。求A和B处的约束反力以及杆BC的内力。

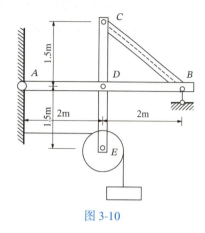

图 3-10

3-11 在图 3-11 所示结构中，物块重 $W = 10$ kN，A处为固定端约束，B、C、D处为铰链约束。求A、B、C处的约束反力。

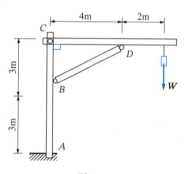

图 3-11

3-12 某挡土墙横断面如图 3-12 所示。取单位长度为研究对象，其受到的土压力 $F = 3800$ kN，作用位置如图，挡土墙的重度取 20kN/m³。挡土墙与地面间的静摩擦系数 $f_s = 0.55$。问：（1）挡土墙是否会发生滑动；（2）挡土墙是否绕A点发生倾倒。

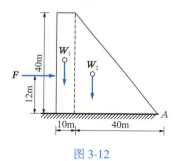

图 3-12

三、拓展题

3-13 【2016年安徽省大学生力学竞赛真题】图3-13所示结构中 AB、BC、BD 杆等长，均为 a。$F = qa$，$m = qa^2$。若各杆的自重不计，求固定端 A 的约束反力以及销钉 D 对 DC 杆的作用力。

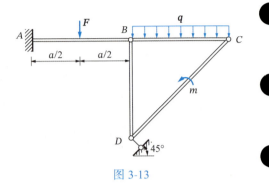

图 3-13

3-14 【2018年安徽省大学生力学竞赛真题】如图3-14所示，自重为 W 的水箱置于支架的顶部，不计各杆自重。求支座 A、B 处的约束反力以及 CD 杆所受的力。

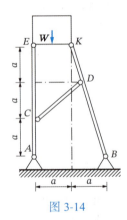

图 3-14

3-15 【2021年安徽省大学生力学竞赛真题】如图3-15所示平面结构中，已知水平杆 AB 受均布荷载 q 的作用，水平杆 CD 受集中力偶 m 的作用，杆 BC 竖直。试求固定端 A 处的约束反力。（不计各杆自重）

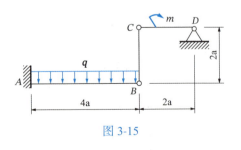

图 3-15

模 块 4

轴向拉压构件的力学分析

知识目标

①了解杆件四种基本变形的受力特点及变形特点。
②熟练掌握拉压杆构件的轴力计算及轴力图的绘制。
③熟练掌握拉压杆构件的应力计算及强度条件。
④掌握拉压杆构件的变形计算。
⑤了解理想桁架的概念,掌握静定平面桁架杆件内力的计算。
⑥理解压杆稳定的概念,熟练掌握压杆的稳定条件。

技能目标

①能识别工程中常见的拉压杆构件。
②能验算工程中常见拉压杆构件的强度,如渡槽柱墩、悬挑式脚手架上拉杆、花篮螺栓、模板体系支撑立杆等。
③能应用拉压杆构件的强度条件解决工程中截面设计和确定许用荷载问题。
④能验算工程中静定平面桁架的强度,如屋架结构、整体爬升脚手架水平支承桁架、三角挂篮主桁等。
⑤能验算工程中压杆的长细比,并进行压杆稳定性校核,如钢管立柱、模板体系支撑立杆等。

素质目标

①建立正确的职业道德观。
②具有良好的团队精神。
③培养对工作专业、规范、程序标准化的精神。
④弘扬热爱劳动的精神。

结构由若干个构件连接而成，两者是整体与部分的关系，它们相互依赖、相互联系，共同构成了建筑物的基础。同时，结构与构件也相互制约、相互影响，结构的不稳定将导致整体的倾覆，单个构件的承载能力不足也会导致整个结构的破坏。

土木工程中，轴向拉压构件应用极为广泛，如钢架雨棚拉杆、悬挑脚手架主梁上拉杆、渡槽柱墩、钢管立柱、模板支撑立杆、钢网架屋架、三角挂篮主桁等，都属于轴向拉压构件。校验轴向拉压构件承载能力，一般分为强度计算（验算）和稳定性计算（验算），但对于变形相对较大的构件，还需要通过变形分析，进行刚度计算（验算）。

本模块主要介绍轴向拉压构件的力学分析和承载能力校验。本模块分为6个学习任务：学习任务4.1介绍构件力学分析的基本方法，运用这些基本方法，可以分析轴向拉压构件的内力、应力和变形；学习任务4.2~4.4分别介绍轴向拉压构件的内力——轴力的计算以及轴力图的绘制，构件横截面上的正应力及强度条件，以及构件的变形；学习任务4.5介绍静定平面桁架内力计算的方法；学习任务4.6介绍压杆的临界状态及压杆的稳定条件。本模块案例4.7以花篮式悬挑脚手架中上拉杆和花篮螺栓为例，介绍工程中轴向拉压构件的强度验算问题；案例4.8以板模板可调托座和立杆为例，介绍工程中轴向拉压构件承载力及稳定性的验算问题。

学习任务4.1　弹性变形构件力学分析方法认知

任务发布

任务书

任务一：判别下列工程结构中指定构件的变形形式；

任务二：运用截面法判断指定构件的内力形式。

任务导学

任务导学（视频）

挡水墙的支杆AB

受自重和汽车荷载的桥梁主梁

连接两杆的螺栓

钻探机上的钻杆

牛腿柱

受自重和风荷载的桥墩

任务认知

一、构件变形的形式

所研究构件受到的其他构件的作用，统称为<u>外力</u>，外力<u>包括荷载（主动力）以及荷载引起的约束反力（被动力）</u>。构件在外力作用下的变形形式多种多样，但最终可归纳为轴向拉伸与压缩变形、剪切变形、平面弯曲变形和扭转变形 4 种基本变形，以及由两种或两种以上基本变形叠加而成的组合变形。

1. 轴向拉伸与压缩变形

外力特点：构件受到沿着杆轴线方向的外力作用。

变形特点：构件沿外力方向伸长或缩短。

如图 4.1-1（a）所示三角托架，在外力F作用下，CB杆和AB杆的受力分析图如图 4.1-1（b）、图 4.1-1（c）所示，CB杆、AB杆上约束反力F_{CB}、F_{BC}、F_{BA}、F_{AB}均沿着杆轴线方向，CB杆、BA杆将沿着外力的方向伸长或缩短。

● 小 贴 士

工程上将产生轴向拉伸变形的杆称为拉杆；产生轴向压缩变形的杆称为压杆或柱；产生扭转变形的杆称为轴；产生弯曲变形的杆称为梁。

轴向拉伸或压缩变形（视频）

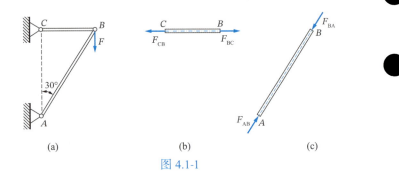

图 4.1-1

2. 剪切变形

外力特点：构件受到垂直于杆轴线方向的一组等值、反向、作用线相距极近的平行力作用。

变形特点：两平行力之间的横截面产生相对错动。

如图 4.1-2（a）所示，两块钢板用一铆钉AB相连，在两块钢板上作用一对外力F，铆钉AB的受力分析图如图 4.1-2（b）所示。约束反力F_A和F_B均垂直于铆钉的轴线（杆轴线），两力大小相等（均为F），方向相反，作用线平行且相距很近。在此外力作用下，铆钉AB介于作用力中间部分的截面有发生相对错动的趋势。

剪切变形（视频）

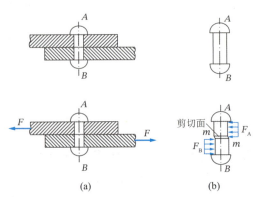

图 4.1-2

3. 扭转变形

外力特点：构件受到垂直于杆轴线平面内的力偶作用。

变形特点：相邻横截面绕杆轴线产生相对转动。

如图 4.1-3（a）所示，汽车方向盘转向轴 AB，在一对外力偶作用下的受力分析图如图 4.1-3（b）所示，M_A 与 M_B 均为力偶，作用在垂直于杆轴线的平面内。在外力偶矩作用下，转向轴 AB 上任意相邻横截面绕杆轴发生相对转动。

扭转变形（视频）

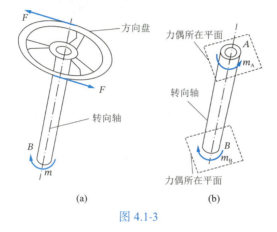

图 4.1-3

4. 平面弯曲变形

外力特点：构件受到垂直于杆轴线方向的外力，或杆轴线所在平面内的外力偶的作用。

变形特点：杆轴线由直线变为曲线，横截面绕垂直于杆轴做相对转动。

平面弯曲变形（视频）

如图 4.1-4（a）所示，梁轴线与横截面的对称轴组成一个纵向对称面。若外力均作用在纵向对称面内，其轴线也会在该平面内弯成一条曲线，这种弯曲变形称为平面弯曲变形。工程中还有一些梁，虽然不具有纵向对称面，如图 4.1-4（b）所示槽钢，但当外力作用在弯心平面内（通过弯曲中心 A 且与形心主惯性平面平行的平面）时，梁的变形也是平面弯曲变形。

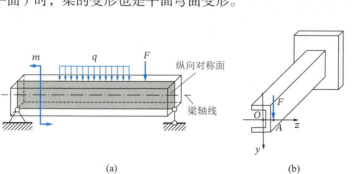

图 4.1-4

如图 4.1-5(a)所示简支梁桥 AB,外力 F、F_A、F_B [图 4.1-5(b)] 均可简化为作用在纵向对称面内,且垂直于杆轴线。在外力作用下,简支梁 AB 将发生如图中虚线所示平面弯曲变形。又如图 4.1-6(a)所示,过梁 AB 在均布荷载 q 和约束反力 F_A、F_B 作用下也将发生平面弯曲变形。

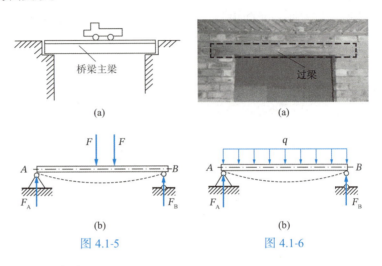

图 4.1-5　　　　图 4.1-6

组合变形（视频）

5. 组合变形

在外力作用下,构件同时产生两种或两种以上基本变形的组合,称为组合变形。其变形特点为相应的两种或两种以上变形的叠加。

如图 4.1-7 所示斜屋架上的檩条,在两个平面内发生平面弯曲变形,是两个平面弯曲变形的组合;如图 4.1-8 所示桥梁中的高墩,除了考虑桥面荷载 F、自重 W 等轴向力的作用外,还必须考虑横向风荷载 q_w、制动力 F_H 的作用,将产生压缩变形和平面弯曲变形的组合。

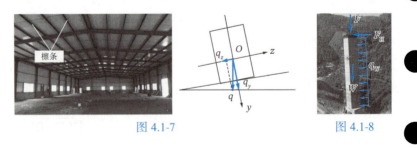

图 4.1-7　　　　图 4.1-8

二、构件内力分析

1. 内力的概念

构件在外力作用下发生变形,构件内部各质点的相对位置发生改变,对应的质点的相互作用力也会发生变化。这种由外力作用而引起构件内部质点之间相互作用力的改变量称为附加内力,

内力（视频）

简称内力。显然,工程力学中所研究的内力总是与变形同时存在。构件中内力是由外力引起的,内力随外力的增大而增大,内力增大到某一极限时构件将发生破坏。

2. 求内力的方法——截面法

为了分析构件的内力,取一受任意平衡力系作用的构件,如图 4.1-9(a)所示。在任意截面 n-n 处用一假想截面切开,将构件分为Ⅰ部分和Ⅱ部分,取其中任一部分作为研究对象,舍弃的另一部分对该部分的作用用内力代替,根据变形固体连续、均匀的基本假设,该截面上的内力是连续分布的,如图 4.1-9(b)所示。将图中各点的分布内力向该截面形心处(图示 C 点)进行简化,可得到一个主矢 F_R 和一个主矩 M,如图 4.1-9(c)所示。由于构件在外力作用下是平衡的,则截开后的研究对象也是平衡的,由平衡条件 $F_R = 0$、$M = 0$,即可求出该截面上的内力(合力)。这种将构件用假想截面切开分析内力,并由平衡条件由外力求内力的方法,称为截面法。

截面法(视频)

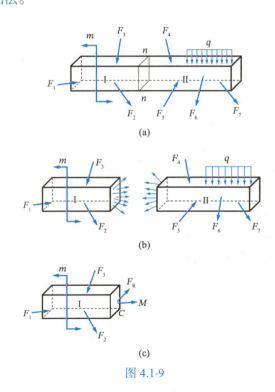

图 4.1-9

如图 4.1-10(a)所示,以平面任意平衡力系作用的构件为例。用假想截面 1-1 在距离 A 点为 x 处将构件切开,取左侧为研究对象分析其受力,如图 4.1-10(b)所示。因为外力都在同一平面内,横截面上只有 F_N、F_S 和 M 三个未知内力,由三个平衡方程即可求解。

$$\sum F_x = 0$$

$$\sum F_y = 0$$
$$\sum M_c = 0$$

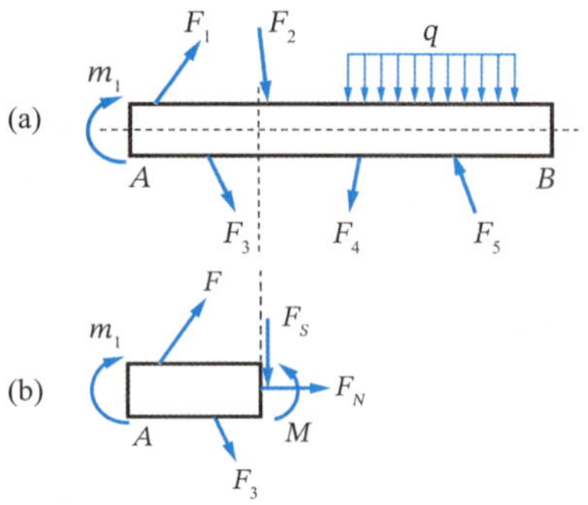

图 4.1-10

总结上述内容，截面法的步骤为：

（1）截开。在需要求内力的位置用假想截面截开。

（2）代替。取受力相对简单的一侧为研究对象，绘制受力图。受力图中外力与原图保持一致，在截断处的截面上，绘制内力以代替舍弃部分对研究对象的作用。

（3）平衡。根据受力图列平衡方程，求解未知内力。

三、构件应力分析

截面法计算出的内力是构件横截面上分布内力的合力，并不能确定横截面上各点内力的大小，而实际构件总是从内力最大的一点开始破坏的，所以需要继续研究截面上任意点处内力的分布规律，了解内力在截面上某点处分布的密集程度，即该点的应力，来解决构件的强度、刚度和稳定性问题。

从图 4.1-9（b）n-n 截面中取任意点 K 进行应力分析，如图 4.1-11 所示，该任意点 K 的分布内力集度为 p，称为 K 点处的总应力。

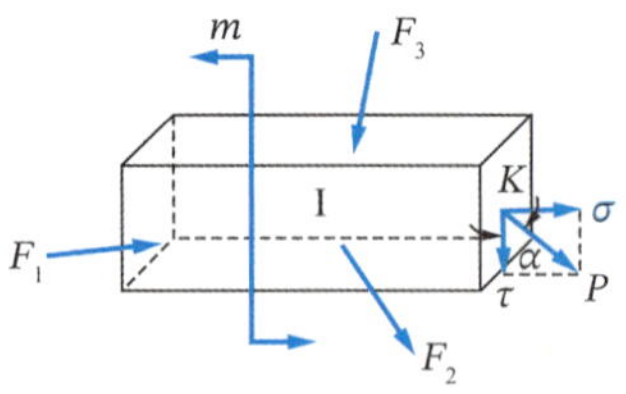

图 4.1-11

总应力 p 是一个矢量，大部分时候既不与截面垂直，也不与截面相切。为了方便计算，通常把应力 p 分解为垂直于截面的分量 σ 和相切于截面的分量 τ。σ 称为 K 点处的正应力，τ 称为 K 点处的剪应力，由图 4.1-11 中的几何关系可知：

- 小贴士

用截面法求内力体现的是构件的局部平衡。

用截面法画图分析内力时，内力必须按符号规定画为正向。具体见各模块相关内容。

构件应力分析（视频）

$$\sigma = p\sin\alpha, \quad \tau = p\cos\alpha$$

应力的单位为 Pa，$1\text{Pa} = 1\text{N/m}^2$。工程中常用 MPa 或者 GPa 作为应力单位。$1\text{MPa} = 10^6\text{Pa}$，$1\text{GPa} = 10^9\text{Pa}$。

物体的破坏现象表明，拉断破坏与正应力有关，剪切破坏与剪应力有关。所以，工程中一般将正应力和剪应力分开计算，不计算总应力。

四、位移和应变

构件受外力作用时，其形状和尺寸的改变，统称为变形。材料力学中的变形通常用位移和应变来进行描述。

位移、变形、应变（视频）

1. 位移

位移包括线位移和角位移。线位移是构件中一点相对于原来位置所移动的直线距离；角位移是构件中某一直线或平面相对于原来位置所转动的角度。如图 4.1-12 所示，受外力作用后，构件变形如虚线所示，构件轴线上任一点 A 的线位移为 $\overline{AA'}$；构件右端截面的角位移为 θ。工程中，分析刚度问题时，通常用位移来进行判断。

图 4.1-12

2. 应变

应变是对于微元体变形的描述，它包括线应变和剪应变。如图 4.1-13（a）所示，取一微小长方体（微元体），边长分别为 Δx 和 Δy，在正应力 σ_x 作用下，小长方体沿着正应力方向伸长为 $\Delta x'$，在垂直于正应力方向缩短为 $\Delta y'$，则小长方形伸长或缩短的改变量称为线变形；线变形与原长的比值为线应变，又称正应变，用 ε 表示，是一个量纲为 1 的量。图 4.1-13（a）中 x 方向和 y 方向的线变形大小分别为 $\Delta x' - \Delta x$ 和 $\Delta y' - \Delta y$，线应变分别为

$$\varepsilon_x = \lim_{\Delta x \to 0} \frac{\Delta x' - \Delta x}{\Delta x}$$
$$\varepsilon_y = \lim_{\Delta x \to 0} \frac{\Delta y' - \Delta y}{\Delta y}$$

如图 4.1-13（b）所示，取一微小长方体（微元体），在剪应力 τ 作用下小长方形发生剪切变形，原有直角角度发生改变，这种直角改变量称为剪应变，又称切应变，用 γ 表示，切应变通常用弧度表示，也是量纲为 1 的量。图 4.1-13（b）中，剪应变

$$\gamma = \alpha + \beta。$$

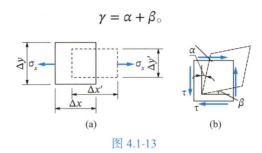

图 4.1-13

3. 应变与应力的关系

对于工程常用材料，实验结果表明：若材料的变形在线弹性变形范围内，正应力与线应变、剪应力与剪应变之间存在线性关系：

$$\sigma = E\varepsilon, \quad \tau = G\gamma$$

式中：E——弹性模量，为比例系数；

$\quad\quad\;\; G$——剪切模量，为比例系数。

以上两式分别为胡克定律、剪切胡克定律，相关内容在后续任务中详述。

📋 任务实施

任务实施（文本）

任务一：构件变形形式分析

步骤 1：画出任务书中指定构件的外力受力分析图。

步骤 2：分析外力与杆轴线的关系，判断变形形式。

任务二：构件内力分析

运用截面法分析指定构件的内力形式。

📋 强化拓展

强化拓展（PPT）

📋 任务总结

学习任务4.2　轴力的计算及轴力图的绘制

任务发布

任 务 书

一块石柱墩，受轴向压力 $F=800\text{kN}$，其高度 $h=18\text{m}$，试绘制等直柱、变截面阶梯柱、等强度柱三种柱墩的轴力图。

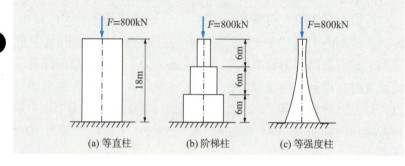

(a) 等直柱　　(b) 阶梯柱　　(c) 等强度柱

任务导学

任务导学（PPT）

任务认知

一、轴向拉压构件的内力

工程中有很多以轴向拉伸和压缩为主要变形的杆件。例如，翻斗货车的液压撑杆［图 4.2-1（a）］、支撑屋顶的屋架结构［图 4.2-1（b）］等。这些杆件的受力特点是受到沿着杆轴线方向的外力作用，其变形特点是沿着杆轴线方向伸长或缩短，这种变形称为**轴向拉伸或压缩**。其中，产生轴向拉伸变形的杆件称为拉杆，所受外力称为拉力，如图 4.2-2（a）所示；产生轴向压缩变形的杆件称为压杆，所受外力称为压力，如图 4.2-2（b）所示。

轴向拉压构件的内力（视频）

(a)　　　　　　　　　(b)

图 4.2-1

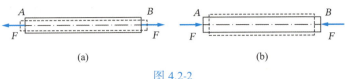

图 4.2-2

拉压杆横截面上的内力，可由截面法求得。设杆件两端受到拉力F的作用，如图 4.2-3（a）所示，为了分析轴向拉杆横截面上的内力，在杆件任一截面m-m处截开，取m-m截面左段研究，其受力分析如图 4.2-3（b）所示。由平衡条件$\sum F_x = 0$可知，截面m-m上的内力合力必是与杆件轴线重合的一个力，此力称为<u>轴力</u>，用符号F_N表示。

若取右段为研究对象 [图 4.2-3（c）]，由平衡条件$\sum F_x = 0$，得到横截面内力F'_N仍等于F，其方向与左段的轴力方向相反，显然这两个轴力是作用力和反作用力的关系。为了使得取截面任意一侧研究时，得到的内力符号相同，规定<u>当构件受拉时，轴力为拉力，其方向背离截面，F_N取正值；当构件受压时，轴力为压力，其方向指向截面，F_N取负值</u>。即轴力"拉为正，压为负"，如图 4.2-4 所示。

- 小 贴 士

  轴力只与外力有关，与杆件长度、横截面面积、杆件材料无关。

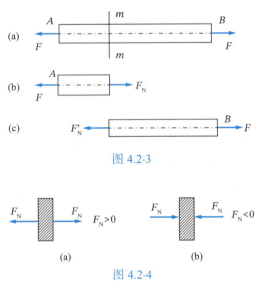

图 4.2-3

图 4.2-4

二、计算指定截面轴力

利用截面法来计算指定截面轴力。

【例 4.2-1】如图 4.2-5（a）所示直杆，已知杆件受到轴向外力$F_1 = 20\text{kN}$、$F_2 = 40\text{kN}$、$F_3 = 30\text{kN}$，试计算指定截面 1-1、2-2、3-3 的轴力。

例 4.2-1 讲解（视频）

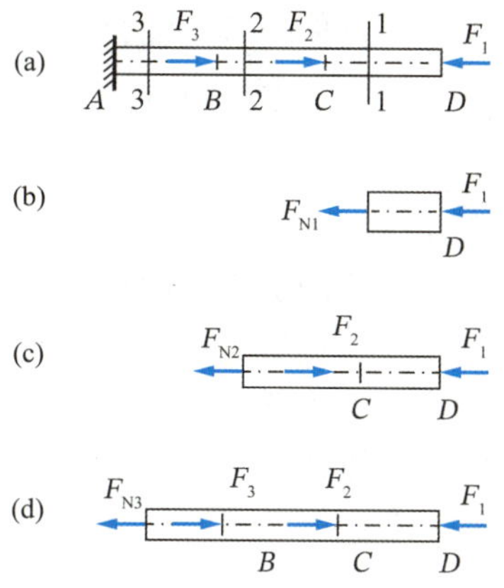

● 小贴士

当杆件上的外力（包括荷载与约束力）沿杆的轴线方向发生变化时，杆件截面上的内力也将发生变化。

外力变化：指有集中力、集中力偶作用的情形，或分布荷载间断或分布荷载集度发生突变。

图 4.2-5

解 （1）求 1-1 截面轴力

在 1-1 截面将杆件假想地截开，取右段为研究对象[图 4.2-5（b）]，并设其轴力为拉力。列平衡方程：

$\sum F_x = 0$，$-F_{N1} - F_1 = 0$

$F_{N1} = -F_1 = -20(\text{kN})$

（2）求 2-2 截面轴力

在 2-2 截面将杆件假想地截开，取右段为研究对象[图 4.2-5（c）]，并设其轴力为拉力。列平衡方程：

$\sum F_x = 0$，$-F_{N2} - F_1 + F_2 = 0$

$F_{N2} = -F_1 + F_2 = 20(\text{kN})$

（3）求 3-3 截面轴力

在 3-3 截面将杆件假想地截开，取右段为研究对象[图 4.2-5（d）]，并设其轴力为拉力。列平衡方程：

$\sum F_x = 0$，$-F_{N3} - F_1 + F_2 + F_3 = 0$

$F_{N3} = -F_1 + F_2 + F_3 = 50(\text{kN})$

总结例 4.2-1 中截面法求指定截面轴力的计算结果，任一截面上的内力都可由其一侧的外力直接计算得到。即：任一截面上轴力等于该截面左侧或右侧杆件上所有轴向外力的代数和。其符号规定：背离截面的外力（拉力）产生正值轴力，指向截面的外力（压力）产生负值轴力，仍可记为轴力"拉为正，压为负"。这种由外力直接计算指定截面轴力的方法称为直接法（或代数法）。

三、绘制轴力图

当杆件轴向上受到不同位置的轴向外力作用时，拉压杆横截

绘制轴力图（视频）

面上的轴力是随着截面位置变化而变化的。为了直观反映出轴力随截面位置变化的规律，确定出最大轴力的数值及所在横截面的位置，为强度计算提供依据，需绘制出杆件的轴力图。

1. 绘制轴力图的方法

轴力图是表示沿杆件轴线各横截面上轴力变化规律的图形。

建立 x-F_N 坐标系：取与杆件平行的横坐标 x 表示各截面位置，与杆件垂直的纵坐标 F_N 表示各截面轴力的大小。根据杆件上作用的外力，将杆件分为若干段，计算各段轴力。习惯上将正值轴力（拉力）画在坐标的正向，负值轴力（压力）画在坐标的负向，并标明正负符号。

2. 绘制轴力图的步骤

（1）计算约束反力，由已知主动力通过平衡方程计算未知的约束反力。

（2）计算各段杆的轴力，按照外力变化进行分段，由平衡方程求出各段轴力。

（3）绘制轴力图，按照轴力图的绘制方法，画出轴力图。

例 4.2-2 讲解（视频）

【例 4.2-2】绘制出例 4.2-1（a）中杆件的轴力图。

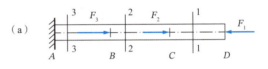

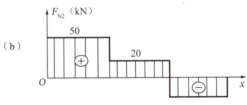

图 4.2-6

解（1）计算各段杆的轴力。按照外力变化进行分段，将杆件分为 AB、BC、CD 三段，各段轴力计算如下：

CD 段：$F_{N1} = -F_1 = -20$（kN）

BC 段：$F_{N2} = -F_1 + F_2 = 20$（kN）

AB 段：$F_{N3} = -F_1 + F_2 + F_3 = 50$（kN）

（2）绘制轴力图，如图 4.2-6（b）所示。

$$|F_{Nmax}| = 50(kN)$$

最大轴力发生在 AB 段内。

由图可见：集中力作用处轴力图有突变，该截面轴力为不定值，因而计算轴力的截面不要取在集中荷载作用处。

任务实施

步骤 1：计算约束反力。

步骤 2：计算各段杆的轴力。

步骤 3：绘制轴力图。

任务实施（PPT）

任务总结

强化拓展

强化拓展（PPT）

学习任务4.3　轴向拉压杆的应力分析和强度计算

任务导学

任务导学（PPT）

任务发布

某承渡槽的块石柱墩，高 $h=18\text{m}$，受轴向压力 $F=800\text{kN}$ 的作用，柱墩单位体积的容重 $\gamma=25\text{kN/m}^3$，$[\sigma]=1.05\text{MPa}$，试确定该等直柱的体积。

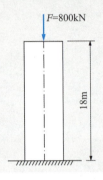

对于轴向拉压构件，上一任务中分析了它的内力，是与杆轴线方向重合的轴力。若要分析轴向拉压杆的强度，光研究内力是不够的，还需要研究其横截面上的应力分布。本任务将通过试验找出轴力作用下轴向拉压构件的变形规律，来分析应力的分布规律，计算轴向拉压杆横截面上任意点的应力大小。

一、轴向拉压杆的应力计算

轴向拉压杆的应力计算（视频）

取一等截面直杆，其表面上沿着杆轴线方向的纵线，和与轴线垂直的横线在杆件表面形成许多大小相同的正方形格子，如图 4.3-1（a）所示。在直杆两端施加一对轴向拉力 F，进行轴向拉伸试验。通过试验，我们可以观察到：①所有的纵线仍为直线，且都被拉长了，但彼此间仍互相平行；②所有的横线仍为直线，且都垂直于杆轴，但是相对距离增大，杆表面的正方格都变成了长方格，如图 4.3-1（b）所示。

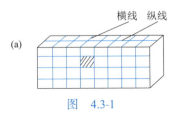

图　4.3-1

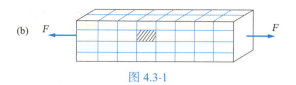

图 4.3-1

根据试验现象，可作如下假设：变形前为平面的横截面，变形后仍然是平面，并且垂直于杆轴，这就是平面假设。根据平面假设可知，杆件上所有纵向线伸长量是相等的，再由材料的连续均匀性假设，每条纵向线受力也相等，由此推出：杆件横截面上内力是均匀分布的，即横截面上各点处应力相等。正应力计算公式：

$$\sigma = \frac{F_N}{A} \tag{4.3-1}$$

上式也适用于短粗直杆压缩的情况。正应力符号和轴力的符号规定一致，拉应力为正，压应力为负。在国际单位制中，应力的单位为 Pa，$1Pa = 1N/m^2$。工程实际中应力的数值较大，常用单位为 kPa、MPa、GPa。$1kPa = 10^3 Pa$，$1MPa = 10^6 Pa$，$1GPa = 10^9 Pa$。

【例 4.3-1】一阶梯形直杆受力如图 4.3-2（a）所示，已知横截面面积为 $A_{AB} = 500mm^2$，$A_{BD} = 400mm^2$，$A_{DE} = 200mm^2$。在 B、C、D、E 截面分别有集中力作用，$F_1 = 80kN$，$F_2 = 40kN$，$F_3 = 30kN$，$F_4 = 20kN$。试求 1-1，2-2，3-3 横截面上的应力。

例 4.3-1 讲解（视频）

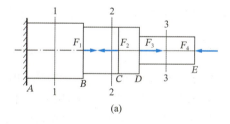

(a)

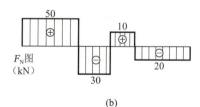

(b)

图 4.3-2

解 （1）直接法求得各段的轴力为：

按照所受外力情况，将梯形直杆分成 AB、BC、CD、DE 四段分别求内力。

● 小 贴 士

由以上分析知，正应力公式必须符合下列两个条件才可使用：
（1）杆为等截面直杆。
（2）外力（或外力的合力）的作用线与杆轴线重合。

$$F_{NAB} = F_1 - F_2 + F_3 - F_4 = 80 - 40 + 30 - 20 = 50(\text{kN})$$
$$F_{NBC} = -F_2 + F_3 - F_4 = -40 + 30 - 20 = -30(\text{kN})$$
$$F_{NCD} = F_3 - F_4 = 30 - 20 = 10(\text{kN})$$
$$F_{NDE} = -F_4 = -20(\text{kN})$$

绘制其轴力图，如图4.3-2（b）所示。

（2）由应力计算公式求各截面应力：

$$\sigma_{1-1} = \frac{F_{N1-1}}{A_{1-1}} = \frac{F_{NAB}}{A_{AB}} = \frac{50 \times 10^3}{500 \times 10^{-6}}$$
$$= 100 \times 10^6 (\text{Pa}) = 100(\text{MPa})$$
$$\sigma_{2-2} = \frac{F_{N2-2}}{A_{2-2}} = \frac{F_{NBC}}{A_{BC}} = \frac{-30 \times 10^3}{400 \times 10^{-6}}$$
$$= -75 \times 10^6 (\text{Pa}) = -75(\text{MPa})$$
$$\sigma_{3-3} = \frac{F_{N3-3}}{A_{3-3}} = \frac{F_{NDE}}{A_{DE}} = \frac{-20 \times 10^3}{200 \times 10^{-6}}$$
$$= -100 \times 10^6 (\text{Pa}) = -100(\text{MPa})$$

二、轴向拉压杆的强度计算

工程中的轴向拉压构件，其破坏不仅与构件的几何尺寸和受力情况有关外，还与工程材料的力学性能相关。按照试件破坏时塑性变形的程度，可分为塑性材料和脆性材料两类。如低碳钢为塑性材料，铸铁为脆性材料，其拉压力学性能实验见右侧二维码资源。

低碳钢铸铁拉压实验
（PPT）

1. 极限应力和许用应力

由试验可知，对于塑性材料，当应力达到其屈服极限σ_s时，将发生显著的塑性变形；对于脆性材料，当应力达到其强度极限σ_b时，将发生破坏。工程中的构件，既不允许发生显著的塑性变形，也不允许破坏，因此，将塑性材料的屈服极限σ_s和脆性材料的强度极限σ_b作为材料的极限应力，用σ_u表示。

工程中为了保证结构安全工作，构件上的应力不允许超过材料的极限应力。此外，为了留有一定的安全储备，再将极限应力σ_u除以一个大于1的系数n，作为构件工作时所允许产生的最大工作应力，即许用应力，用$[\sigma]$表示，即：

$$[\sigma] = \frac{\sigma_u}{n}$$

● 小 贴 士

对于静定荷载问题，通常塑性材料一般取安全系数$n = 1.2 \sim 2.0$，脆性材料一般取$n = 2.0 \sim 5.0$。

n为安全系数，其数值恒大于1，通常由有关规范确定。

2. 轴向拉压杆的强度条件及其应用

工程中，为了防止拉压构件强度失效，要求构件的最大工作应力不超过材料的许用应力。即拉压杆的强度条件为：

$$\sigma_{\max} \leqslant [\sigma] \tag{4.3-2}$$

轴向拉压杆强度条件
（视频）

其中，σ_{max} 所在的截面称为 危险截面，σ_{max} 所在的点称为 危险点。

对于等截面直杆，σ_{max} 发生在最大轴力 F_{Nmax} 作用的截面上，即：

$$\sigma_{max} = \left|\frac{F_{Nmax}}{A}\right|$$

等截面直杆的强度条件为：

$$\sigma_{max} = \left|\frac{F_{Nmax}}{A}\right| \leqslant [\sigma] \quad (4.3\text{-}3)$$

应用拉压杆的强度条件可以解决三类强度问题：

（1）强度校核：当已知材料的许用应力 $[\sigma]$，截面尺寸 A 和承受的荷载 F 时，可直接运用式(4.3-2)校核杆件强度。

（2）设计截面：已知所受荷载 F 和材料的许用应力 $[\sigma]$，按下式确定截面尺寸：

$$A \geqslant \frac{F_{Nmax}}{[\sigma]} \quad (4.3\text{-}4)$$

（3）确定许可荷载：已知截面尺寸 A 和材料的许用应力 $[\sigma]$，按下式确定轴力的最大值 F_{Nmax}：

$$F_{Nmax} \leqslant A \cdot [\sigma] \quad (4.3\text{-}5)$$

根据 F_{Nmax} 计算外力数值，确定许可荷载 $[F]$。

● 小 贴 士

（1）工程计算中，最大工作应力可以略大于许用应力，一般不超过许用应力的 5%。

（2）若截面尺寸不等时，应分段研究，将每段当作等截面直杆处理。

【例 4.3-2】如图 4.3-3 所示为一平板闸门，需要的最大启门力 $F = 120$kN。已知提升闸门的钢螺旋杆为圆截面杆件，直径为 d，钢的许用应力 $[\sigma] = 140$MPa，试确定钢螺旋杆的直径。

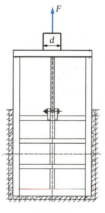

图 4.3-3

解 （1）求螺旋杆的轴力

$$F_N = F = 120(\text{kN})$$

（2）设计截面

$$A \geqslant \frac{F_{Nmax}}{[\sigma]}, \quad \frac{1}{4}\pi d^2 \geqslant \frac{F_{Nmax}}{[\sigma]}$$

例 4.3-2 讲解（视频）

$$d \geqslant \sqrt{\frac{4F_{Nmax}}{\pi[\sigma]}} = \sqrt{\frac{4 \times 120 \times 10^3}{\pi \times 140 \times 10^6}} = 33 \times 10^{-3}(\text{m}) = 33(\text{mm})$$

故可取螺旋杆的直径$d = 34\text{mm}$。

【例 4.3-3】如图 4.3-4（a）示三角托架的结点B悬挂一重为F的重物，AB杆为钢杆，横截面面积$A_{AB} = 400\text{mm}^2$，许用应力$[\sigma_{AB}] = 140\text{MPa}$；$BC$为木杆，横截面面积$A_{BC} = 9000\text{mm}^2$，许用应力$[\sigma_{BC}] = 5\text{MPa}$。

试求：（1）当$F = 12\text{kN}$时，试校核三角托架的强度；

（2）求结构的许用荷载$[F]$。

例 4.3-3 讲解（视频）

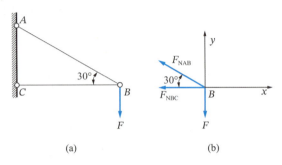

图 4.3-4

解 （1）取结点B为分离体，建立坐标系，绘制B点的受力分析图，如图 4.3-4（b）所示，由平衡方程，可得：

$\sum F_y = 0$, $\quad F_{NAB}\sin 30° - F = 0$

解得：$F_{NAB} = 2F = 24(\text{kN})$

$\sum F_x = 0$, $\quad F_{NAB} \cdot \cos 30° + F_{NBC} = 0$

解得：$F_{NBC} = -\sqrt{3}/2 F_{NAB} = -\sqrt{3}F = -\sqrt{3} \times 12$
$\qquad\qquad = -20.78(\text{kN})$

$\sigma_{AB} = \dfrac{F_{NAB}}{A_{AB}} = \dfrac{24 \times 10^3}{400 \times 10^{-6}} = 60 \times 10^6(\text{Pa})$
$\qquad = 60(\text{MPa}) < [\sigma_{AB}] = 140(\text{MPa})$

$\sigma_{BC} = \left|\dfrac{F_{NBC}}{A_{BC}}\right| = \dfrac{20.78 \times 10^3}{9000 \times 10^{-6}} = 2.31 \times 10^6(\text{Pa})$
$\qquad = 2.31(\text{MPa}) < [\sigma_{BC}] = 5(\text{MPa})$

故三角托架强度满足要求。

（2）由AB杆的强度条件确定许用荷载为

$\sigma_{AB} = \dfrac{F_{NAB}}{A_{AB}} = \dfrac{2F}{A_{AB}} \leqslant [\sigma_{AB}]$

$F \leqslant \dfrac{A_{AB}[\sigma_{AB}]}{2} = \dfrac{400 \times 10^{-6} \times 140 \times 10^6}{2} = 28 \times 10^3(\text{N})$
$\qquad = 28(\text{kN})$

由BC杆的强度条件确定许用荷载为：

$$\sigma_{BC} = \left|\frac{F_{NBC}}{A_{BC}}\right| = \frac{\sqrt{3}F}{A_{BC}} \leqslant [\sigma_{BC}]$$

$$F \leqslant \frac{A_{BC}[\sigma_{BC}]}{\sqrt{3}} = \frac{9000 \times 10^{-6} \times 5 \times 10^{6}}{\sqrt{3}} = 25.98 \times 10^{3}(\text{N})$$

$$= 25.98(\text{kN})$$

综上所述，结构许可荷载$[F]$取 25.98kN。

任务实施

步骤 1：绘制矩形砖柱的轴力图，确定危险截面。

任务实施（PPT）

步骤 2：由强度条件公式计算，确定等直柱墩体积。

任务总结

强化拓展

强化拓展（文本）

学习任务4.4 轴向拉压杆件的变形分析

任务导学

任务导学（PPT）

📋 任务发布

任 务 书

某高层建筑搭设挑拉式悬挑脚手架，在悬挑端用直径12mm的钢丝绳与上层框架梁连接作斜拉绳。已知悬挑梁的上部扣件式钢管脚手架的集中荷载$F_1 = F_2 = 12.07\text{kN}$，$a = 10\text{m}$，$b = 6\text{m}$，$h = 30\text{m}$，$E = 2.06 \times 10^5 \text{Pa}$，试计算斜拉钢丝绳的纵向变形量。

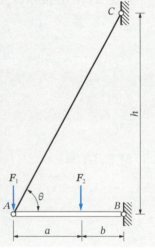

📋 任务认知

一、拉压杆的变形

直杆受轴向拉力或压力作用时，杆件会产生沿杆轴方向尺寸的伸长或缩短，即<u>纵向变形</u>；同时产生沿杆横截面方向尺寸的减小或增大，即<u>横向变形</u>。

1. 纵向变形

如图4.4-1所示，一等直杆受轴向拉力F作用，等直杆原长为l，受拉变形后伸长为l'，则杆件的纵向变形为

$$\Delta l = l' - l \tag{4.4-1}$$

式中：Δl——<u>绝对伸长或总伸长</u>，以伸长为正，缩短为负，单位mm 或 m。

拉压杆的变形分析（视频）

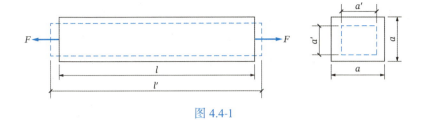

图 4.4-1

Δl 与杆件的原长 l 有关，为了消除长度对杆件变形的影响，准确反映杆件的变形程度，引入相对变形的概念，即<u>纵向线应变</u>为

$$\varepsilon = \frac{\Delta l}{l} \tag{4.4-2}$$

式中：ε——量纲为1，表示单位长度杆件的伸长量，符号同 Δl，以伸长为正，缩短为负。

2. 横向变形

如图 4.4-1 所示，拉杆在纵向伸长的同时，横向尺寸也会变化。变形前截面边长为 a，受拉后缩短为 a'，则杆件的横向变形为

$$\Delta a = a' - a \tag{4.4-3}$$

式中：Δa——<u>绝对缩短或总缩短</u>，以伸长为正，缩短为负，单位 mm 或 m。

与纵向线应变类似，可以推导出<u>横向线应变</u>为

$$\varepsilon' = \frac{\Delta a}{a} \tag{4.4-4}$$

式中：ε'——量纲为1，符号同 Δa，以伸长为正，缩短为负。

显然，纵向应变 ε 与横向线应变 ε' 符号恒相反。

3. 泊松比

试验表明，当拉压杆件的应力 σ 不超过材料的比例极限 σ_p 时，<u>横向线应变与纵向线应变之比的绝对值为一常数</u>，即

$$\nu = \left|\frac{\varepsilon'}{\varepsilon}\right| \tag{4.4-5}$$

式中：ν——<u>泊松比</u>，量纲为1，是一个反映材料弹性性能的常数。ν 的数值可通过试验确定，通常为 $(0, 0.5)$。因为 ε' 和 ε 的符号恒相反，所以有：

$$\varepsilon' = -\nu\varepsilon \tag{4.4-6}$$

二、胡克定律

大量试验表明，当拉压杆的应力不超过材料的比例极限时，杆件的绝对伸长或缩短量 Δl 与作用在杆件上的外力 F，以及杆件原长 l 成正比，与杆件横截面积 A 成反比，且与材料性能相关。引入比例系数 E 后，得到式(4.4-7)，该式被称为<u>胡克定律</u>：

$$\Delta l = \frac{F_N l}{EA} \tag{4.4-7}$$

胡克定律（视频）

式中：E——弹性模量，量纲为[力]/[长度]^2，工程中常用单位 MPa 或 GPa；其值与材料性能有关，反映了材料在拉伸或压缩时抵抗弹性变形的能力，随材料不同而不同；

EA——抗拉压刚度，反映了杆件抵抗拉压变形的能力。EA 越大，杆件抵抗变形的能力越强，对于长度相等、受力相同的杆件，其变形 Δl 越小；反之，Δl 就越大；

F_N——轴力，其值随外力 F 变化而变化。

将 $\sigma = \dfrac{F_N}{A}$，$\varepsilon = \dfrac{\Delta l}{l}$ 代入上式，可得胡克定律的另一种表达方式：

$$\sigma = E\varepsilon \text{ 或 } \varepsilon = \dfrac{\sigma}{E} \tag{4.4-8}$$

胡克定律可简述为：当杆件应力 σ 不超过材料的比例极限 σ_p 时，应力 σ 与应变 ε 成正比。

> **小贴士**
> 胡克定律的适用条件为在长度 l 范围内，轴力 F_N、弹性模量 E 和横截面面积 A 不发生变化。

【例 4.4-1】如图 4.4-2 所示木柱，截面是直径 $d = 200$mm 的圆形，材料服从胡克定律，弹性模量 $E = 12$GPa。如不计柱的自重，试求木柱顶端 A 截面的位移。

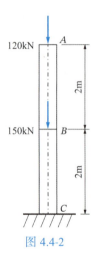

图 4.4-2

解 因为 C 端为固定端，其位移不会发生变化，所以 A 截面的位移量等于杆件总缩短量。

$$\Delta l_{AB} = \dfrac{F_{NAB} l_{AB}}{EA} = \dfrac{-120 \times 10^3 \times 2}{12 \times 10^9 \times \dfrac{\pi}{4} \times (200 \times 10^{-3})^2} = -0.637 \text{(mm)}$$

$$\Delta l_{BC} = \dfrac{F_{NBC} l_{BC}}{EA} = \dfrac{(-120-150) \times 10^3 \times 2}{12 \times 10^9 \times \dfrac{\pi}{4} \times (200 \times 10^{-3})^2} = -1.433 \text{(mm)}$$

$$\Delta l_{AC} = \Delta l_{AB} + \Delta l_{BC} = -0.637 - 1.433 = -2.07 \text{(mm)}$$

柱顶端 A 截面的位移等于 2.07mm，方向向下。

任务实施

步骤 1：计算轴力。

任务实施（视频）

步骤 2：计算纵向变形量。

任务总结

强化拓展（文本）

学习任务 4.5　静定平面桁架的内力计算

任务导学

任务导学（PPT）

📋 任务发布

任 务 书

某商贸大厦为超高层建筑，采用整体爬升外脚手架施工，其承力桁架计算简图如图所示，作用在结点的荷载 $F = 11.885$ kN，许用应力 $[\sigma] = 205$ MPa，截面面积 $A = 489$ mm²，图中长度单位为 mm，试计算承力桁架中各杆内力，验算承力桁架强度是否满足要求。

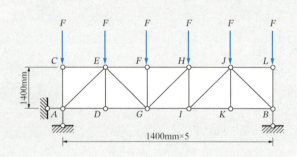

📋 任务认知

一、静定平面桁架概述

静定平面桁架概述
（视频）

桁架是指各杆件两端按一定方式互相连接组成的几何不变的结构体系，在大跨度结构中应用广泛，如房屋建筑中的屋架，桁架钢桥等（图 4.5-1）。当桁架中各杆轴线和外力作用线都在同一个平面内时，称为平面桁架，否则称为空间桁架。当平面桁架的未知约束反力和杆件内力仅由平衡方程就能全部解出时，称为静定平面桁架。本任务只讨论静定平面桁架的基本概念和初步计算。

图 4.5-1

在桁架中，几根杆件相连接的部位称为结点。组成桁架的各杆件，根据所处的位置不同，可分为弦杆和腹杆。如图 4.5-2 所示的桁架，上侧的各杆称为上弦杆，下侧的各杆称为下弦杆，中间的各杆称为腹杆（竖杆和斜杆）。弦杆上相邻两结点的区间称为节间，其间距d称为节间长度。两支座的连线到桁架最高点之间的垂直距离H称为桁高。两支座间的水平距离称为跨度，用l表示。

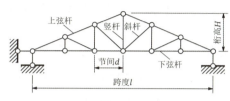

图 4.5-2

工程实际中的桁架，其受力和构造都比较复杂，在计算中必须抓住主要矛盾，作一些必要的简化。通常在桁架的内力计算中采用下列假定：

（1）桁架的结点都是忽略摩擦的光滑铰结点。
（2）各杆轴线都是直线且通过铰链的中心。
（3）所有的外力（包括荷载和支座反力）都作用在铰结点上，且在桁架所在的平面内。

满足上述假定的桁架称为理想桁架，理想桁架中的所有杆件都是二力杆，各杆横截面的内力为轴力。实际的桁架与上述假定是有差别的，如钢桁架结构的结点为铆接或焊接，钢筋混凝土桁架结构的结点是有一定刚性的整体结点，它们都有一定的弹性变形，而且杆件也不可能是绝对直杆。但上述三点假定已反映了实际桁架的主要受力特征，其计算结果可满足工程实际的需要。

二、平面桁架的内力计算

桁架内力计算有两种基本方法：结点法和截面法。

1. 结点法

为了求得桁架各杆的内力，取桁架的一个结点作为研究对象，作用在结点上的力构成平面汇交力系，用汇交力系的平衡方程求解杆件内力，这种方法叫作结点法。

在桁架中，有时会出现轴力为零的杆件，它们被称为零杆。在计算之前先断定出哪些杆件为零杆，哪些杆件内力相等，可以使后续的计算大大简化。判断方法如下：

（1）不共线的两杆结点，当该结点上没有荷载作用时，两杆均为零杆，如图 4.5-3（a）所示。

结点法（视频）

（2）不共线的两杆结点，当该结点上有荷载作用且荷载沿其中一根杆方向时，该杆内力与荷载相等，另一杆为零杆，如图 4.5-3(b) 所示。

（3）三杆结点，其中两杆共线，当结点上无荷载作用时，不共线的第三杆为零杆，其余两杆内力相等，且性质相同（均为拉力或压力），如图 4.5-3（c）所示。

（4）四杆结点，杆件两两共线，当结点上无荷载作用时，共线的各杆内力相等，且性质相同，如图 4.5-3（d）所示。

（5）四杆结点，其中两杆共线，另外两杆在此线的同一侧且夹角相等，当结点上无外力作用时，则非共线的两杆内力大小相等，但性质相反，如图 4.5-3（e）所示。

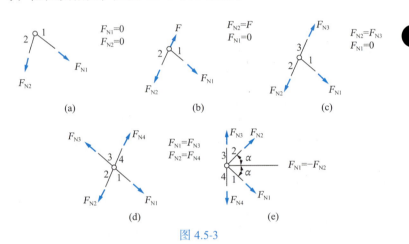

图 4.5-3

- 小 贴 士

由于平面汇交力系只能列出两个独立平衡方程，所以应用结点法往往从不超过两个未知力的结点开始计算。

用结点法计算桁架内力的步骤：
（1）计算支座反力。
（2）判断零杆。
（3）取结点为研究对象。
（4）列平面汇交力系平衡方程。
（5）解方程求各杆内力。

【例 4.5-1】如图 4.5-4(a)所示屋架结构，其计算简图如图 4.5-4(b)所示，试利用结点法计算屋架中各杆件的内力。

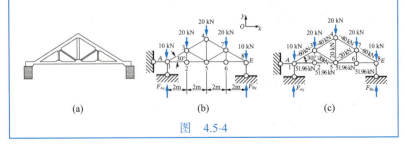

图 4.5-4

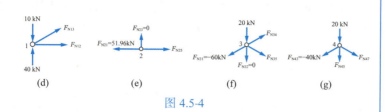

图 4.5-4

> **小贴士**
> 在计算过程中,通常先假设杆的未知轴力为拉力,若计算结果为正值,表示轴力为拉力,若计算结果为负值,表示轴力为压力。

（1）计算支座反力

以桁架整体为研究对象,求得:$F_{Ay} = 40(kN)$,$F_{By} = 40(kN)$

（2）判断零杆

根据零杆的判断规则,可知 23 杆,67 杆是零杆,则 $F_{N23} = 0$,$F_{N67} = 0$。

（3）计算各杆内力

先取结点 1 为研究对象,如图 4.5-4（d）所示,由平衡条件

$\sum F_y = 0 \quad 40 - 10 + F_{N13}\sin 30° = 0 \quad F_{N13} = -60(kN)$

$\sum F_x = 0 \quad F_{N13}\cos 30° + F_{N12} = 0 \quad F_{N12} = 51.96(kN)$

取结点 2 为研究对象,如图 4.5-4（e）所示,由平衡条件

$\sum F_y = 0 \quad F_{N23} = 0$

$\sum F_x = 0 \quad F_{N25} - F_{21} = 0 \quad F_{N25} = 51.96(kN)$

取结点 3 为研究对象,如图 4.5-4（f）所示,由平衡条件

$\sum F_x = 0 \quad F_{N34}\cos 30° + F_{N35}\cos 30° - F_{N31}\cos 30° = 0$

$\sum F_y = 0 \quad F_{N34}\sin 30° - F_{N35}\sin 30° - F_{N31}\sin 30° - 20 = 0$

$F_{N34} = -40(kN) \quad F_{N35} = -20(kN)$

取结点 4 为研究对象,如图 4.5-4（g）所示,由平衡条件

$\sum F_x = 0 \quad F_{N47}\cos 30° - F_{N43}\cos 30° = 0 \quad F_{N47} = -40(kN)$

$\sum F_y = 0 \quad -F_{N45} - 20 - F_{N43}\sin 30° - F_{N47}\sin 30° = 0 \quad F_{N45} = 20(kN)$

因为本题中结构及荷载沿 45 杆左右对称,故只需计算一半桁架的内力,处于对称位置的杆件具有相同的轴力。也就是说,本题中桁架的内力是对称分布的,如图 4.5-4（c）所示。

2. 截面法

截面法,就是适当地选取一假想截面,在需要求解其内力的杆件处,把桁架截开为两部分,并取其中任一部分为研究对象（研究对象包括两个或两个以上的结点）,作用在结点上的力和杆件内力构成平面任意力系,按照平面任意力系平衡条件求解杆件内力。

用截面法计算桁架内力的步骤:

（1）计算支座反力。

（2）判断零杆。

截面法（视频）

小贴士

为避免解联立方程，使用截面法时，一般研究对象上的未知力的个数最好不多于3个。

例 4.5-2 讲解（视频）

（3）截取包含两个或两个以上结点且最多有三个未知内力的部分为研究对象（特殊情况特殊处理）。

（4）列平面任意力系平衡方程。

（5）解方程求各杆内力。

> **【例 4.5-2】** 试求图 4.5-5（a）所示桁架中 KE、CK、GE 中杆的内力。
>
>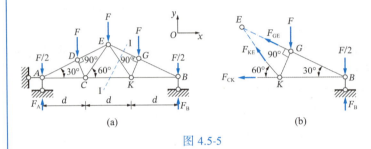
>
> 图 4.5-5
>
> **解** （1）计算支座反力
>
> 以桁架整体为研究对象，求得：
>
> $$F_A = F_B = 2F$$
>
> （2）计算杆件内力
>
> 用截面 I-I 将桁架截开，取截面右半部为研究对象，画受力图如图 4.5-5（b）所示。
>
> $\sum F_x = 0 \qquad -F_{CK} - F_{KE}\cos 60° - F_{GE}\cos 30° = 0$
>
> $\sum F_y = 0 \qquad F_{KE}\sin 60° + F_{GE}\sin 30° - F - \dfrac{F}{2} + 2F = 0$
>
> $\sum m_E(F) = 0 \qquad -F_{CK} \times \dfrac{3d}{2} \times \tan 30° - F \times \dfrac{3d}{4} + \dfrac{3}{2}F \times \dfrac{3d}{2} = 0$
>
> 联立方程，求解得：
>
> $$F_{KE} = \dfrac{\sqrt{3}}{2}F, \qquad F_{GE} = -\dfrac{5}{2}F, \qquad F_{CK} = \sqrt{3}F$$

截面法解题要点：

用截面法计算桁架内力所截断的杆件一般不应超过三根。但如果属于以下特殊情况，被截断的杆件可以超过三根，其中某根杆件的轴力可选取适当的平衡方程求出。

（1）当截面所截杆件中除一根杆件外其余杆件均汇交于一点时，取该汇交点为矩心，列力矩方程求解该杆内力，如图 4.5-6（a）所示中的 12 杆。

（2）当截面所截杆件中，其余杆件都相互平行，只有一根杆件不与它们平行时，取投影轴与众多平行杆件垂直，利用对该轴力的投影平衡方程求解该杆件内力，如图 4.5-6（b）所示中的 34 杆。

截面法解题要点
（视频）

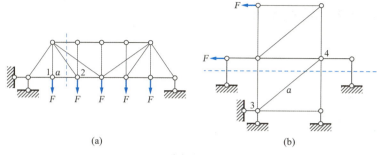

图 4.5-6

对于一些简单桁架，单独使用结点法或截面法求解各杆内力是可行的，但是对于一些复杂桁架，将结点法和截面法联合起来使用则更方便。

📋 任务实施

步骤 1：计算支座反力。

任务实施（视频）

步骤 2：判断零杆。

步骤 3：计算各杆内力。

步骤 4：验算承力桁架强度。

强化拓展

强化拓展（视频）

📋 任务总结

学习任务4.6　压杆稳定的计算

任务导学

任务导学（PPT）

任务发布

任务书

桥梁施工时若跨越既有道路，为保证车辆通行需预留出机动车行车道、非机动车行车道，通常采用钢管作支承墩。

如图所示的施工段，跨中处钢管承受最大压力为987.8kN，支承墩采用直径630mm，壁厚8mm的钢管，钢管最大高度为7.59m，按照8m计算其受力。试校核钢管的稳定性。

任务认知

一、压杆稳定的概念

工程中，压杆应用非常广泛，如脚手架立杆、高架桥墩柱等等。在前述任务中介绍了轴向拉压杆件强度的计算，然而实践表明，对于受轴向压力作用的细长杆件，当轴向压力达到一定的限度时，即使杆件的强度满足要求，其仍会因产生侧向弯曲而破坏。这种丧失原有平衡形式的破坏现象称为丧失稳定性，简称失稳或屈曲。可见，对于这类受压杆件，还必须考虑其稳定性问题。

压杆稳定性是指受压杆件保持其原有平衡状态的能力。

如图4.6-1（a）所示的轴向受压直杆，杆端受到一轴向压力F的作用，在杆上施加一横向微小干扰力，使其处于微弯状态。

（1）当F较小（$F<F_{cr}$）时，撤除横向干扰力，压杆在其直线位置附近摆动后恢复原有的直线平衡状态，压杆属于稳定平衡，如图4.6-1（b）所示。

压杆稳定性的概念（视频）

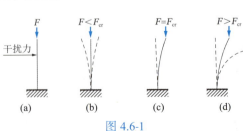

图 4.6-1

（2）当 F 增大到某一临界值（$F = F_{cr}$）时，撤除横向干扰力，压杆不能恢复到原有的直线平衡状态，而是在其微弯状态达到新的平衡。这时，压杆介于稳定平衡与不稳定平衡的临界状态，此状态属于不稳定平衡，如图 4.6-1（c）所示。

（3）当 F 超过某一临界值（$F > F_{cr}$）时，撤除横向干扰力，压杆不仅不能恢复到原有的直线平衡状态，而且也不能维持微弯状态的平衡，其弯曲程度将继续增大，直至发生失稳破坏。此时，压杆也属于不稳定平衡，如图 4.6-1（d）所示。

压杆从稳定平衡过渡到不稳定平衡时的轴向压力，称为**临界力或临界荷载**，用 F_{cr} 来表示。临界力 F_{cr} 是判别压杆是否会失稳的重要指标。

二、细长压杆的临界力

对于服从胡克定律和小变形假设的细长压杆，根据临界力作用下微弯平衡状态的受力特点，可推导出各种支承情况下细长压杆临界力的计算公式，即**欧拉公式**：

$$F_{cr} = \frac{\pi^2 EI}{(\mu l)^2} \tag{4.6-1}$$

式中：EI——材料的抗弯刚度；

I——压杆横截面的最小惯性矩，单位 m⁴ 或 mm⁴；

l——压杆长度，单位 m 或 mm；

μ——长度系数，量纲为 1；

μl——计算长度，单位 m 或 mm。

常见几种不同杆端约束情况下的欧拉公式见表 4.6-1。

常见几种不同杆端约束情况下的欧拉公式　　　表 4.6-1

支承情况	两端铰支	一端固定另端铰支	两端固定	一端固定另端自由
失稳时挠曲线形状	l	$0.7l$，$0.3l$	$l/4$，$l/2$，$l/4$	l，$2l$
临界力 F_{cr} 欧拉公式	$F_{cr} = \dfrac{\pi^2 EI}{l^2}$	$F_{cr} = \dfrac{\pi^2 EI}{(0.7l)^2}$	$F_{cr} = \dfrac{\pi^2 EI}{(0.5l)^2}$	$F_{cr} = \dfrac{\pi^2 EI}{(2l)^2}$
长度系数 μ	$\mu = 1$	$\mu = 0.7$	$\mu = 0.5$	$\mu = 2$

各种支承约束条件下细长压杆的临界荷载（视频）

● **小 贴 士**

μ 与压杆两端的约束条件有关，反应杆端支承对临界力的影响。

杆端约束越强，临界力 F_{cr} 就越大。

细长压杆临界应力（视频）

三、压杆的临界应力

1. 临界应力和柔度

将临界力 F_{cr} 除以压杆的横截面面积 A，可得细长压杆的临界

应力，即

$$\sigma_{cr} = \frac{F_{cr}}{A} = \frac{\pi^2 EI}{(\mu l)^2 A} \quad (4.6\text{-}2)$$

将 $i^2 = \frac{I}{A}$ 代入上式，可得临界应力的欧拉公式为：

$$\sigma_{cr} = \frac{\pi^2 E}{(\mu l)^2} i^2 = \frac{\pi^2 E}{\left(\frac{\mu l}{i}\right)^2} = \frac{\pi^2 E}{\lambda^2} \quad (4.6\text{-}3)$$

式中：$i = \sqrt{\frac{I}{A}}$ ——压杆横截面对中性轴的回转半径，单位 m 或 mm；

$\lambda = \frac{\mu l}{i}$ ——压杆的柔度或细长比，量纲为 1，λ 越大，压杆越细长，能承受的临界力越小，越容易失稳。

2. 欧拉公式的适用范围

应用欧拉公式的前提是材料服从胡克定律，所以，欧拉公式的适用范围是临界应力 σ_{cr} 不超过材料的比例极限 σ_P，即

$$\sigma_{cr} = \frac{\pi^2 E}{\lambda^2} \leqslant \sigma_P \quad (4.6\text{-}4)$$

上式也可表达为

$$\lambda \geqslant \sqrt{\frac{\pi^2 E}{\sigma_P}} \quad (4.6\text{-}5)$$

令

$$\lambda_P = \sqrt{\frac{\pi^2 E}{\sigma_P}} \quad (4.6\text{-}6)$$

则式(4.6-5)可改为： $\lambda \geqslant \lambda_P \quad (4.6\text{-}7)$

式(4.6-7)为用柔度表示的欧拉公式的适用范围。工程中，常把 $\lambda \geqslant \lambda_P$ 的压杆称为大柔度杆或细长杆，可用欧拉公式计算其临界力或临界应力。

λ_P 与压杆材料性质相关，是细长杆与中长杆的分界值。

3. 中长杆的临界应力

在实际工程中，当压杆的 $\lambda < \lambda_P$ 时，压杆失稳时的临界应力 σ_{cr} 是大于比例极限 σ_P 的，这类杆件的临界力和临界应力均不能用欧拉公式来计算。

对于这类杆件，工程中一般采用以试验结果为依据的经验公式来计算临界应力 σ_{cr}。常用的经验公式中最简单的为直线公式，其临界应力表达式如下：

$$\sigma_{cr} = a - b\lambda \quad (4.6\text{-}8)$$

对应的临界力为 $F_{cr} = \sigma_{cr} A \quad (4.6\text{-}9)$

公式(4.6-8)的适用范围为：$\sigma_P < \sigma_{cr} < \sigma_u$；若用柔度表示，为：$\lambda_u < \lambda < \lambda_P$，柔度在此范围内的压杆，称为中柔度杆或中长杆。

式中：a、b ——与材料有关的常数，由试验确定，常用单位为 MPa；

欧拉公式的适用范围（视频）

● 小 贴 士

材料的比例极限 σ_P 由材料的力学性能试验测得。

中长杆临界应力（视频）

● 小 贴 士

Q235 钢：$a = 304$ MPa，$b = 1.12$ MPa；

TC13 松木：$a = 29.3$ MPa，$b = 0.19$ MPa；

σ_u——材料的极限应力，塑性材料$\sigma_u = \sigma_s$，脆性材料$\sigma_u = \sigma_b$；

λ_u——中长杆与短粗杆的分界值，数值由$\lambda_u = \frac{a-\sigma_u}{b}$求得。

当$\sigma_{cr} \geq \sigma_u$即$\lambda \leq \lambda_u$时，对应的压杆称为小柔度杆或短粗杆，此压杆将发生强度破坏而不是稳定性破坏。

临界应力总图（视频）

例4.6-1讲解（视频）

【例4.6-1】如图4.6-2所示的TC13松木压杆，两端为球铰。已知：比例极限$\sigma_P = 9\text{MPa}$，强度极限$\sigma_b = 13\text{MPa}$，弹性模量$E = 1.1 \times 10^4 \text{MPa}$。压杆截面有以下两种：①高$h = 120\text{mm}$，宽$b = 80\text{mm}$的矩形；②边长$a = 98\text{mm}$的正方形（同面积）。试比较两者的临界力。

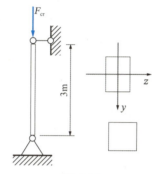

图4.6-2

解 当压杆两端的杆端约束各方向相同时，压杆会在抗弯能力最小的平面内发生弯曲，公式(4.6-1)中的惯性矩应为I_y、I_z中的最小者。当杆端约束各方向不同时，应分别计算F_{cr}，取数值最小者作为压杆的临界力。本例中，压杆两端为球铰，$\mu = 1$，杆端约束各方向相同。

（1）矩形截面：

①计算λ：因为$I_y = \frac{hb^3}{12} < I_z = \frac{bh^3}{12}$

所以$i_{min} = \sqrt{\frac{I_{min}}{A}} = \sqrt{\frac{I_y}{A}} = \sqrt{\frac{hb^3/12}{bh}} = \frac{b}{\sqrt{12}}$

对应的柔度$\lambda = \frac{\mu l}{i_{min}} = \frac{1 \times 3 \times 10^3}{80/\sqrt{12}} = 129.9$，又$\lambda_P = \sqrt{\frac{\pi^2 E}{\sigma_P}} = 110$

因为$\lambda \geq \lambda_P$，所以该杆为细长杆。

②计算F_{cr}

$F_{cr} = \frac{\pi^2 EI}{(\mu l)^2} = \frac{\pi^2 \times 1.1 \times 10^{10} \times \frac{1}{12} \times 120 \times 80^3 \times 10^{-12}}{(1 \times 3)^2} = 61.70(\text{kN})$

（2）正方形截面：

①计算λ：因为$I_y = I_z$，所以$i_{min} = \sqrt{\frac{I}{A}} = \sqrt{\frac{a^4/12}{a^2}} = \frac{a}{\sqrt{12}}$

对应的柔度 $\lambda = \dfrac{\mu l}{i_{\min}} = \dfrac{1 \times 3 \times 10^3}{98/\sqrt{12}} = 106 < \lambda_P = 110$

$\lambda_u = \lambda_b = \dfrac{a - \sigma_b}{b} = \dfrac{29.3 - 13}{0.19} = 85.8 < \lambda = 106$

因为 $\lambda_b < \lambda < \lambda_P$，所以该杆为中长杆。

② 计算 F_{cr}

$\sigma_{cr} = a - b\lambda = 29.3 - 0.19 \times 106 = 9.16 \text{(MPa)}$

$F_{cr} = \sigma_{cr} A = 9.16 \times 10^6 \times (98 \times 10^{-3})^2 = 87.97 \text{(kN)}$

四、压杆的稳定计算

1. 稳定条件

工程中为了保证压杆具有足够的稳定性，应使作用在杆上的轴向压力 F 不超过压杆的临界力 F_{cr}，或杆上的压应力 σ 不超过压杆的临界应力 σ_{cr}。此外，为了留有一定的安全储备，需将 F_{cr} 或 σ_{cr} 除以一个大于 1 的稳定安全系数，即：

$$F \leqslant \dfrac{F_{cr}}{n_{st}} = [F_{st}], \quad \sigma \leqslant \dfrac{\sigma_{cr}}{n_{st}} = [\sigma_{st}] \qquad (4.6\text{-}10)$$

式中：F、σ——实际作用在压杆上的轴向压力、轴向压应力；

F_{cr}、σ_{cr}——压杆的临界力、临界应力；

n_{st}——稳定安全系数，其数值通常要比强度安全系数 n 大得多；

$[F_{st}]$、$[\sigma_{st}]$——稳定许用压力、稳定许用应力。

式(4.6-10)称为<u>压杆的稳定条件</u>。

2. 折减系数法

为便于计算，通常将稳定许用应力 $[\sigma_{st}]$ 表示为 $\varphi[\sigma]$，即 $[\sigma_{st}] = \varphi[\sigma]$，由此可得：

$$\varphi = \dfrac{[\sigma_{st}]}{[\sigma]} = \dfrac{\sigma_{cr}/n_{st}}{\sigma_u/n} = \dfrac{\sigma_{cr}}{\sigma_u} \cdot \dfrac{n}{n_{st}} \qquad (4.6\text{-}11)$$

式中：$[\sigma]$——强度许用应力；

φ——折减系数或稳定系数。

因为 $\sigma_{cr} < \sigma_u$，$n < n_{st}$，所以 $0 < \varphi < 1$。常用材料的 φ 值可从表 4.6-2 中查得。

压杆的稳定条件（视频）

● 小贴士

（1）对于压杆，要以 n_{st} 作为其安全储备进行稳定计算，不必作强度校核。

（2）若压杆的截面受到局部削弱，对于这些削弱的截面（杆中有小孔或槽等），应作强度校核。

折减系数法（视频）

压杆的折减系数 φ　　　　表 4.6-2

λ	φ			λ	φ		
	Q235 钢	16Mn	木材		Q235 钢	16Mn	木材
0	1.000	1.000	1.000	30	0.958	0.940	0.883
10	0.995	0.993	0.971	40	0.927	0.895	0.822
20	0.981	0.973	0.932	50	0.888	0.840	0.751

续上表

λ	φ			λ	φ		
	Q235钢	16Mn	木材		Q235钢	16Mn	木材
60	0.842	0.776	0.668	140	0.349	0.242	0.153
70	0.789	0.705	0.575	150	0.306	0.213	0.133
80	0.731	0.627	0.470	160	0.272	0.188	0.117
90	0.669	0.546	0.370	170	0.243	0.168	0.104
100	0.604	0.462	0.300	180	0.218	0.151	0.093
110	0.536	0.384	0.248	190	0.197	0.136	0.083
120	0.466	0.325	0.208	200	0.180	0.124	0.075
130	0.401	0.279	0.178				

式(4.6-10)压杆的稳定条件可用折减系数 φ 与强度许用应力 $[\sigma]$ 来表示,即:

$$\sigma = \frac{F_N}{A} \leqslant \varphi[\sigma] \qquad (4.6\text{-}12)$$

与强度计算类似,这里的稳定条件也可以解决三种不同类型的稳定性问题,即:稳定性校核、设计截面尺寸和确定许用荷载。

【例 4.6-2】如图 4.6-3 所示千斤顶,已知丝杆材料为 Q_{235} 钢,许用应力 $[\sigma] = 160\text{MPa}$,最大起重量 $F_P = 90\text{kN}$,试校核该丝杆的稳定性。

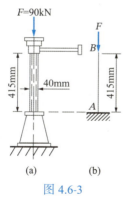

图 4.6-3

例 4.6-2 讲解(视频)

解 由图可知:丝杆长 $l = 415$(mm),丝杆直径 $d = 40$(mm)
(1)计算丝杆的柔度

$$i = \sqrt{\frac{I}{A}} = \sqrt{\frac{\pi d^4/64}{\pi d^2/4}} = \frac{d}{4} = 10(\text{mm})$$

因为丝杆一端固定,一端自由,所以 $\mu = 2$

$$\lambda = \frac{\mu l}{i} = \frac{2 \times 415}{10} = 83$$

> （2）查表用内插法计算 φ
> $\lambda = 80$ 时，$\varphi = 0.731$；$\lambda = 90$ 时，$\varphi = 0.669$；
> $\lambda = 83$ 时，$\varphi = 0.731 - \frac{(83-80)\times(0.731-0.669)}{90-80} = 0.712$
> （3）校核稳定性
> $\varphi[\sigma] = 0.712 \times 160 = 113.9 \text{(MPa)}$
> $\sigma = \frac{F_N}{A} = \frac{90\times 10^3}{\pi \times 0.04^2/4} = 71.66 \text{(MPa)}$
> 因为 $\sigma < \varphi[\sigma]$，所以丝杆稳定性满足要求。

任务实施

步骤 1：计算柔度 λ。

步骤 2：查表用内插法计算 φ。

步骤 3：校核稳定性。

任务实施（视频）

强化拓展（视频）

任务总结

案例4.7 轴向拉压构件强度验算——悬挑式脚手架上拉杆及花篮螺栓

任务发布

任务书

任务一：验算悬挑式脚手架上拉杆强度；
任务二：验算悬挑式脚手架花篮螺栓强度。

任务描述

模块二案例 2.8 中，某项目 36#住宅自二层板设置花篮式悬挑脚手架，其悬臂部分力学简图如图 4.7-1 所示，图中荷载设计值按承载能力极限状态计算时，$F = 9.77$kN，$q = 0.267$kN/m；按正常使用极限状态计算时$F = 7.15$kN，$q = 0.205$kN/m。

任务导学

任务导学（PPT）

● **小 贴 士**

上拉杆、花篮螺栓各项设计指标参考《钢结构设计标准》（DG 51210—2016）、《建筑施工技术手册》等。

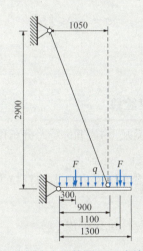

图 4.7-1 悬臂部分力学简图（尺寸单位：mm）

上拉杆与花篮螺栓材料参数如表 4.7-1 所示：

上拉杆与花篮螺栓材料参数　　表 4.7-1

上拉杆材料类型	钢筋（钢拉杆）
上拉杆截面积A（cm²）	2.011
上拉杆直径d（mm）	16
上拉杆弹性模量E（N/mm²）	206000
上拉杆材料抗拉强度设计值$[f]$（N/mm²）	205
花篮螺栓在螺纹处的有效直径d_e（mm）	12
花篮螺栓抗拉强度设计值$[f_t]$（N/mm²）	170

任务认知（视频）

任务认知

为了保证工程中构件的承载能力，需要对构件进行承载能力计算，即强度、刚度和稳定性验算。对于花篮式悬挑脚手架而言，若要悬臂部分的承载力满足要求，其各个组成部分都必须要满足要求。

花篮式悬挑脚手架悬臂部分承载能力计算，包括上拉杆、花篮螺栓的强度验算；悬挑主梁强度、刚度验算，稳定性验算；吊耳板强度验算；上拉杆与主梁连接吊耳板螺栓验算、上拉杆与建筑物连接锚固螺栓验算、主梁与建筑物节点螺栓验算等。以上内容根据各构件变形形式，分别对应到各模块进行介绍。本案例讲述上拉杆及花篮螺栓的强度验算。

根据本模块知识任务学习可知，上拉杆及花篮螺栓均属于轴向拉伸变形构件，需进行抗拉强度验算。

上拉杆抗拉强度验算公式：
$$\sigma = \frac{N_s}{A} \leqslant [f]$$

花篮螺栓抗拉强度验算公式：
$$\sigma = \frac{N_s}{A} \leqslant [f_t]$$

● 小 贴 士

N_s 对应为本模块学习任务中的 F_N；$[f]$、$[f_t]$ 对应为本模块学习任务中的 $[\sigma]$。

上拉杆、花篮螺栓强度验算（视频）

任务实施

任务一：上拉杆强度验算

步骤1：绘制主梁及上拉杆的受力分析图。

步骤2：计算主梁支座反力，上拉杆拉力。

步骤3：校核上拉杆抗拉强度。

任务二：花篮螺栓强度验算

校核花篮螺栓抗拉强度。

任务总结

强化拓展

强化拓展（PPT）

案例4.8 轴向拉压构件承载力及稳定性验算——高大模板（板模板）可调托撑、立杆

任务发布

任务导学

任务导学（PPT）

任务书

任务一：验算高大模板（板模板）支撑体系可调托撑的承载力；

任务二：验算高大模板（板模板）支撑体系立杆细长比；

任务三：验算高大模板（板模板）支撑体系立杆稳定性。

任务描述

模块三案例3.5中，高大模板（板模板）支撑体系中可调托撑、立杆的材料及参数为：

（1）可调托撑

荷载传递至立杆方式	可调托撑	可调托撑承载力设计值[N]（kN）	40

（2）立杆

剪刀撑设置	普通型	立杆顶部步距h_d（mm）	500
立杆伸出顶层水平杆中心线至支撑点的长度a（mm）	200	顶部立杆计算长度系数μ_1	1.386
非顶部立杆计算长度系数μ_2	1.755	立杆钢管截面类型（mm）	$\phi 48 \times 2.8$
立杆钢管计算截面类型（mm）	$\phi 48 \times 2.8$	钢材等级	Q235
立杆截面面积A（mm²）	398	立杆截面回转半径i（mm）	16
立杆截面抵抗矩W（cm³）	4.25	抗压强度设计值$[f]$（N/mm²）	205
支架自重标准值q（kN/m）	0.15	许用细长比$[\lambda]$	210

小贴士

可调托撑、立杆各项设计指标参考《建筑施工脚手架安全技术统一标准》（GB 51210—2016）、《建筑施工扣件式钢管脚手架安全技术规范》（JGJ 130—2011）、《建筑施工扣件式钢管脚手架安全技术标准》（T/CECS 699—2020）等。

钢材设计用强度指标参考《钢结构设计标准》（GB 50017—2017）。

任务认知

满堂支撑架的受力计算，包括面板、小梁、主梁的强度和刚度验算，可调托撑的承载力验算，立杆细长比和稳定性验算，以及高宽比验算等。本案例主要讲述可调托撑的承载力验算，及立杆细长比和稳定性验算。

任务认知（PPT）

一、可调托撑

图 4.8-1 中可以看出，可调托撑为轴向受压构件。根据《规范》

要求，可调托撑需要验算其上所受压力是否超出承载力设计值。

图 4.8-1　可调托撑计算简图

● 小 贴 士

N 对应为本模块学习任务中的 F；$[N]$ 对应为本模块学习任务中的 $[F]$。

$$N \leqslant [N]$$

式中：N——可调托撑上部主楞所传递的荷载，即主楞的竖向支座反力；

$[N]$——承载力设计值，可通过《规范》或《标准》查得。

二、立杆

由本模块知识任务学习可知，立杆也为轴向受压构件，如图 4.8-2 所示。实际工程中，支撑体系中的立杆一般都为细长杆，需要进行稳定性校核。此外，为了工程安全考虑，立杆的细长比不宜过大，且必须满足规范要求，因而需要进行细长比的验算。

图 4.8-2　立杆计算简图

● 小 贴 士

l_0 为本模块任务 4.6 中的 μl。μ_1、μ_2 和 φ 分别查找《建筑施工扣件式钢管脚手架安全技术规范》（JGJ 130—2011）附录 C 和附录 A.0.6，或《建筑施工扣件式钢管脚手架安全技术标准》（T/CECS 699—2020）附录 D 和附录 A.0.5。

注意：两附录系数有少许不同。

1. 立杆细长比验算

$$\lambda = \frac{l_0}{i} \leqslant [\lambda]$$

式中：l_0——计算长度（mm）；

i——截面回转半径（mm），可按附录采用；

$[\lambda]$——许用细长比。

满堂支撑架立杆计算长度应按下式计算，取整体稳定计算结果最不利值：

顶部立杆段：　　　$l_0 = k\mu_1(h + 2a)$

非顶部立杆段：　　$l_0 = k\mu_2 h$

式中：k——满堂支撑架立杆计算长度附加系数，应按下表 4.8-1 采用，验算立杆允许细长比时，取 $k = 1$；

h——步距；

a——立杆伸出顶层水平杆中心线至支撑点的长度；

μ_1、μ_2——考虑满堂支撑架整体稳定因素的单杆计算长度系数。

满堂支撑架立杆计算长度附加系数　　表 4.8-1

高度 H（m）	$H \leqslant 8$	$8 < H \leqslant 10$	$10 < H \leqslant 20$	$20 < H \leqslant 30$
k	1.155	1.185	1.217	1.291

2. 立杆稳定性验算

不考虑风荷载时：

$$\frac{N}{\varphi A} \leqslant [f]$$

$$N = 1.2\sum N_{GK} + 1.4\sum N_{QK}$$

式中：N——计算立杆段的轴向力设计值；

φ——轴心受压构件的稳定系数，根据细长比 λ 查找规范；

A——立杆的截面面积（mm²）；

$[f]$——钢材的抗压强度设计值（N/mm²）；

$\sum N_{GK}$——永久荷载对立杆产生的轴向力标准值总和（kN）；

$\sum N_{QK}$——可变荷载对立杆产生的轴向力标准值总和（kN）。

● 小 贴 士

公式 $\frac{N}{\varphi A} \leqslant [f]$ 对应本模块学习任务中的式（4.6-12）；N 对应 F_N，$[f]$ 对应 $[\sigma]$。

任务实施

任务一：可调托撑承载力验算

步骤1：分析可调托撑受力简图。

步骤2：确定可调托撑承受荷载，并进行承载力验算。

可调托撑承载力验算
（文本）

任务二：立杆细长比验算

步骤1：计算顶部立杆段计算长度 l_{01}。

步骤2：计算非顶部立杆段计算长度 l_{02}。

步骤3：计算细长比，进行验算。

立杆细长比验算
（文本）

立杆稳定性验算
（文本）

● 小 贴 士

立杆细长比验算和立杆稳定性验算中计算长度 l_0 的附加系数 k 是不相同的，为了区分，此处立杆稳定性验算中计算长度分别用 l'_{01}、l'_{02} 表示。

任务三：立杆稳定性验算

步骤1：计算顶部立杆段计算长度 l'_{01}。

步骤2：计算非顶部立杆段计算长度 l'_{02}。

步骤3：分别计算立杆的工作应力，进行校核。

🔲 强化拓展（PPT）

强化拓展（PPT）

任务总结

习　题

一、基础题

4-1 绘制图 4-1 中各杆轴力图。

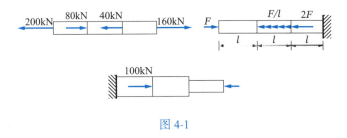

图 4-1

4-2 如图 4-2 所示的杆件用三根链杆支撑，其受力和尺寸如图所示。求链杆 1、2、3 的轴力。

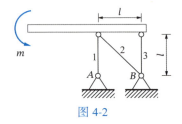

图 4-2

4-3 如图 4-3 所示杆件，其横截面面积 $A = 100\text{mm}^2$，在图示荷载作用下，试计算杆内最大拉应力与最大压应力。

图 4-3

4-4 如图 4-4 所示阶梯形圆截面杆,承受轴向荷载F_1、F_2作用。已知$F_2 = 100$kN,AB与BC段的直径分别为$d_1 = 60$mm、$d_2 = 40$mm。若使AB与BC段横截面上的正应力大小相等,试求荷载F_1的大小。

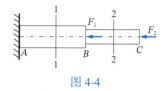

图 4-4

4-5 如图 4-5 所示砖柱柱顶受轴心荷载F作用。已知$F = 250$kN,砖柱横截面面积$A = 0.6$m^2,重度为γ,柱的总重$W = 50$kN,材料的许用应力$[\sigma] = 1$MPa。试校核砖柱的强度是否满足要求。

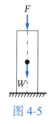

图 4-5

4-6 如图 4-6 所示三角托架,在C点受荷载F作用。已知$F = 100$kN,AC杆是圆钢杆,其许用应力$[\sigma_1] = 160$MPa;BC杆的圆木杆,其许用应力$[\sigma_2] = 8$MPa。试设计两杆的直径。

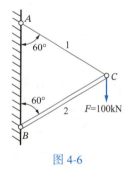

图 4-6

4-7 如图 4-7 所示三角架。已知 1 杆的横截面面积$A_1 = 10000$mm^2,许用应力$[\sigma_1] = 7$MPa;2 杆的横截面面积$A_2 = 600$mm^2,许用应力$[\sigma_2] = 160$MPa,荷载$F = 80$kN。试求:
(1)校核三角架的强度;
(2)确定三角架的许用荷载;
(3)按强度条件重新选择各杆横截面面积A。

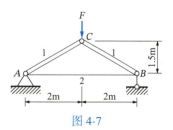

图 4-7

4-8 如图 4-8 所示，AD 为刚性杆，1 杆和 2 杆的直径相等，分别为 $d_1 = d_2 = 100$mm，3 杆直径 $d_3 = 120$mm，许用拉应力 $[\sigma_t] = 8$MPa，许用压应力 $[\sigma_c] = 10$MPa。试求结构的最大荷载。

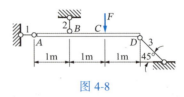

图 4-8

4-9 如图 4-9 所示的阶梯状直杆，受到轴向力作用。已知 AC 段横截面面积 $A_{AC} = 1000$mm^2，CD 段横截面面积 $A_{CD} = 500$mm^2，材料的弹性模量 $E = 200$GPa。求该杆的总变形量 Δl_{AD}。

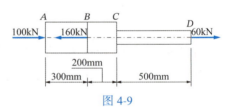

图 4-9

4-10 如图 4-10 所示的正方形截面木桩，受到轴向力作用。横截面边长为 200mm，弹性模量 $E = 10$GPa。如不计柱的自重，试求：
（1）作轴力图；
（2）各段柱横截面上的应力；
（3）各段柱的纵向线应变；
（4）柱的总变形。

图 4-10

4-11 如图 4-11 所示结构，ABC杆为刚性杆，BD杆为钢杆，BD横截面面积A = 400mm²，弹性模量E = 200GPa。试求C点的竖向位移。

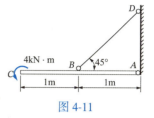

图 4-11

4-12 试判断图 4-12 所示桁架中的零杆。

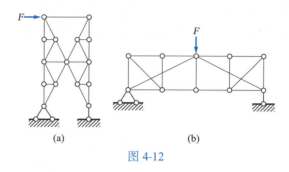

图 4-12

4-13 如图 4-13 所示桁架，F = 15kN，试用结点法计算各杆的内力。

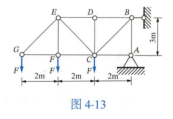

图 4-13

4-14 如图 4-14 所示桁架，F = 15kN，试用截面法计算指定杆件DE、EH的内力。

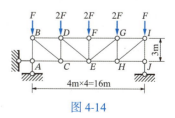

图 4-14

4-15 如图 4-15 所示桁架，试用截面法计算指定杆件 a、b 的内力。

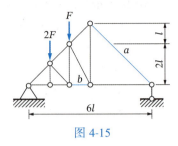

图 4-15

4-16 如图 4-16 所示桁架由 5 根圆截面杆组成。已知各杆直径均为 $d = 30\text{mm}$，图中 $l = 1\text{m}$。各杆的弹性模量均为 $E = 200\text{GPa}$，$\lambda_\text{p} = 100$，$\lambda_0 = 61$，直线经验公式系数 $a = 304\text{MPa}$，$b = 1.12\text{MPa}$，许用应力 $[\sigma] = 160\text{MPa}$，并规定稳定安全因数 $[n]_\text{st} = 3$。试求此结构的许可荷载 $[F]$。

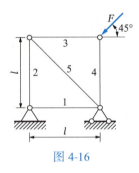

图 4-16

二、提高题

4-17 如图 4-17 所示结构由构件 1 和构件 2 两部分组成，均为刚体且忽略摩擦，已知刚性拉杆 BC 的横截面直径 $d = 10\text{mm}$，试求拉杆 BC 的应力。

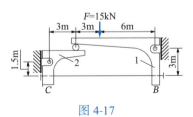

图 4-17

4-18 如图 4-18 所示的刚性梁 AB 用两根钢杆 AC、BD 悬挂着，其受力如图所示。已知钢杆 AC 和 BD 的直径分别为 $d_1 = 25\text{mm}$ 和 $d_2 = 18\text{mm}$，两杆的长度均为 2.5m，钢的许用应力 $[\sigma] = 170\text{MPa}$，弹性模量 $E = 210\text{GPa}$，$l = 1.5\text{m}$，$F = 100\text{kN}$。请完成：

（1）校核两钢杆的强度。

（2）试求 A、B 两点的竖向位移 Δ_A、Δ_B。

（3）若荷载 F 作用在 A 点处，求 E 点的竖向位移 Δ_E。

（4）在 d_1 不变的条件下，若使 A、B 两点的竖向位移相同（即 $\Delta_A = \Delta_B$），d_2 应取多大？

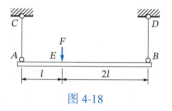

图 4-18

4-19 如图 4-19 所示刚性杆 AB，在 BD 两点用钢丝绳悬挂，钢丝绳通过定滑轮 G、F，已知钢丝的弹性模量 $E = 210\text{GPa}$，横截面面积 $A = 100\text{mm}^2$，在 C 处受到荷载 F 的作用，$F = 20\text{kN}$，不计钢丝和滑轮的摩擦。试求 C 点的铅垂位移。

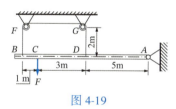

图 4-19

三、拓展题

4-20 如图 4-20 所示一等直块石柱，高度 $l = 20\text{m}$，截面为正方形，边长为 a，其顶部作用有轴向荷载 F，$F = 2000\text{kN}$。已知材料重度 $\gamma = 25\text{kN/m}^3$，许用压应力 $[\sigma_c] = 2\text{MPa}$。试设计此块石柱截面尺寸。

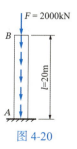

图 4-20

4-21 如图 4-21 所示一打入地基内的木桩，桩端 B 处施加竖直方向的锤击力 F，土层和桩身之间沿杆轴向单位长度的摩擦力为 $f = kx^2$（k 为常数），试绘制木桩的轴力图。

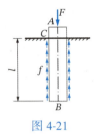

图 4-21

4-22 如图 4-22 所示结构由圆杆 AB、AC 通过铰链连接而成，若两杆的长度、直径及弹性模量均相等，BC 间的距离保持不变，F 为给定的集中力。假设给定条件已满足大柔度压杆的要求，试按稳定条件确定用材最省的高度 h 和相应的杆直径 D。

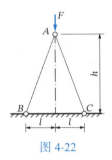

图 4-22

4-23 如图 4-23 所示，结构 ABC 为矩形截面杆，$b = 60\text{mm}$，$h = 100\text{mm}$，$l = 4\text{m}$，BD 为圆截面杆，直径 $d = 60\text{mm}$，两杆材料均为低碳钢，弹性模量 $E = 200\text{GPa}$，比例极限 $\sigma_\text{P} = 200\text{MPa}$，屈服极限 $\sigma_\text{s} = 240\text{MPa}$，直线经验公式为 $\sigma_\text{cr} = (304 - 1.12\lambda)\text{MPa}$，均布荷载 $q = 1\text{kN/m}$，稳定安全因数 $[n]_\text{st} = 3$。试校核杆 BD 的稳定性。

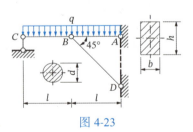

图 4-23

模 块 5

剪切构件的力学分析

知 识 目 标

①了解连接件的定义及破坏形态。
②理解剪切、挤压变形及剪力、挤压力的概念。
③掌握剪切面和挤压面的确定方法。
④熟练掌握剪切和挤压的实用计算。

技 能 目 标

①能识别工程中常见的剪切构件。
②能验算工程中常见的剪切构件的剪切强度,如连接件、穿心棒等。
③能验算连接件的挤压强度。

素 质 目 标

①培养多角度辩证思考问题的能力。
②培养良好的动手操作能力。
③培养专业、规范、程序标准化的工作习惯。

土木工程中，各受力构件相互连接时，通常采用连接件（如销轴、螺栓、铆钉等）进行连接，如架桥机中连接各导梁的销轴，悬挑脚手架中连接主梁和上拉杆的吊耳板、螺栓等。虽说这些连接件在整体系统受力中只是较小的一个部分，但它的受力情况和强度问题同样关系到整体结构的安全，需要进行承载能力的验算。剪切变形是连接件变形的主要形式之一，主要发生剪切变形的连接件为剪切构件。剪切变形的连接件除了发生剪切破坏外，还有可能会发生挤压破坏，为了确保结构整体系统安全可靠地工作，其承载能力验算包括剪切的强度计算（验算）和挤压的强度计算（验算）。

工程中还有一些构件，如盖梁施工临时支撑结构中的穿心棒，虽不是连接件，但其变形形式也为剪切变形，也属于剪切构件，其承载能力校核主要为剪切强度计算（验算）。

本模块主要介绍剪切和挤压的基本概念，以及简化后的实用强度计算。案例部分以盖梁施工临时支撑结构中的穿心棒为例，介绍工程中剪切构件的强度验算问题；以花篮式悬挑脚手架中吊耳板和螺栓为例，介绍工程中连接件的剪切强度验算和挤压强度验算问题。

学习任务5.1 剪切的强度计算

任务发布

任 务 书

如下图所示,挂钩由插销连接,两端受到牵引力,$F = 30$kN,插销材料为钢材,许用剪应力$[\tau] = 40$MPa,直径$d = 25$mm,挂钩厚度$t_1 = 10$mm,被连接的板件其厚度为$t_2 = 15$mm。试校核插销的剪切强度。

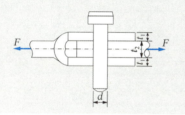

任务导学

任务导学(PPT)

任务认知

一、剪切及剪切面

工程中有很多以剪切变形为主要变形的构件,如盖梁施工中的穿心棒[图 5.1-1(a)]、吊装重物的吊具中的连接螺栓[图 5.1-1(b)]等。这些构件受到垂直于杆轴线方向的一组等值、反向、作用线相距极近的平行力作用,其变形特点是构件会在二力之间的截面产生相对错动,这种变形称为**剪切变形**。二力之间产生相对错动的截面称为**剪切面**。

剪切及剪切面(视频)

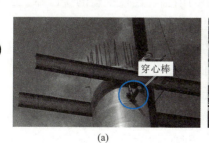
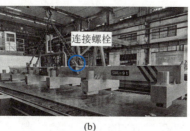

图 5.1-1

工程中的连接件常发生剪切变形。连接件是指在构件连接处起连接作用的部件，如钢结构中连接各个构件的螺栓和铆钉，机械传动机构轴与齿轮之间使用的键等。如图 5.1-2（a）所示，当两块钢板被一铆钉连接，并在两端各受一拉力 F 作用时，铆钉将受到垂直于杆轴线方向的两个大小相等、方向相反、作用线平行且相距很近的力 F 作用，这两个力迫使铆钉在 m-m 截面产生相对错动的变形，即剪切变形，如图 5.1-2（b）所示。只有一个剪切面的剪切变形称为单剪，如图 5.1-2 所示的 m-m 截面；具有两个剪切面的剪切变形称为双剪，如图 5.1-3 所示的 1-1、2-2 截面。

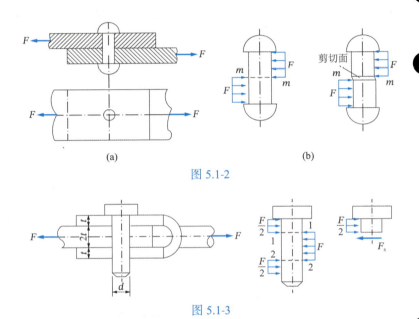

图 5.1-2

图 5.1-3

剪切实用计算（视频）

二、剪切的实用计算

实际工程中，单纯发生剪切变形的构件很少。很多时候，我们把主要发生剪切变形的构件按单纯剪切构件处理，如盖梁施工中的穿心棒、吊装重物的吊具中的销轴、连接钢板的铆钉等。这些构件横截面上的应力如果超过材料的强度极限，构件就会发生剪切破坏造成工程事故。因为构件的受力与变形比较复杂，所以它们的强度计算通常采用实用计算方法，即在试验和经验的基础上，做出一些假设，得到一个相对简化的计算方法。

以铆钉连接件（图 5.1-2）为例，铆钉受剪切时，用一假想截面沿着剪切面 m-m 将铆钉截开，任取一段为研究对象（图 5.1-4）。由平衡条件可知，剪切面上必然有一个与该截面平行的内力存在，这个平行于截面的内力称为剪力，常用符号 F_s 表示。

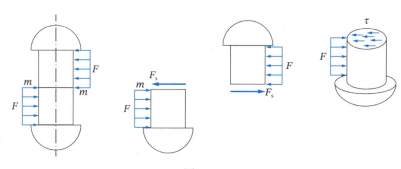

图 5.1-4

与剪力F_s相对应，剪切面上必然存在剪应力τ。剪应力在剪切面上的分布规律较复杂，实用计算时，假定剪切面的剪应力是均匀分布的，由此计算出各部分的"名义剪应力"，其计算式为

$$\tau = \frac{F_s}{A} \tag{5.1-1}$$

式中：F_s——剪切面上的剪力；

A——剪切面的面积。

剪切强度条件为：

$$\tau = \frac{F_s}{A} \leqslant [\tau] \tag{5.1-2}$$

式中：$[\tau]$——材料的许用剪应力。$[\tau]$由材料剪切试验确定，可在有关设计手册中查得。试验表明，材料的许用剪应力$[\tau]$和许用正应力$[\sigma]$之间有如下关系：

塑性材料： $[\tau] = (0.6 \sim 0.8)[\sigma]$

塑性材料： $[\tau] = (0.8 \sim 1.0)[\sigma]$

剪切强度条件也可以解决以下三类问题：

（1）强度校核：即利用剪切强度条件判断构件是否破坏。

（2）设计截面：即确定构件安全工作时的合理截面形状和大小。

（3）确定许用荷载：即确定构件最大承载能力。

● 小 贴 士

剪切强度条件虽然是结合铆钉、螺栓的情况得出的，但适合于所有剪切构件。

【例 5.1-1】现有一冲剪力为 100kN 的冲床，欲在厚度为 5mm 的钢板上冲出一个如图 5.1-5 所示形状的孔，已知钢板的许用剪应力$[\tau] = 100$MPa，试问：冲床能否完成冲孔工作？

图 5.1-5

例 5.1-1 讲解（视频）

解 完成冲孔工作的条件为

$$\tau = \frac{F_s}{A} > [\tau]$$

由题可知，剪力为 $F_s = 100\text{kN}$

剪切面为冲孔的侧面积，剪切面积为

$$A = \left(8 \times 5 + \frac{1}{2} \times 3.14 \times 10 \times 5\right) \times 2 = 237(\text{mm}^2)$$

钢板所受剪应力为

$$\tau = \frac{F_s}{A} = \frac{100 \times 10^3}{237 \times 10^{-6}} = 4.22 \times 10^8 (\text{Pa})$$
$$= 422(\text{MPa}) > [\tau] = 100\text{MPa}$$

所以，该冲床能完成冲孔工作。

例 5.1-2 讲解（视频）

【例 5.1-2】 如图 5.1-6 所示的两拉杆，用四个直径相同的铆钉连接，已知上拉杆 $b = 50\text{mm}$，厚度 $t = 10\text{mm}$，铆钉直径 $d = 15\text{mm}$，拉力 $F = 60\text{kN}$，许用剪应力 $[\tau] = 100\text{MPa}$。试校核铆钉的剪切强度。

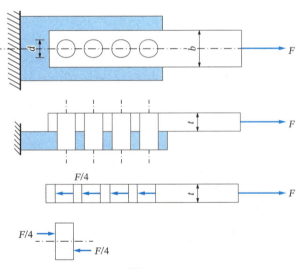

图 5.1-6

解 铆钉受剪切，工程上认为各个铆钉受力均匀，所以单个铆钉剪切力为 $F/4$，剪力为 $F_s = F/4$。

剪切面为铆钉横截面，剪切面积为

$$A = \frac{\pi d^2}{4}$$

铆钉强度计算

$$\tau = \frac{F_s}{A} = \frac{4 \times F/4}{\pi d^2} = \frac{60 \times 10^3}{3.14 \times 15^2 \times 10^{-6}} = 8.5 \times 10^7(\text{Pa})$$
$$= 85(\text{MPa}) < [\tau] = 100\text{MPa}$$

所以，铆钉的强度满足要求。

📋 任务实施

步骤 1：分析插销受力。

任务实施（PPT）

步骤 2：计算剪力及剪切面积。

步骤 3：计算剪应力，进行强度校核。

强化拓展（PPT）

📋 任务总结

学习任务5.2 挤压的强度计算

任务导学（PPT）

任务发布

任务书

挂钩由插销连接如下图所示。两端受到牵引力F作用，$F = 30\text{kN}$，插销材料为钢材，许用挤压应力$[\sigma_c] = 85\text{MPa}$，直径$d = 25\text{mm}$，挂钩厚度$t_1 = 10\text{mm}$，被连接的板件厚度$t_2 = 15\text{mm}$。试校核插销的挤压强度。

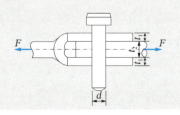

挤压和挤压面（视频）

任务认知

一、挤压及挤压面

工作状态中的螺栓或者铆钉除了会发生剪切变形外，在两构件的接触面上，还会因相互压紧而产生局部压缩，称为挤压。

如图 5.2-1（a）所示，用在铆钉连接钢板时，钢板与铆钉在接触面上产生挤压，两构件的接触面即为挤压面，用A_c表示。作用在挤压面上的压力称为挤压力，用F_c表示。挤压面上的应力称为挤压应力，用σ_c表示。当挤压力过大时，接触面上将发生显著的塑性变形或被压坏，铆钉被压扁，圆孔变成椭圆孔，连接件松动，发生挤压破坏，连接件将不能正常使用，如图 5.2-1（b）所示。

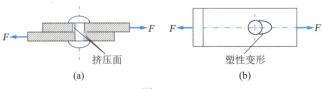

图 5.2-1

挤压面面积A_c的确定要视挤压面的情况而定。当实际挤压面为平面时，挤压面面积为接触面面积。当实际挤压面是半圆柱曲面时，工程中常取其正投影面，即计算挤压面的面积作为挤压面面积。如图 5.2-2 所示的铆钉，其挤压面积 $A_c = dt$，其中 t 是钢板厚度，d 是圆柱直径。

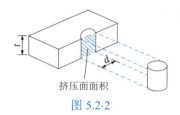

图 5.2-2

挤压强度计算（视频）

二、挤压的强度计算

挤压面上的应力分布复杂，实际计算中假设挤压应力均匀地分布在挤压面上，即：

$$\sigma_c = \frac{F_c}{A_c} \leqslant [\sigma_c] \tag{5.2-1}$$

式中：$[\sigma_c]$——材料的许用挤压应力，其值和材料性能有关，由试验测定，可在有关手册中查得。

许用挤压应力 $[\sigma_c]$ 和许用正应力 $[\sigma]$ 大致有如下关系：

塑性材料　　　　$[\sigma_c] = (1.5 \sim 2.5)[\sigma]$；

脆性材料　　　　$[\sigma_c] = (0.9 \sim 1.5)[\sigma]$。

【例 5.2-1】一矩形截面的木拉杆接头如图 5.2-3（a）所示。已知 $F = 40\text{kN}$，截面宽度 $b = 250\text{mm}$，接头处 $l = 150\text{mm}$，$a = 20\text{mm}$，木材的许用挤压应力 $[\sigma_c] = 10\text{MPa}$，许用剪应力 $[\tau] = 3\text{MPa}$。试校核接头处的挤压和剪切强度。

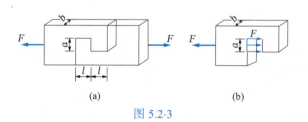

图 5.2-3

例 5.2-1 讲解（视频）

解　木拉杆的受力情况如图 5.2-3（b）所示。

（1）校核挤压强度

由受力平衡条件可知，挤压力 F_c 和外力 F 相等，即

$$F_c = F = 40(\text{kN})$$

木拉杆接头处挤压的面积应该为图中接头处的高度 a 和木杆宽度 b 的乘积，即

$$A_c = ab = 20 \times 250 = 5.0 \times 10^3 (\text{mm}^2)$$

$$\sigma_c = \frac{F_c}{A_c} = \frac{40 \times 10^3}{5 \times 10^3 \times 10^{-6}} = 8 \times 10^6 (\text{Pa})$$
$$= 8\text{MPa} < [\sigma_c] = 10(\text{MPa})$$

所以，挤压强度满足要求。

（2）校核剪切刚度

由受力平衡条件可知，剪力F_s同样和外力F相等，剪切面积为图中接头处的长度l和木杆宽度b的乘积，即

$$\tau = \frac{F_s}{A} = \frac{F}{lb} = \frac{40 \times 10^3}{150 \times 250 \times 10^{-6}} = 1.07 \times 10^6 (\text{Pa})$$
$$= 1.07(\text{MPa}) < [\tau] = 3(\text{MPa})$$

所以，剪切强度满足要求。

【例5.2-2】 如图5.2-4（a）所示，$F = 400\text{kN}$，两块宽度$b = 270\text{mm}$，厚度$t = 16\text{mm}$的钢板，用8个直径$d = 25\text{mm}$的铆钉连接在一起。材料的$[\sigma] = 120\text{MPa}$，$[\tau] = 120\text{MPa}$，$[\sigma_c] = 200\text{MPa}$。试校核此连接件的强度是否符合要求。

例5.2-2讲解（视频）

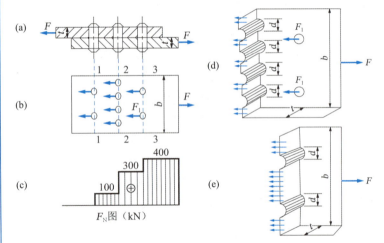

图5.2-4

解 连接件存在三种破坏的可能性：①铆钉被剪断；②铆钉或者钢板被挤压破坏；③钢板由于钻孔，断面强度削弱，在断面处被拉断。要使连接件安全，必须对以上三种情况进行强度校核，同时满足三种情况的强度条件。

（1）受力分析

如图5.2-4（b）所示，取钢板为研究对象，图中F_1为铆钉对钢板的约束反力。钢板上的八个铆钉，直径相同，对称分布，计算中认为每个铆钉传递的力相等，$F_1 = F/8 = 50\text{kN}$。

（2）铆钉的剪切强度校核

取一个铆钉为研究对象进行受力分析，剪力F_s和F_1相等，剪切面积为圆柱形铆钉的横截面面积，则有

$$\tau = \frac{F_s}{A} = \frac{F_1}{\frac{\pi}{4}d^2} = \frac{50 \times 10^3}{\frac{\pi}{4} \times 25^2 \times 10^{-6}} = 101.9 \times 10^6 (\text{Pa})$$
$$= 101.9(\text{MPa}) < [\tau] = 120(\text{MPa})$$

所以,铆钉抗剪强度满足要求。

(3) 铆钉的挤压强度校核

同理,挤压力 F_c 和 F_1 相等,挤压面积为圆柱铆钉在竖直投影面的面积,则有

$$\sigma_c = \frac{F_c}{A_c} = \frac{F_1}{dt} = \frac{50 \times 10^3}{25 \times 16 \times 10^{-6}} = 125 \times 10^6 (\text{Pa})$$
$$= 125(\text{MPa}) < [\sigma_c] = 200(\text{MPa})$$

所以,铆钉挤压强度满足要求。

(4) 钢板的拉伸强度校核

两块钢板受力和开孔情况相同,只要校核其中一块即可,现取下部钢板进行校核。

如图 5.2-4(c)所示,作钢板的轴力图,其中 2-2 和 3-3 截面为危险截面。2-2 截面受力图如图 5.2-4(d)所示,3-3 截面受力图如图 5.2-4(e)所示。

$$\sigma_2 = \frac{F_{\text{N2-2}}}{A_{2-2}} = \frac{F_{\text{N2-2}}}{bt - 4dt} = \frac{300 \times 10^3}{(270 \times 16 - 4 \times 25 \times 16) \times 10^{-6}}$$
$$= 110.29 \times 10^6 (\text{Pa}) = 110.29(\text{MPa}) < [\sigma] = 120(\text{MPa})$$
$$\sigma_3 = \frac{F_{\text{N3-3}}}{A_{3-3}} = \frac{F_{\text{N3-3}}}{bt - 2dt} = \frac{400 \times 10^3}{(270 \times 16 - 2 \times 25 \times 16) \times 10^{-6}}$$
$$= 113.64 \times 10^6 (\text{Pa}) = 113.64(\text{MPa}) < [\sigma] = 120(\text{MPa})$$

所以,钢板拉伸强度满足要求。

综上,连接件强度满足要求。

任务实施

步骤 1:分析插销受力。

步骤 2:计算挤压力和挤压面积。

步骤 3:计算挤压应力,进行强度校核。

任务实施(PPT)

任务总结

强化拓展(PPT)

案例5.3 剪切构件强度验算——盖梁施工临时支撑结构穿心棒

任务导学

任务导学（PPT）

任务发布

任 务 书

验算临时支撑结构穿心棒的剪切强度。

任务描述

模块二案例2.7中，某大桥12～15号墩预应力盖梁施工。其临时支撑结构中穿心棒——$\phi 100mm$高强钢棒的材料参数见下表：

截面面积A（mm^2）	7850	截面惯性矩I（mm^4）	981.25×10^4
截面抵抗矩W（mm^3）	9.8125×10^4	抗弯强度设计值$[\tau]$(MPa)	125

任务认知（PPT）

任务认知

穿心棒是盖梁施工临时支撑结构的主要受力构件，如图 5.3-1 所示，其受力模型简化为悬臂梁，通过千斤顶承受承重主梁传递下来的集中荷载F。穿心棒的受力分析及强度验算是盖梁施工临时支撑体系力学计算的重要内容。

取一侧穿心棒为研究对象，受力分析如图 5.3-2（a）所示，穿心棒在A点受有主动力F及约束反力F_A的作用，F和F_A大小相等、方向相反，作用线平行，与杆轴垂直且相距很近，符合剪切变形的特点，需进行剪切强度验算，剪切面为n-n截面。如图 5.3-2（b）所示，剪切面上剪力F_s大小等于主梁传递到穿心棒上的所有荷载F。参考本模块任务一，假设横截面上各点剪应力τ在横截面上均匀分布，将图 5.3-2（b）剪切段放大如图 5.3-2（c）所示，可知其剪切强度验算公式：

$$\tau = \frac{F_s}{A} \leqslant [\tau]$$

穿心棒剪切强度验算（PPT）

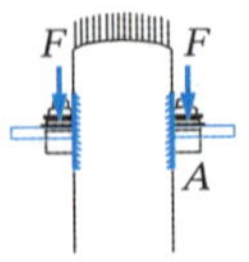

(a)　　　(b)　　(c)

图 5.3-1　穿心棒示意图　　图 5.3-2　穿心棒的受力分析

任务实施

步骤1:参考模块二案例2.7,确定穿心棒计算简图。

任务实施(PPT)

步骤2:分析穿心棒所受剪力F_s。

步骤3:分析穿心棒剪切面,并计算剪切面面积A。

步骤4:计算穿心棒剪应力,并进行剪切强度校核。

强化拓展(文本)

任务总结

案例5.4 剪切构件强度验算——悬挑式脚手架吊耳板、螺栓

任务导学

任务导学（PPT）

📋 任务发布

任务书

任务一：验算悬挑式脚手架吊耳板强度；

任务二：验算悬挑式脚手架上拉杆与主梁连接吊耳板螺栓强度。

任务描述

模块二案例 2.8 中，某项目 36 号住宅自二层板设置花篮式悬挑扣件钢管脚手架。其吊耳板、上拉杆与主梁连接吊耳板螺栓的材料及参数见下表：

（1）吊耳板

型钢主梁上吊耳板排数	1	吊耳板厚t（mm）	5
吊耳板两侧边缘与吊孔边缘净距b（mm）	50	顺受力方向，吊孔边距板边缘最小距离a（mm）	65
吊孔直径d_0（mm）	25	吊耳板抗拉强度设计值f（N/mm²）	205
吊耳板抗剪强度设计值f_v（N/mm²）	125		

（2）上拉杆与主梁连接吊耳板螺栓

上拉连接螺栓类型	普通螺栓	型钢主梁位置吊耳板连接螺栓个数	1
普通螺栓的强度等级	4.6 级	普通螺栓的性能等级	C 级
普通螺栓直径d（mm）	14	普通螺栓抗剪强度设计值f_v^b（N/mm²）	140

小贴士

吊耳板、上拉杆与主梁连接吊耳板螺栓各项设计指标参考《钢结构设计标准》（GB 50017—2017）、《建筑施工技术手册》等。

任务认知（视频）

📋 任务认知

图 5.4-1 悬挑脚手架悬臂受力系统图

吊耳板及上拉杆与主梁连接处的吊耳板螺栓是花篮式悬挑脚手架悬臂受力系统中的一部分，如图 5.4-1 所示，其受力情况和强度问题关系到整个悬臂系统的安全，脚手架设计中需进行吊耳板及吊耳板螺栓的强度验算。

一、吊耳板

如图 5.4-2 所示吊耳板结构，根据《钢结构设计标准》（GB 50017—2017）中规定，需进行耳板构造验算、耳板孔净截面处的抗拉强度验算、耳板端部截面抗拉（劈开）强度验算，以及耳板抗剪强度验算。

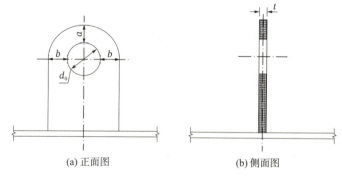

图 5.4-2　吊耳板

吊耳板构造要求：

$$b_e = 2t + 16 \leqslant b, \quad 4b_e/3 \leqslant a$$

式中：a——顺受力方向，销轴孔边距板边缘最小距离；
　　　t——耳板厚度；
　　　b——连接耳板两侧边缘与销轴孔边缘净距。

耳板孔净截面处的抗拉强度验算公式：

$$b_1 = \min(2t + 16, b - d_0/3)$$

$$\sigma = \frac{N}{2tb_1} \leqslant f$$

耳板端部截面抗拉（劈开）强度验算公式：

$$\sigma = \frac{N}{2t(a - 2d_0/3)} \leqslant f$$

耳板抗剪强度验算公式：

$$Z = \sqrt{(a + d_0/2)^2 - (d_0/2)^2}$$

$$\tau = \frac{N}{2tZ} \leqslant f_v$$

式中：N——杆件轴向拉力设计值；
　　　b_1——计算宽度；
　　　d_0——销轴孔径；
　　　f——耳板抗拉强度设计值；
　　　Z——耳板端部抗剪截面宽度；
　　　f_v——耳板钢材抗剪强度设计值。

● 小 贴 士

此处N对应为学习任务中的F_N；f对应为学习任务中的$[\sigma]$；f_v对应为学习任务中的$[\tau]$。

二、上拉杆与主梁连接吊耳板螺栓

上拉杆与主梁连接处的吊耳板螺栓受力如图 5.4-3 所示。由本模块任务学习可知，吊耳板螺栓将产生剪切变形，需进行抗剪承载力验算。根据《钢结构设计标准》（GB 50017—2017），螺栓验算公式为：

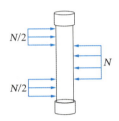

图 5.4-3 吊耳板螺栓受力图

$$\tau_b = \frac{N}{n_v \pi \dfrac{d^2}{4}} \leqslant f_v^b$$

式中：n_v——受剪面数目；

d——螺栓直径；

f_v^b——螺栓的抗剪强度设计值。

● 小 贴 士

此处 N 对应学习任务中的 F_N；τ_b 对应吊耳板螺栓的剪应力 τ；f_v^b 对应吊耳板螺栓的许用剪应力 $[\tau]$。

任务实施

任务一：吊耳板强度验算

步骤1：计算吊耳板构造要求。

吊耳板强度验算（视频）

步骤2：吊耳板孔净截面处的抗拉强度验算。

步骤3：吊耳板端部截面抗拉（劈开）强度验算。

步骤4：吊耳板抗剪强度验算。

任务二：上拉杆与主梁连接吊耳板螺栓验算

　　步骤1：计算单个普通螺栓抗剪承载力设计值。

吊耳板螺栓抗剪强度验算
（视频）

　　步骤2：计算螺栓所受剪力，并进行验算。

任务总结

强化拓展

强化拓展（文本）

习 题

一、基础题

5-1 如图 5-1 所示木榫接头,宽 $b = 120$mm,高 $h = 120$mm,接头处 $a = 100$mm,$c = 40$mm。木榫两端受力 $F = 60$kN,计算木榫接头的剪应力和挤压应力。

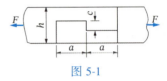

图 5-1

5-2 如图 5-2 所示两块板用销钉连接,已知拉力 $F = 100$kN,销钉直径 $d = 40$mm,销钉的许用剪应力 $[\tau] = 35$MPa,试校核销钉的剪切强度。若强度不够,应改用多大直径的销钉?

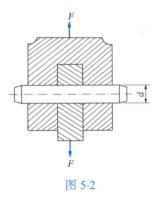

图 5-2

5-3 如图 5-3 所示的铆接件,已知铆钉直径 $d = 20$mm,许用剪应力 $[\tau] = 120$MPa,许用挤压应力 $[\sigma_c] = 240$MPa;钢板宽 $b = 130$mm,厚 $\delta = 13$mm,许用拉应力 $[\sigma] = 100$MPa。假设 4 个铆钉所受剪力相等,试确定此连接件的许用荷载 F。

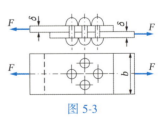

图 5-3

5-4 如图 5-4 所示拉杆，$F = 6$kN，已知拉杆的许用剪应力$[\tau] = 80$MPa，许用挤压应力$[\sigma_c] = 120$MPa，容许拉应力$[\sigma] = 200$MPa，试校核拉杆接头的强度。

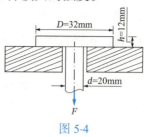

图 5-4

二、提高题

5-5 如图 5-5 所示凸缘联轴节传递的力偶矩为$m = 360$kN·m，凸缘之间用 4 个螺栓相连接，螺栓内径$d = 15$mm，对称地分布在$D = 80$mm 的圆周上。如螺栓的许用剪应力$[\tau] = 20$MPa，试校核螺栓的剪切强度。

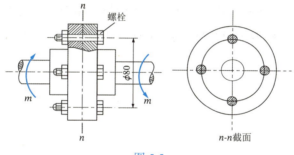

图 5-5

5-6 图 5-6 所示边长为$a = 30$mm 的正方形混凝土柱，受轴向压力$F = 120$kN 作用。基底为边长$l = 1$m 的混凝土正方形板，假设地基对混凝土板的反力均匀分布，混凝土的许用剪应力$[\tau] = 2$MPa。为了使柱不致穿过混凝土板，试求板所需要的最小厚度d。

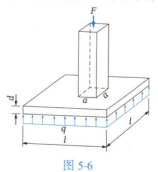

图 5-6

三、拓展题

5-7 【2023 年安徽省大学生力学竞赛真题】铆接接头如图 5-7 所示，已知主钢板厚 $t_1 = 20\text{mm}$，主钢板用两块厚度均为 $t_2 = 12\text{mm}$ 的盖板对接，主钢板和盖板的材料相同，铆钉直径 $d = 18\text{mm}$，接头受拉力 $F = 210\text{kN}$ 作用，钢板的许用应力 $[\sigma] = 160\text{MPa}$；钢板和铆钉的材料相同，许用剪应力 $[\tau] = 140\text{MPa}$，许用挤压应力 $[\sigma_{bs}] = 280\text{MPa}$。试求：（1）每边所需的铆钉个数；（2）若铆钉按图示方式排列，所需钢板的宽度 b。

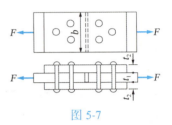

图 5-7

5-8 【案例题】用 1 根 7.5m 长横吊梁吊装厂房屋架，屋架重力为 120kN，横吊梁由两根 18a 号槽钢组成，槽钢采用 Q235 钢，抗弯设计强度 $f = 215\text{N/mm}^2$。试校核横吊梁端部吊环的强度。

模 块 6

扭转构件的力学分析

知识目标

①理解受扭构件功率转速与外力偶矩之间的关系。
②熟练掌握受扭构件的扭矩计算及扭矩图的绘制。
③掌握受扭构件的应力计算及强度条件。
④掌握受扭构件的变形计算及刚度条件。

技能目标

①能识别工程中常见的受扭构件。
②能验算工程中常见受扭构件的强度，如汽车传动轴、钻机的钻杆等。
③能应用受扭构件的强度条件，解决工程中截面设计和确定许用荷载的问题。
④能计算工程中常见受扭构件的扭转角，并进行刚度校核。
⑤能应用受扭构件的刚度条件，解决工程中截面设计和确定许用荷载的问题。

素质目标

①建立正确的职业道德观。
②培养良好的团队精神。
③培养专业、规范、程序标准化的工作习惯。
④弘扬热爱劳动的精神。

单纯的扭转变形构件多为传动轴，在机械工程中十分常见，而土木工程中较为少见。但是，土木工程中，一些组合变形构件在发生其他变形的同时，也会发生扭转变形，如房屋的雨棚梁在弯曲变形的同时也会发生扭转变形。所以，仍然需要对扭转构件进行力学分析。扭转构件承载能力校验，主要包括强度计算（验算）和刚度计算（验算）。

本模块学习任务 6.1 主要介绍扭矩的计算，以及扭矩图的绘制。学习任务 6.2 分析薄壁圆筒和圆轴扭转时的应力，进行强度验算。学习任务 6.3 分析圆轴扭转时的变形，进行刚度验算。

学习任务6.1 扭矩的计算及扭矩图的绘制

任务发布

任 务 书

如下图所示，传动轴转速 $n = 400\text{r/min}$，主动轮输入功率 $P_B = 600\text{kW}$，从动轮输出功率分别为 $P_A = 280\text{kW}$，$P_C = 160\text{kW}$，$P_D = 160\text{kW}$。（1）试绘制扭矩图；（2）若将该轴主动轮B装到轴的最左端，合不合理？

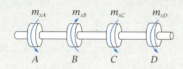

任务导学

任务导学（PPT）

任务认知

工程中有很多以扭转为主要变形的构件，如汽车的转向轴 [图6.1-1（a）]、机器中的传动轴 [图6.1-1（b）]、桥梁及厂房等空间结构中的某些构件等。这些构件的外力特点是构件受到垂直于杆轴线平面内的力偶作用，其变形特点是构件相邻的两个横截面将绕杆轴线发生相对转动。受扭转变形的构件通常为轴类零件，其横截面大都是圆形的，所以本模块主要介绍圆轴扭转。

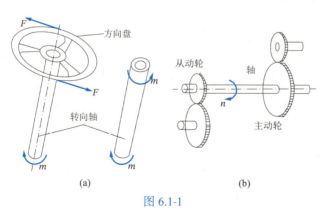

图 6.1-1

扭转变形及扭矩（视频）

一、外力偶矩的计算

工程中的传动轴通常只给出轴的传递功率和转速，要研究扭转变形轴的内力，需要通过计算来确定外力偶矩。根据每分钟轴上外力偶

矩所做功与轴传递的功相等这一关系，推出外力偶矩的计算公式为

$$m_x = 9550 \frac{P}{n} \tag{6.1-1}$$

式中：m_x——外力偶矩（N·m）；

P——轴所传递的功率（kW）；

n——轴的转速（r/min）。

若功率P的单位为马力，则外力偶矩的计算公式可表达为

$$m_x = 7024 \frac{P}{n} \tag{6.1-2}$$

二、扭转构件的内力——扭矩

圆轴在外力偶矩的作用下，任一横截面上的内力计算仍采用截面法，如图6.1-2（a）所示，圆轴在外力偶矩m_x的作用下产生扭转变形，分析I-I截面内力。

用一假想截面I-I将圆轴一分为二，取圆轴左段为研究对象，画出其受力图，如图6.1-2（b）所示。为保持左段轴的平衡，横截面上的内力必是一个作用于横截面内的力偶。该内力偶的力偶矩称为 扭矩，常用符号M_x表示。由平衡条件可知：

$$\sum m_x = 0, \quad m_x - M_x = 0$$
$$M_x = m_x$$

若取右段轴为研究对象［图6.1-2（c）］，由平衡条件$\sum m_x = 0$，得到$M'_x = m_x$，其转向与左段的扭矩转向相反。为了使得取截面任意一侧研究时，得到的内力符号相同，扭矩符号按 右手螺旋法则 确定，右手四指顺着扭矩的方向，拇指的指向即为扭矩矢量的指向，若扭矩矢量的指向与截面外法线的指向一致，扭矩为正；反之为负，如图6.1-3所示。

图 6.1-2

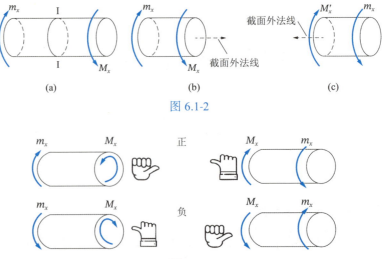

图 6.1-3

三、扭矩图的绘制

若在圆轴上作用多个外力偶矩，圆轴横截面上的扭矩是随着截面位置变化而变化的。为了直观地反映出扭矩随截面位置变化的规律，确定出最大扭矩的数值及其所在截面的位置，需绘制圆轴的扭矩图。

扭矩图的绘制（视频）

1. 绘制扭矩图的方法

扭矩图是表示沿杆件轴线各横截面上扭矩变化规律的图线。扭矩图的绘制方法与轴力图绘制方法相同。

2. 绘制扭矩图的步骤

（1）计算外力偶矩，由给出的功率及轴的转速计算外力偶矩。

（2）分段求扭矩，按照外力变化进行分段，由平衡关系求出截面扭矩。

（3）绘制扭矩图，按照扭矩图的绘制方法，绘制扭矩图。

【例 6.1-1】某传动轴如图 6.1-4 所示，三个从动轮输出功率分别为 $P_B = 90\text{kW}$，$P_C = 50\text{kW}$，$P_D = 60\text{kW}$，主动轮输入功率为 $P_A = 200\text{kW}$，轴转速 $n = 200\text{r/min}$。试求：（1）1-1、2-2、3-3 截面的扭矩；（2）绘制该传动轴的扭矩图。

例 6.1-1 讲解（视频）

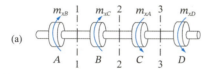

图 6.1-4

解 （1）计算外力偶矩

$$m_{xA} = 9550\frac{P_A}{n} = 9550 \times \frac{200}{200} = 9550(\text{N} \cdot \text{m})$$

$$m_{xB} = 9550\frac{P_B}{n} = 9550 \times \frac{90}{200} = 4297.5(\text{N} \cdot \text{m})$$

$$m_{xC} = 9550\frac{P_C}{n} = 9550 \times \frac{50}{200} = 2387.5(\text{N} \cdot \text{m})$$

$$m_{xD} = 9550\frac{P_D}{n} = 9550 \times \frac{60}{200} = 2865(\text{N} \cdot \text{m})$$

（2）分段求扭矩

取 1-1 截面左侧分析，将截面未知扭矩设为正，绘制受力图如图 6.1-4（b）所示，列平衡方程：

$$\sum m_x = 0, \quad -m_{xB} + M_{x1} = 0$$

$$M_{x1} = m_{xB} = 4297.5(\text{N} \cdot \text{m}) \approx 4.3(\text{kN} \cdot \text{m})$$

取 2-2 截面左侧分析，绘制受力图如图 6.1-4（c）所示，列平衡方程：

$$\sum m_x = 0, \quad -m_{xB} - m_{xC} + M_{x2} = 0$$

$$M_{x2} = m_{xB} + m_{xC} = 6685(\text{N} \cdot \text{m}) \approx 6.69(\text{kN} \cdot \text{m})$$

取 3-3 截面右侧分析，将截面未知扭矩设为正，绘制受力图如图 6.1-4（d）所示，列平衡方程：

$$\sum m_x = 0, \quad m_{xD} + M_{x3} = 0$$

$$M_{x3} = -m_{xD} = -2865(\text{N} \cdot \text{m}) \approx -2.87(\text{kN} \cdot \text{m})$$

（3）绘制扭矩图

根据各段扭矩，绘制扭矩图如图 6.1-4（e）所示，由扭矩图可知，最大扭矩在CA段，$|M_{x\max}| = 6.69\text{kN} \cdot \text{m}$。

● 小贴士

计算时通常先假设扭矩为正，然后根据计算结果的正负确定扭矩的真实方向。计算结果为正值，说明扭矩的实际转向与假设转向相同；计算结果为负值，说明扭矩的实际转向与假设转向相反。

归纳例 6.1-1 的计算结果可知，截面上的扭矩可用轴上的外力偶矩直接计算得到，即任一截面的扭矩在数值上等于该截面一侧所有外力偶矩的代数和，这种方法称为直接法（或代数法）。扭矩的符号仍可用右手螺旋法则判断：凡拇指离开截面的外力偶矩在截面上产生正扭矩；反之，产生负扭矩。

任务实施（PPT）

任务实施

步骤 1：计算外力偶矩。
步骤 2：分段求扭矩。
步骤 3：绘制扭矩图。
步骤 4：若将该轴主动轮B装到轴的最左端，绘制其扭矩图，分析是否合理。

强化拓展（PPT）

任务总结

学习任务6.2 圆轴扭转的应力分析和强度计算

任务发布

任务书

汽车传动轴AB由 20 号无缝钢管制成，钢管外径$D=90$mm，内径$d=85$mm，该传动轴传递的最大力偶矩为$M_x=1500$N·m。已知钢管的许用剪应力$[\tau]=70$MPa，求：①轴内的最大剪应力；②校核此轴的强度。

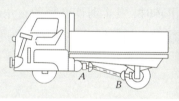

任务导学

任务导学（PPT）

任务认知

一、薄壁圆筒扭转的剪应力

薄壁圆筒主要是指壁厚δ与外径D之比小于 1∶20 的圆筒，可通过试验来观察薄壁圆筒受扭后的变形。取一等截面的薄壁圆筒，在其表面绘制一系列等距离的线，与横截面平行的线称为圆周线，与圆周线平行的线称为纵向线，圆周线与纵向线相互交错，在圆筒表面形成了若干个小方格，如图 6.2-1（a）所示。在薄壁圆筒两端施加一对外力偶矩m_x，使其产生扭转变形，如图 6.2-1（b）所示。可以观察到：

（1）所有圆周线都绕轴线作了相对转动，但是其形状、大小及彼此间的间距在扭转前后未发生改变。

（2）所有纵向线都转过了同一个角度γ，圆筒表面的小方格在受扭后由矩形变形成菱形。

由薄壁圆筒的受扭试验，可推测圆筒的内部变形跟表面同步，由此得到以下推论：

（1）发生扭转的薄壁圆筒横截面上只有剪应力，没有正应力。

（2）横截面上沿圆周各点处的剪应力相等，且方向垂直于半径。因圆筒壁很薄，可认为剪应力沿壁厚方向均匀分布，如图 6.2-1（c）

薄壁圆筒扭转的变形（视频）

所示，图中 r_0 为薄壁圆筒的平均半径。

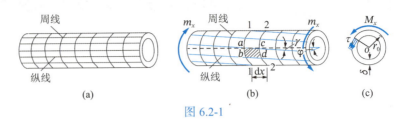

图 6.2-1

根据以上推论，可分析出薄壁圆筒横截面上剪应力的计算公式为：

$$\tau = \frac{M_x}{2\pi r_0^2 \delta} \tag{6.2-1}$$

当 $\delta \leqslant D/20$ 时，用公式(6.2-1)计算薄壁圆筒扭转时横截面上的剪应力精度足够准确，可以满足实际使用需求。

图 6.2-1（b）中薄壁圆筒扭转时，发生剪切变形的直角改变量 γ 称为<u>剪应变</u>；两横截面绕轴线发生相对转动，转动的角度 φ 称为<u>扭转角</u>。

二、圆轴扭转时的剪应力

试验表明，对于大多数工程材料来说，当剪切变形在线弹性范围内时，剪应力 τ 与剪应变 γ 呈线性关系，即

$$\tau = G\gamma \tag{6.2-2}$$

式中：G——剪切弹性模量，其量纲同弹性模量 E。

式(6.2-2)称为<u>剪切胡克定律</u>。与薄壁圆筒类似，圆轴受扭时横截面上也只有剪应力。研究圆轴剪应力的方法与研究薄壁圆筒类似，如图 6.2-2（a）所示，先通过试验观察圆轴表面的变形，找出剪应变 γ 的变化规律，再根据剪切胡克定律建立剪应力 τ 与剪应变 γ 之间的关系，最后利用静力学关系构建扭矩 M_x 与剪应力 τ 的关系，从而得到圆轴任意横截面上剪应力的计算公式：

$$\tau_\rho = \frac{M_x \rho}{I_P} \tag{6.2-3}$$

式中：M_x——任意横截面的扭矩，常用单位 N·m 或 kN·m；
ρ——所求点到横截面圆心的距离，常用单位 m 或 mm；
I_P——横截面的极惯性矩，常用单位 m^4 或 mm^4。

式(6.2-3)表明圆轴扭转时横截面上的剪应力 τ_ρ 与半径 ρ 成正比，自圆心沿半径线性分布：在圆心处剪应力为零，在圆周上剪应力达到最大。圆轴扭转时横截面上剪应力分布如图 6.2-2（b）所示。

圆轴扭转的剪应力计算公式
（视频）

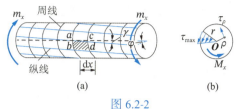

图 6.2-2

当 $\rho = r$ 时，横截面圆周上的最大剪应力可表达为：

$$\tau_{\max} = \frac{M_x}{W_P} \quad (6.2\text{-}4)$$

式中：W_P——圆截面的抗扭截面模量，$W_P = \frac{I_P}{r}$，常用单位 m^3 或 mm^3。

几种常见截面的极惯性矩 I_P 和抗扭截面系数 W_P 见表 6.2-1。

常见实心、空心、薄壁圆环的截面极惯性矩和抗扭截面系数

表 6.2-1

截面形式	实心圆截面	空心圆截面	薄壁圆环
剪应力分布图			
截面极惯性矩	$I_P = \frac{\pi d^4}{32}$	$I_P = \frac{\pi D^4}{32}(1-\alpha^4)$，式中 $\alpha = \frac{d}{D}$	$I_P \approx 2\pi r_0^3 \delta$
抗扭截面系数	$W_P = \frac{\pi d^3}{16}$	$W_P = \frac{\pi D^3}{16}(1-\alpha^4)$，式中 $\alpha = \frac{d}{D}$	$W_P \approx 2\pi r_0^2 \delta$

【例 6.2-1】如图 6.2-3（a）所示，圆轴直径 $d = 100mm$，两端作用外力偶矩 $m_x = 20kN \cdot m$，求：（1）任意截面上 A、B、C 三点处的剪应力及方向；（2）圆轴上的最大剪应力 $\tau_{\max}$；（3）若换成内外径之比为 $\alpha = 0.5$ 的等面积空心圆轴，最大剪应力又是多少？

例 6.2-1 讲解（视频）

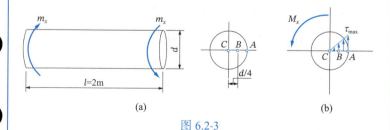

图 6.2-3

解 （1）圆轴任意截面的扭矩 $M_x = m_x = 20kN \cdot m$ 分别用式（6.2-3）计算 A、B、C 三点剪应力，其方向分布如图 6.2-3（b）所示：

$$\tau_A = \frac{M_x \rho}{I_P} = \frac{M_x \cdot d/2}{\pi d^4/32} = \frac{20 \times 10^3 \times 100 \times 10^{-3} \times 32}{2 \times \pi \times (100 \times 10^{-3})^4}$$

$$= 101.91 \times 10^6 (Pa) = 101.91(MPa)$$

$$\tau_B = \frac{M_x \rho}{I_P} = \frac{M_x \cdot d/4}{\pi d^4/32} = \frac{20 \times 10^3 \times 100 \times 10^{-3} \times 32}{4 \times \pi \times (100 \times 10^{-3})^4}$$
$$= 50.96 \times 10^6 (\text{Pa}) = 50.96 (\text{MPa})$$
$$\tau_C = \frac{M_x \rho}{I_P} = \frac{M_x \cdot 0}{\pi d^4/32} = 0$$

（2）基于（1），可知实心圆轴最大剪应力为 $\tau_{\max} = \tau_A = 101.91(\text{MPa})$。

（3）空心圆轴：由面积相等 $\frac{1}{4}\pi d^2 = \frac{1}{4}\pi D^2(1-\alpha^2)$，可得：空心圆轴的外径 $D = 115.5(\text{mm})$，内径 $d_1 = 57.7(\text{mm})$。

$$\tau_{\max} = \frac{M_x}{W_p} = \frac{20 \times 10^3}{\pi \times 0.1155^3 \times (1-0.5^4)/16}$$
$$= 70.55 \times 10^6 (\text{Pa}) = 70.55 (\text{MPa})$$

由本题可知，在面积和受力相同的情况下，空心圆轴的最大剪应力比实心的要小。

三、圆轴扭转时的强度计算

工程上，为使圆轴受扭后不致因强度不足而发生破坏，必须使圆轴的最大工作剪应力 $\tau_{\max}$ 不超过材料的许用剪应力 $[\tau]$，这个条件称为圆轴的强度条件，即：

$$\tau_{\max} = \frac{|M_{x\max}|}{W_P} \leqslant [\tau] \tag{6.2-5}$$

式中：$M_{x\max}$——圆轴上的最大扭矩。

公式(6.2-5)适用于横截面尺寸不变的圆轴。

若圆轴的横截面不能保持为一定值，最大剪应力就不一定发生在扭矩最大的截面上，需综合考虑 M_x 与 W_P 的比值来确定 $\tau_{\max}$，上式可改写为：

$$\tau_{\max} = \left|\frac{M_x}{W_P}\right|_{\max} \leqslant [\tau] \tag{6.2-6}$$

大量试验表明，许用剪应力 $[\tau]$ 和许用拉应力 $[\sigma]$ 有如下关系：
塑性材料：　　　$[\tau] = (0.5 \sim 0.6)[\sigma]$；
脆性材料：　　　$[\tau] = (0.8 \sim 1.0)[\sigma]$。

与轴向拉压和平面弯曲类似，利用强度条件可以解决圆轴扭转时三种不同类型的强度问题：①强度校核；②设计截面尺寸；③确定许用外力偶矩。

圆轴扭转的强度计算（视频）

例 6.2-2 讲解（视频）

【例 6.2-2】某传动轴如图 6.2-4 所示，四个从动轮输出功率分别为 $P_1 = 25\text{kW}$，$P_2 = 25\text{kW}$，$P_4 = 40\text{kW}$，$P_5 = 10\text{kW}$，主动轮输入功率为 $P_3 = 100\text{kW}$，已知轴转速 $n = 200\text{r/min}$，许用剪应力 $[\tau] = 20\text{MPa}$。求：（1）试按强度条件选定轴的直径；（2）若改

用变截面轴，试分别确定每一段轴的直径。

解 （1）计算外力偶矩，绘制扭矩图。

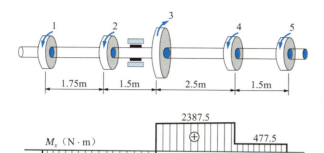

图 6.2-4

$$m_{x1} = 9550\frac{P_1}{n} = 9550 \times \frac{25}{200} = 1193.75(\text{N} \cdot \text{m})$$
$$m_{x2} = 9550\frac{P_2}{n} = 9550 \times \frac{25}{200} = 1193.75(\text{N} \cdot \text{m})$$
$$m_{x3} = 9550\frac{P_3}{n} = 9550 \times \frac{100}{200} = 4775(\text{N} \cdot \text{m})$$
$$m_{x4} = 9550\frac{P_4}{n} = 9550 \times \frac{40}{200} = 1910(\text{N} \cdot \text{m})$$
$$m_{x5} = 9550\frac{P_5}{n} = 9550 \times \frac{10}{200} = 477.5(\text{N} \cdot \text{m})$$

由扭矩图可知，最大扭矩为 $|M_{x\max}| = 2387.5(\text{N} \cdot \text{m})$。

由 $\tau_{\max} = \frac{M_{x\max}}{W_P} \leqslant [\tau]$ 得，$W_P = \frac{\pi d^3}{16} \geqslant \frac{M_{x\max}}{[\tau]} = \frac{2387.5}{20 \times 10^6}$

$d \geqslant 84.73(\text{mm})$，可取 $[d] = 85(\text{mm})$

（2）由 $\tau_{\max} = \frac{M_{x\max}}{W_P} \leqslant [\tau]$ 得，

12 段：$W_{P12} = \frac{\pi d_{12}^3}{16} \geqslant \frac{M_{x12}}{[\tau]} = \frac{1193.75}{20 \times 10^6}$，

$d_{12} \geqslant 67.25(\text{mm})$，可取 $[d_{12}] = 68(\text{mm})$

45 段：$W_{P45} = \frac{\pi d_{45}^3}{16} \geqslant \frac{M_{x45}}{[\tau]} = \frac{477.5}{20 \times 10^6}$

$d_{45} \geqslant 49.56(\text{mm})$，可取 $[d_{45}] = 50(\text{mm})$

由第一问可得：$[d_{23}] = [d_{34}] = 85(\text{mm})$

任务实施

步骤 1：计算最大扭矩 M_x 和抗扭截面系数 W_P。

任务实施（视频）

步骤 2：计算最大剪应力。

步骤 3：校核扭转强度。

强化拓展

强化拓展（视频）

任务总结

学习任务6.3　圆轴扭转的变形分析和刚度计算

任务发布

任务书

某传动轴如下图所示，三个从动轮输出功率分别为$P_B = 15.2$kW，$P_C = 10.8$kW，$P_D = 11.5$kW，主动轮输入功率为$P_A = 37.5$kW；已知轴的直径$d = 44$mm，转速$n = 280$r/min，许用剪应力$[\tau] = 50$MPa，单位长度的许用扭转角$[\theta] = 1.7°$/m，剪切弹性模量$G = 75$GPa。试校核轴的强度和刚度。

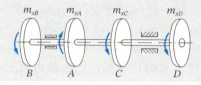

任务导学

任务导学（PPT）

任务认知

一、圆轴扭转的变形

上一任务中，圆轴在外力偶作用下，圆周线绕轴发生了相对转动，纵向线倾斜了微小角度。如图 6.3-1 所示，在外力偶作用下，纵向线中的B点转动到B'，纵向线的直角改变量为剪应变γ，两横截面绕轴线相对转动的角度为扭转角φ，扭转角的大小表征圆轴扭转变形的大小。

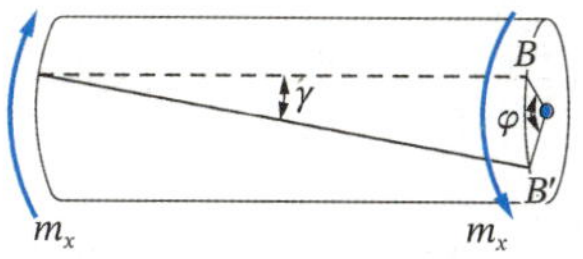

圆轴扭转的变形和刚度计算（视频）

图 6.3-1

若两个横截面间的扭矩M_x、GI_P为常量，则相距为l的两个横截面间的扭转角φ为：

$$\varphi = \frac{M_x l}{GI_P} \quad (6.3\text{-}1)$$

上式表明，φ与M_x、l成正比，与GI_P成反比。GI_P称为抗扭刚度，反应了圆轴抵抗扭转变形的能力，GI_P越大，扭转角φ越小。

- 小贴士

  刚度条件式适用于材料在剪切比例极限内等直圆杆的刚度计算。

工程中通常用 单位长度扭转角θ 来衡量圆轴扭转的变形程度，单位长度扭转角 $\theta = \frac{M_x}{GI_P}$，常用单位 rad/m（弧度/米）。当 M_x、GI_P 为常数时，$\theta = \varphi/l$。

二、圆轴扭转时的刚度计算

和前面学习过的轴向拉压杆类似，发生扭转的圆轴，不仅要满足强度条件，还要满足刚度条件，即圆轴的扭转变形要在一定的安全范围内。通常规定单位长度扭转角的最大值不应超过许用单位长度扭转角$[\theta]$，即：

$$\theta_{\max} = \left|\frac{M_x}{GI_P}\right|_{\max} \leqslant [\theta] \qquad (6.3\text{-}2)$$

工程中，许用单位长度扭转角$[\theta]$常用°/m（度/米）作为单位，将上式改写为：

$$\theta_{\max} = \left|\frac{M_x}{GI_P}\right|_{\max} \times \frac{180}{\pi} \leqslant [\theta] \qquad (6.3\text{-}3)$$

同强度条件一样，利用刚度条件仍然可以解决三类问题：刚度校核、设计截面尺寸以及确定许用外力偶矩。

例 6.3-1 讲解（视频）

【例 6.3-1】 一空心截面传动轴，已知轴内径$d = 72$mm，外径$D = 88$mm，许用剪应力$[\tau] = 65$MPa，许用单位长度扭转角$[\theta] = 1.2°$/m，剪切弹性模量$G = 80$GPa。试确定该轴所能传递的许用扭矩。

解 （1）从强度方面计算

轴的内外径之比 $\alpha = \frac{d}{D} = \frac{72}{88} = 0.82$

抗扭截面系数 $W_P = \frac{\pi D^3}{16}(1-\alpha^4) = 73273(\text{mm}^3)$

由强度条件得

$M_{x\max} \leqslant W_P[\tau] = 73273 \times 10^{-9} \times 65 \times 10^6 = 4763(\text{N}\cdot\text{m})$

（2）从刚度方面计算

$$I_P = \frac{\pi D^4}{32}(1-\alpha^4) = 3223995(\text{mm}^4)$$

由刚度条件得

$M_{x\max} \leqslant GI_P \frac{\pi}{180}[\theta] = 80 \times 10^9 \times 3223995 \times 10^{-12} \times \frac{\pi}{180} \times 1.2$
$= 5399(\text{N}\cdot\text{m})$

综上，传动轴的许用扭矩$[M_x] = 4763(\text{N}\cdot\text{m})$

任务实施（PPT）

任务实施

步骤1：计算外力偶矩。

步骤 2：绘制扭矩图。

步骤 3：强度校核。

步骤 4：刚度校核。

任务总结

强化拓展

强化拓展（PPT）

习　题

一、基础题

6-1 试求图 6-1 所示各轴在指定截面上的扭矩，并绘制各轴的扭矩图。

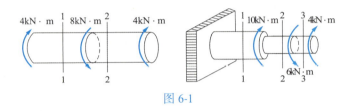

图 6-1

6-2 如图 6-2 所示的传动轴，已知施加在轴上的外力偶矩分别为 $m_{xA}=20\text{kN}\cdot\text{m}$，$m_{xB}=10\text{kN}\cdot\text{m}$，$m_{xC}=6\text{kN}\cdot\text{m}$，$m_{xD}=4\text{kN}\cdot\text{m}$。试求：

（1）1-1 截面、2-2 截面、3-3 截面的扭矩，并绘制扭矩图；

（2）若传动轴的直径 $d=80\text{mm}$，试求轴的最大剪应力。

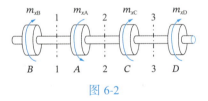

图 6-2

6-3 如图 6-3 所示的传动轴，已知 $m_{xA}=1.64\text{kN}\cdot\text{m}$，$m_{xB}=1\text{kN}\cdot\text{m}$，$m_{xC}=0.64\text{kN}\cdot\text{m}$，$l_1=300\text{mm}$，$l_2=500\text{mm}$，$d=50\text{mm}$，材料的剪切弹性模量 $G=80\text{GPa}$。试求：B 截面相对于 A、C 截面的扭转角。

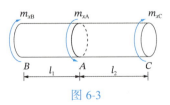

图 6-3

6-4 如图 6-4 所示的传动轴，已知作用在轴上的外力偶矩分别为 $m_{xA} = 7\text{kN} \cdot \text{m}$，$m_{xB} = 3.5\text{kN} \cdot \text{m}$，$m_{xC} = 3.5\text{kN} \cdot \text{m}$。材料的许用剪应力 $[\tau] = 40\text{MPa}$，剪切弹性模量 $G = 80\text{GPa}$，许用单位长度扭转角 $[\theta] = 0.2°/\text{m}$。试利用强度条件和刚度条件，确定轴的直径。

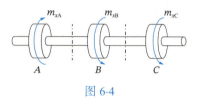

图 6-4

二、提高题

6-5 如图 6-5 所示的阶梯形圆轴，已知轴上作用的外力偶矩分别为 $m_{xA} = 18\text{kN} \cdot \text{m}$，$m_{xB} = 32\text{kN} \cdot \text{m}$，$m_{xC} = 14\text{kN} \cdot \text{m}$。$AE$ 为空心段，外径 $D = 140\text{mm}$，内径 $d = 100\text{mm}$；BC 是实心，直径 $d = 100\text{mm}$。材料的许用剪应力 $[\tau] = 80\text{MPa}$，剪切弹性模量 $G = 80\text{GPa}$，许用单位长度扭转角 $[\theta] = 1.2°/\text{m}$。试校核圆轴的强度和刚度。

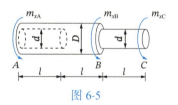

图 6-5

6-6 如图 6-6 所示的等截面圆轴，其左端为固定端约束，轴上作用了外力偶矩 m_{xB} 和 m_{xC}，已知轴内最大剪应力为 $\tau_{\max} = 40.8\text{MPa}$，$C$ 截面和 A 截面的相对扭转角 $\varphi_{CA} = 0.98 \times 10^{-2}\text{rad}$，材料的剪切弹性模量为 $G = 80\text{GPa}$。试求外力偶矩 m_{xB}、m_{xC} 的数值。

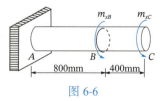

图 6-6

三、拓展题

6-7 如图 6-7 所示的钻探机,其功率 $P = 15\text{kW}$,钻杆的转速 $n = 200\text{r/min}$,钻杆到达土层深度 $l = 4\text{m}$ 处。假设土层对钻杆的阻力可视为均匀分布的力偶,其集度为 m_q,试绘制钻探机上钻杆的扭矩图。

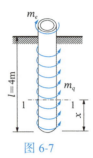

图 6-7

6-8 如图 6-8 所示的圆轴,已知 AB 段作用集中力偶矩 $m_x = 2.64\text{kN}\cdot\text{m}$,CD 段作用均布力偶 $m_q = 0.88\text{kN}\cdot\text{m/m}$,圆轴直径 $d = 60\text{mm}$,材料的剪切弹性模量 $G = 80\text{GPa}$,许用剪应力 $[\tau] = 40\text{MPa}$,许用单位长度扭转角 $[\theta] = 1.0°/\text{m}$。试求:

(1) 绘制圆轴的扭矩图;
(2) 校核圆轴的强度和刚度;
(3) 计算 AD 两截面间的相对扭转角。

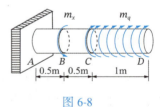

图 6-8

模块 7

平面弯曲构件的力学分析

知识目标

①了解梁的定义。
②熟练掌握平面弯曲构件的内力计算，剪力图和弯矩图的绘制方法。
③熟练掌握平面弯曲构件的正应力计算及强度条件。
④熟练掌握平面弯曲构件的剪应力计算及强度条件。
⑤掌握平面弯曲构件的变形计算及刚度条件。
⑥了解常用的提高梁抗弯强度的工程措施。

技能目标

①能识别工程中常见的平面弯曲构件。
②能运用梁的弯矩图确定起重机吊装时合理起吊点的位置。
③能验算工程中常见平面弯曲构件的强度，如房屋的主梁、次梁，简支梁桥，盖梁施工临时支撑结构的分配横梁、承重主梁等。
④能根据梁的强度条件解决工程中截面设计和确定许用荷载问题。
⑤能验算工程中常见平面弯曲构件的刚度。

素质目标

①建立正确的职业道德观。
②培养坚持不懈的探索精神。
③培养多角度、辩证思考问题的能力。

土木工程中，通常将以弯曲变形为主要变形形式的杆件称为梁。需要注意的是，实际工程中的梁不仅仅是只有基本变形的平面弯曲梁（构件），还包括了组合变形中存在弯曲变形的梁（构件）。为了简化研究，本模块仅取基本变形的平面弯曲梁（构件）作为研究对象，介绍平面弯曲构件的力学分析。

梁的应用在工程中极为普遍，如框架结构的主梁、次梁，简支梁桥，盖梁施工临时支撑结构的分配横梁、承重主梁等，这些梁均可考虑为平面弯曲构件；此外，工程中为了简化计算，还会将一些板构件所受的面荷载简化为线荷载进行力学分析，如框架结构中的楼板，模板支撑体系中的面板等，对其进行受力计算时也是按平面弯曲构件来处理的。平面弯曲构件承载能力的校验，主要包括强度计算（验算）和刚度计算（验算）。

本模块学习任务 7.1 将分析平面弯曲梁所受的内力——剪力和弯矩，介绍内力的计算方法。学习任务 7.2 介绍绘制梁的剪力图和弯矩图的 3 种方法。学习任务 7.3 分析平面弯曲梁横截面上的正应力和剪应力，介绍正应力和剪应力的计算公式，以及相应的强度条件的运用。学习任务 7.4 分析平面弯曲梁的变形，介绍挠度及转角的计算方法和刚度条件的运用。案例 7.5 和案例 7.6 分别以盖梁施工临时支撑结构的分配横梁、承重主梁，以及高大模板（板模板）支撑体系的面板、小梁悬臂端为例，介绍平面弯曲构件的强度和刚度验算问题。

学习任务7.1　梁内力的计算

任务发布

任务书

某施工现场，两辆起重机吊装一根钢筋混凝土箱式桥梁。设箱梁长 l，两起吊点距离梁两端的距离都为 a（$a<l/2$），箱梁荷载用均布荷载 q 表示，根据其计算简图，计算距梁端 A 点距离为 b（$a<b<l/2$）的截面上梁的内力。

任务导学

任务导学（PPT）

 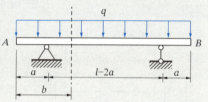

任务认知

一、梁及梁的类型

1. 梁的定义

构件受到垂直于杆轴线方向的外力，或杆轴线所在平面内的外力偶作用时，将发生弯曲变形。工程中将以弯曲变形为主要变形形式的构件称为梁，如图 7.1-1 房屋结构中的过梁，图 7.1-2 公路桥梁中的主梁，等等。

梁的定义和分类（视频）

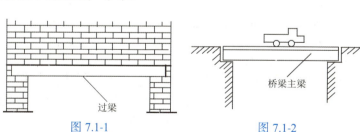

图 7.1-1　　　　图 7.1-2

2. 梁的类型

梁根据其系统中未知约束的数目与独立平衡方程数目的关系可分为静定梁和超静定梁。静定梁和超静定梁都可以是单跨的，或多跨的。单跨静定梁是静定梁的一种，因其结构简单，是研究多跨静定梁或超静定梁的基础，本模块重点介绍单跨静定梁的力学分析。根据支座的约束情况，单跨静定梁可分为：

（1）简支梁：一端约束简化为固定铰支座，另一端约束简化为可动铰支座的梁，如图 7.1-3 所示过梁。

（2）外伸梁：两端约束分别简化为固定铰支座和可动铰支座，但是一端或者两端伸出支座的梁，如图 7.1-4 所示火车轮轴。

（3）悬臂梁：一端约束简化为固定端支座，另一端自由的梁，如图 7.1-5 所示悬挑阳台梁。

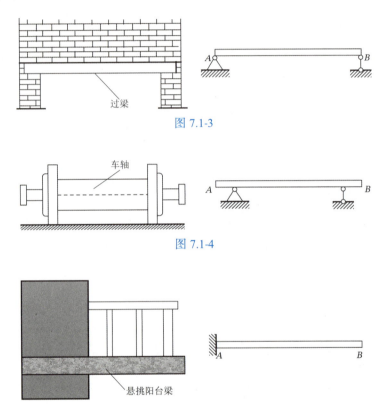

图 7.1-3

图 7.1-4

图 7.1-5

二、梁的内力——剪力和弯矩

1. 剪力和弯矩概念

如图 7.1-6（a）所示简支梁，在外力 F_1 和约束反力 F_A、F_B 作用下处于平衡状态。用截面法分析梁横截面上的内力，假想地沿横截面 m-m 把梁截开成两段，取左段作为研究对象，如图 7.1-6（b）所示。为满足左梁段处于平衡状态，梁段上的所有外力和截面内力需满足平衡方程 $\sum F_y = 0$，$\sum m_C(F) = 0$。由 $\sum F_y = 0$ 可知，横截面 m-m 上必然存在一个内力 F_S 使得 $F_A - F_S = 0$，$F_S = F_A$。该内力 F_S 相切于横截面 m-m，称为剪力，单位为 N 或者 kN。若横截面上仅存在内力 F_S 是不够的，外力 F_A 与剪力 F_S 将组成一对力偶产生转动效应，左梁段

剪力和弯矩（视频）

仍然不能平衡。再由 $\sum m_C(F) = 0$ 可知，横截面上必然还存在一个内力偶矩 M，使得 $-F_A \cdot x + M = 0$，$M = F_A \cdot x$。该内力偶矩 M 作用在纵向对称面内，称为**弯矩**，单位为 $N \cdot m$ 或者 $kN \cdot m$。

截面法中，如果取右段梁为研究对象，如图 7.1-6（c）所示，在截开的截面上，仍然有剪力和弯矩的作用，由于梁左段和右段的内力是作用力和反作用力的关系，所以右段上的内力和左段上的内力一定是大小相等，方向或转向相反。

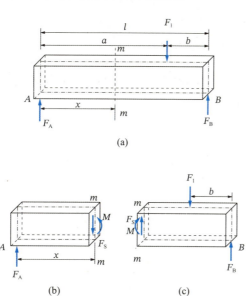

图 7.1-6

2. 剪力和弯矩符号规定

为了使取截面任意一侧研究时得到的内力符号相同，剪力和弯矩的符号规定如下：

剪力符号：以使截面相邻的微梁段有顺时针转动趋势为正值，反之为负值，如图 7.1-7 所示。

弯矩符号：以使截面相邻的微梁段产生下部受拉（下部突出），上部受压（上部凹进）变形为正值，反之为负值，如图 7.1-8 所示。

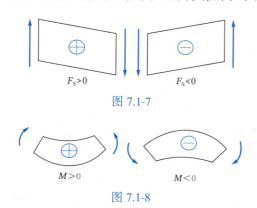

图 7.1-7

图 7.1-8

3. 截面法计算梁指定截面的内力

采用截面法计算梁指定截面的内力步骤：

（1）列平衡方程求解约束反力。

（2）在指定的计算截面处，截取左侧或右侧梁段为研究对象，绘制受力分析图。绘图时，先绘制梁段上的所有外力（包括主动力和约束反力），再绘制截开截面上的剪力和弯矩。需特别注意的是，剪力和弯矩需按符号规定为正。

（3）列平衡方程，求解内力。用 $\sum F_y = 0$ 求解剪力，用 $\sum m_C = 0$ 求解弯矩，其中 C 点为截开截面的形心。

例 7.1-1 讲解（视频）

【例 7.1-1】简支梁如图 7.1-9（a）所示。求横截面 1-1 和 2-2 上的剪力和弯矩。

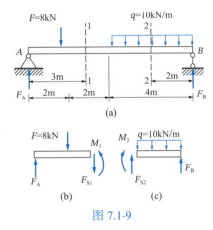

图 7.1-9

解 （1）列平衡方程求解约束反力：

$\sum m_B(F) = 0$，$-F_A \times 8 + F \times 6 + q \times 4 \times 2 = 0$，$F_A = 16(\text{kN})$

$\sum F_y = 0$，$F_A + F_B - F - q \times 4 = 0$，$F_B = 32(\text{kN})$

（2）绘制受力分析图，如图 7.1-9（b）（c）所示。

（3）截面法求解内力：计算 1-1 截面内力，将梁沿着 1-1 截面截开，取左侧为研究对象，列平衡方程：

$\sum F_y = 0$，$F_A - F - F_{S1} = 0$，$F_{S1} = F_A - F = 16 - 8 = 8(\text{kN})$

$\sum m_{1-1}(F) = 0$，$M_1 - F_A \times 3 + F \times (3-2) = 0$，$M_1 = 16 \times 3 - 8 = 40(\text{kN} \cdot \text{m})$

计算截面 2-2 的内力，将梁沿着 2-2 截面截开，取右侧为研究对象，列平衡方程：

$\sum F_y = 0$，$F_B + F_{S2} - q \times 2 = 0$，$F_{S2} = q \times 2 - F_B = -12(\text{kN})$

$$\sum m_{2\text{-}2}(F) = 0, \quad F_B \times 2 - q \times 2 \times 1 - M_2 = 0, \quad M_2 = F_B \times 2 - q \times 2 \times 1 = 44(\text{kN} \cdot \text{m})$$

4. 直接法计算梁指定截面的内力

由例 7.1-1 可知，与轴向拉压杆一样，剪力和弯矩也可以用直接法求得，即直接由外力的数值和性质来计算梁的内力。

直接法求解梁内力的计算规律：

剪力规律：梁任意横截面上剪力的大小等于该截面左侧（或右侧）梁上所有外力的代数和。其符号可由外力直接判断：对截面产生顺时针转动趋势的外力在截面上产生正剪力，反之产生负剪力。

弯矩规律：梁任意横截面上弯矩的大小等于该截面左侧（或右侧）梁上所有外力对该截面形心之矩的代数和。其符号可由外力直接判断：使梁段产生下部凸出，上部凹进变形的外力在截面上产生正弯矩；反之产生负弯矩。

直接法（视频）

【例 7.1-2】 如图 7.1-10 所示悬臂梁，已知 $q = 5\text{kN/m}$，$F = 15\text{kN}$，计算距固定端 A 为 1m 处横截面上的内力。

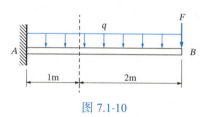

图 7.1-10

例 7.1-2 讲解（视频）

解 将梁在距离 A 端 1m 处截开，取右侧梁段为研究对象，用直接法求梁上内力。

剪力 $F_S = q \times 2 + F = 5 \times 2 + 15 = 25(\text{kN})$

弯矩 $M = -q \times 2 \times 1 - F \times 2 = -5 \times 2 \times 1 - 15 \times 2 = -40(\text{kN} \cdot \text{m})$

小 贴 士

（1）绘图时，剪力和弯矩按照正负规定，假定为正。若计算结果为正，说明假设方向与实际方向一致；若结果为负，说明假设方向与实际方向相反。

（2）列平衡方程时，将剪力和弯矩视为作用在研究对象上的外力。

（3）梁左侧或右侧的计算结果一致，一般取较简单的一侧为研究对象。可用其中一侧去验证另外一侧的计算结果。

【例 7.1-3】 如图 7.1-11 所示简支梁，求 1、2、3、4、5 截面上的内力。已知集中力 $F = 8\text{kN}$，集中力偶 $m_e = 10\text{kN} \cdot \text{m}$，长度 $a = 2\text{m}$。

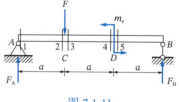

图 7.1-11

例 7.1-3 讲解（视频）

解 (1) 计算约束反力

由平衡方程：

$\sum m_A = 0$, $\quad -F \times a + m_e + F_B \times 3a = 0$

得 $-8 \times 2 + 10 + F_B \times 6 = 0$, $\quad F_B = 1(kN)$

$\sum F_y = 0$, $\quad -F + F_A + F_B = 0$

得 $-8 + F_A + 1 = 0$, $\quad F_A = 7(kN)$

(2) 计算各截面内力

1 截面：$F_{S1} = F_A = 7(kN)$, $\quad M_1 = 0$

2 截面：$F_{S2} = F_A = 7(kN)$, $\quad M_2 = F_A \cdot a = 7 \times 2 = 14 (kN \cdot m)$

3 截面：$F_{S3} = F_A - F = 7 - 8 = -1(kN)$, $\quad M_3 = M_2 = 14 (kN \cdot m)$

4 截面：$F_{S4} = F_{S3} = -1(kN)$, $\quad M_4 = F_A \cdot 2a - F \cdot a = 7 \times 4 - 8 \times 2 = 12(kN \cdot m)$

5 截面：$F_{S5} = F_{S4} = -1(kN)$, $\quad M_5 = M_4 - m_e = 12 - 10 = 2(kN \cdot m)$

由例 7.1-3 可观察到，集中力 F 作用的两侧相邻截面（2、3 截面），其弯矩 $M_2 = M_3 = 14 kN \cdot m$，剪力 $F_{S2} = 7 kN$，$F_{S3} = -1 kN$，可得出以下结论：在集中力作用的横截面，弯矩相同，剪力发生突变，突变值等于该集中力值。集中力偶 m 作用的两侧相邻截面（4、5 截面），其弯矩 $M_4 = 12 kN \cdot m$，$M_5 = 2 kN \cdot m$，剪力 $F_{S4} = F_{S5} = -1 kN$，可得出以下结论：在集中力偶作用的横截面，剪力相同，弯矩发生突变，突变值等于该集中力偶的力偶矩。所以，计算截面内力时，在集中力作用的截面，需分别计算该截面左右两侧的剪力，在集中力偶作用的截面，需分别计算该截面左右两侧的弯矩。

任务实施（PPT）

任务实施

步骤1：列平衡方程，求解约束反力。

步骤2：绘制受力分析图。

步骤3：列平衡方程，求解所求截面的剪力和弯矩。

强化拓展

强化拓展（文本）

任务总结

学习任务7.2　梁的内力图的绘制

任务发布

任务书

吊装预制箱梁时，采用两点吊装方式，吊点位置如下图所示，设箱梁自重为线荷载q，长度为l。试绘制箱梁的剪力图和弯矩图，确定合理的吊点位置a，并求$|M|_{\max}$和$|F_S|_{\max}$。

任务导学（PPT）

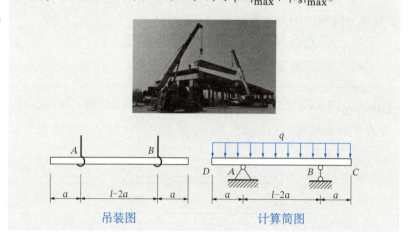

吊装图　　　　　　　计算简图

任务认知

通过梁横截面的内力计算可知，随着截面位置的不同，相应截面的内力也是不同的。梁的内力决定了梁的应力和变形，从而决定了梁的安全性和可靠性，所以掌握剪力和弯矩沿梁轴线的变化规律，是梁的强度和刚度计算中至关重要的一步。将剪力或弯矩随截面位置的变化规律用图形表示出来，对应的图形即为剪力图或弯矩图，统称梁的内力图。下面介绍几种绘制内力图的方法。

一、方程式法——利用内力方程绘制内力图

若取梁轴线作为x轴，用坐标x表示梁上各截面的位置，则梁截面的剪力和弯矩是随截面位置x的变化而变化的，它们都可以表示为截面位置x的函数，即梁的内力方程

$$F_S = F_S(x)$$
$$M = M(x) \tag{7.2-1}$$

式(7.2-1)中的两式分别称为剪力方程和弯矩方程。

方程式法绘制内力图（视频）

梁的内力图的绘制与轴力图类似，用平行于梁轴线的横坐标表示梁截面的位置，用垂直于梁轴线的纵坐标表示相应截面上的剪力或弯矩大小，按一定比例绘图。土木工程中，正值剪力画在横坐标的上方，负值剪力画在横坐标的下方；正值弯矩画在横坐标的下方，负值弯矩画在横坐标的上方，即弯矩图画在梁的受拉一侧，一般不用标明正负号。

绘制梁的内力图的基本方法是根据梁上的荷载情况，建立相应的剪力方程和弯矩方程，绘制相应的剪力图和弯矩图。这种先建立内力方程再绘制内力图的方法称为方程式法。采用方程式法绘制内力图的步骤为：

（1）求约束反力。

（2）确定分段点，因外力变化导致内力变化规律不同，所以要对梁分段列出内力方程。

（3）分段列出内力方程即剪力方程和弯矩方程。

（4）根据内力方程绘制剪力图和弯矩图。

● 小贴士

确定分段点的原则：以集中力和集中力偶作用点、分布力的起终点、梁支座和梁端为分段点。

例 7.2-1 讲解（视频）

【例 7.2-1】如图 7.2-1 所示简支梁受集中荷载 F 作用，试作梁的剪力图和弯矩图。

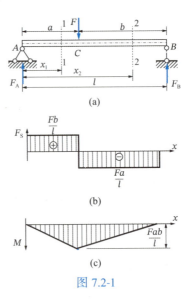

图 7.2-1

解（1）求约束反力。以梁整体为研究对象，假设 F_A、F_B 向上，列平衡方程，求得约束反力为：

$$F_A = \frac{Fb}{l}(\uparrow), \quad F_B = \frac{Fa}{l}(\uparrow)$$

（2）根据外力特点，将梁分为 AC 段和 CB 段。

（3）列剪力方程和弯矩方程。取 A 点为坐标原点，由于集中力作用截面左右两侧梁段内力变化规律不同，需分两段列出内力方程。

AC段：取任意截面x_1左侧梁段为研究对象，其内力方程为：
$$F_{s1}(x_1) = \frac{Fb}{l} \quad (0 < x_1 < a)$$
$$M_1(x_1) = \frac{Fb}{l}x_1 \quad (0 \leqslant x_1 \leqslant a)$$

CB段：取任意截面x_2左侧梁段为研究对象，其内力方程为：
$$F_{s2}(x_2) = F_A - F = \frac{Fb}{l} - F = -\frac{Fa}{l} \quad (a < x_2 < l)$$
$$M_2(x_2) = F_A x_2 - F(x_2 - a) = \frac{Fb}{l}x_2 - F(x_2 - a)$$
$$= \frac{Fa}{l}(l - x_2) \quad (a \leqslant x_2 \leqslant l)$$

（4）绘制剪力图和弯矩图。

根据上述内力方程可知，AC、CB段剪力方程均为常数，与截面位置x无关，其图形为水平直线，如图7.2-1（b）所示。AC、CB段弯矩方程为截面位置x的一次函数，其图形为斜直线，如图7.2-1（c）所示。当$a < b$时，最大剪力$|F_s|_{\max} = \frac{Fb}{l}$，在AC梁段各截面上；最大弯矩$|M|_{\max} = \frac{Fab}{l}$，在C截面上。

当集中力作用在梁跨中位置时，即当$a = b = l/2$时，最大弯矩发生在跨中截面，$|M|_{\max} = \frac{Fl}{4}$。

● 小 贴 士

（1）当截面内力发生突变，为不定值时，相应的内力方程适用范围用开区间表示；若内力值在该截面没有突变，相应的内力方程适用范围可用闭区间表示。

（2）例7.2-1中，在集中力作用处，该截面剪力发生突变，为不定值，剪力方程适用范围用开区间表示；弯矩值在该截面没有突变，弯矩方程适用范围可用闭区间表示。

由例7.2-1可知，集中力作用处剪力图有突变，突变值的大小等于该集中力的大小；弯矩图有折角。无荷载作用的梁段，剪力图为水平直线，弯矩图为斜直线。

【例7.2-2】如图7.2-2所示简支梁受集度为q的均布荷载作用，试作梁的剪力图和弯矩图。

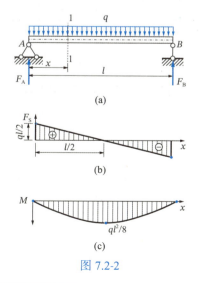

图7.2-2

例7.2-2讲解（视频）

解 （1）求约束反力。由结构和荷载的对称性，可知两支座反力相等，即：

$$F_A = F_B = \frac{ql}{2}(\uparrow)$$

（2）根据外力特点，梁AB不用分段。

（3）列剪力方程和弯矩方程。取A点为坐标原点，取任意截面x左侧梁段为研究对象，列出剪力和弯矩方程。

$$F_S(x) = F_A - qx = \frac{ql}{2} - qx \quad (0 < x < l)$$

$$M(x) = F_A x - qx \cdot \frac{x}{2} = \frac{qlx}{2} - \frac{qx^2}{2} \quad (0 \leqslant x \leqslant l)$$

（4）绘制剪力图和弯矩图。

根据上述内力方程可知，梁段剪力方程为截面位置x的一次函数，其图形为斜直线，如图7.2-2（b）所示。弯矩方程为截面位置x的二次函数，其图形为抛物线，如图7.2-2（c）所示。

可见，剪力图为斜直线，$|F_S|_{max} = \frac{ql}{2}$，在梁两端截面上；弯矩图为二次抛物线，$|M|_{max} = \frac{ql^2}{8}$，在剪力$F_S = 0$的跨中截面上。

● 小贴士

弯矩图上有极值点，由弯矩方程的一阶导数为零（即剪力为零）可确定极值点所在截面，再代入弯矩方程求出M值。

由例7.2-2可知，**均布荷载q作用的梁段，剪力图为斜直线，弯矩图为二次抛物线，在剪力为零的截面处，弯矩有极值。**

【例 7.2-3】如图 7.2-3 所示，简支梁在C点受矩为m_e的集中力偶作用，试作梁的剪力图和弯矩图。

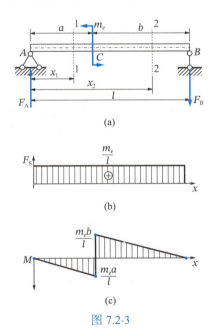

图 7.2-3

例 7.2-3 讲解（视频）

解 （1）求约束反力。以梁整体为研究对象，列平衡方程，求得约束反力为：
$$F_A = \frac{m_e}{l}(\uparrow) \quad F_B = \frac{m_e}{l}(\downarrow)$$

（2）根据外力特点，将梁分为AC段和CB段。

（3）列剪力方程和弯矩方程。取A点为坐标原点，由于集中力偶作用截面左右两侧梁段内力变化规律不同，需分两段列出内力方程。

AC段：取任意截面x_1左侧梁段为研究对象，其内力方程为：
$$F_{S1}(x) = \frac{m_e}{l} \quad (0 < x_1 \leqslant a)$$
$$M_1(x) = \frac{m_e}{l} x_1 \quad (0 \leqslant x_1 < a)$$

CB段：取任意截面x_2左侧梁段为研究对象，其内力方程为：
$$F_{S2}(x) = \frac{m_e}{l} \quad (a \leqslant x_2 < l)$$
$$M_2(x) = -m_e + \frac{m_e}{l} x_2 \quad (a < x_2 \leqslant l)$$

（4）绘制剪力图和弯矩图。

根据上述内力方程分段绘制出剪力图和弯矩图，如图7.2-3（b）（c）所示。

可见，AC、CB段内无荷载作用，剪力图为水平直线，$|F_S|_{max} = \frac{m_e}{l}$，在全梁段各截面上；弯矩图为斜直线，当$a < b$时，$|M|_{max} = \frac{m_e b}{l}$，在C右截面上。

由例7.2-3可知，集中力偶作用处，剪力图无影响，弯矩图有突变，突变值的大小等于该集中力偶矩的大小。

二、简捷法——利用微分关系绘制内力图

将例7.2-1、例7.2-2、例7.2-3中的剪力方程对x求一阶导数，得到作用在梁段上的荷载集度方程，弯矩方程对x求一阶导数，得到的结果为梁段上的剪力方程。这两个结论可通过力学推导验证，此处具体推导过程略。将它们的关系式表达如下：

$$\frac{dF_S(x)}{dx} = q(x), \quad \frac{dM(x)}{dx} = F_S(x), \quad \frac{dM^2(x)}{dx^2} = q(x) \quad (7.2\text{-}2)$$

上述三式描述了平面荷载作用下弯矩、剪力与荷载集度之间的微分关系。由此可知：

（1）剪力图上某点的切线斜率等于该截面位置所受分布荷载的集度。若切线斜率为正，表示该截面处受到方向向上的分布荷载作用；若切线斜率为负，则表示受到方向向下的分布荷载作用。

（2）弯矩图上某点的切线斜率等于该截面处的剪力。若切线斜率为正，表示剪力方向为顺时针方向，为正值剪力；若切线斜

简捷法绘制内力图（视频）

● 小贴士

微分关系推导时，规定梁上受到的外力方向向上为正。

率为负，则表示剪力方向为逆时针方向，为负值剪力。

（3）弯矩图上某点的曲率等于该截面位置所受分布荷载的集度。曲率的正负则决定了弯矩图的凹凸方向：分布荷载集度大于零，表示弯矩图向上凸起；分布荷载集度小于零，表示弯矩图向下凹。

根据微分关系，由荷载变化规律，即可推知内力F_s、M的变化规律，如表 7.2-1 所示。

剪力、弯矩与荷载集度间的关系　　表 7.2-1

	无外力段	均布荷载段		集中力	集中力偶
外力	$q=0$	$q>0$	$q<0$	F 作用于 C	m 作用于 C
F_s图特征	水平直线 $F_s>0$；$F_s<0$	斜直线 增函数	斜直线 减函数	突变 $F_{s1}-F_{s2}=F$	无变化
M图特征	斜直线 增函数；减函数	曲线 凸起方向同q指向		折角 折向与F同向	突变 $M_1-M_2=m$

利用弯矩、剪力与荷载集度之间微分关系来绘制内力图，不需要列内力方程，只需要确定梁上几个<u>控制截面</u>的内力值，按照内力图的特征绘图即可，这种绘制内力图的方法称为<u>简捷法</u>。采用简捷法绘制内力图的步骤为：

（1）求约束反力；

（2）根据荷载及约束反力的作用位置，确定控制截面；

（3）求控制截面的内力；

（4）根据各梁段内力图特征，逐段绘制剪力图和弯矩图。

● 小 贴 士

确定控制截面的原则：以集中力作用点的两侧截面、集中力偶作用点的两侧截面、分布荷载起点和终点处的截面、梁支座处以及梁的端面为控制截面。

例 7.2-4 讲解（视频）

【例 7.2-4】如图 7.2-4 所示外伸梁，尺寸及荷载如图所示，试作梁的剪力图和弯矩图。

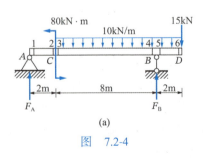

图　7.2-4

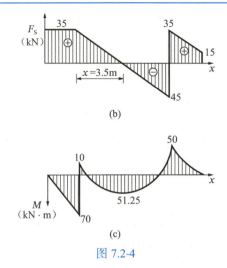

图 7.2-4

解 （1）求约束反力。以梁整体为研究对象，列平衡方程，求得约束反力为：

$F_A = 35(kN)$ $F_B = 80(kN)$

（2）确定控制面。共有 A 截面、C 点左右两个截面、B 点左右两个截面、D 截面 6 个控制截面。

（3）求控制面的内力。

A 截面：$F_{S1} = F_A = 35(kN)$， $M_1 = 0$

C 左侧截面：$F_{S2} = F_A = 35(kN)$， $M_2 = 35 \times 2 = 70(kN \cdot m)$

C 右侧截面：$F_{S3} = F_A = 35(kN)$， $M_3 = 35 \times 2 - 80 = -10(kN \cdot m)$

B 左侧截面：$F_{S4} = 35 - 10 \times 8 = -45(kN)$， $M_4 = 35 \times 10 - 80 - 10 \times 8 \times 4 = -50(kN \cdot m)$

B 右侧截面：$F_{S5} = 35 - 10 \times 8 + F_B = 35(kN)$， $M_5 = M_4 = -50(kN \cdot m)$

D 截面：$F_{S6} = 15(kN)$， $M_6 = 0$

（4）绘制剪力图和弯矩图。

AC 段：无荷载作用，F_S 图为一条水平线，M 图为一条斜直线；

CB 段：有向下的均布荷载 q 作用，F_S 图为一条斜直线，M 图为一条向下凸起的二次抛物线，由于该段内存在 $F_S = 0$ 的截面，需确定极值弯矩。

设距离 C 点 x 截面剪力 $F_S(x) = 0$，由剪力图中相似三角形的比例关系得：$x = 3.5m$，该截面弯矩有极值，其值为：

$M = 35 \times 5.5 - 80 - 10 \times 3.5 \times 3.5/2 = 51.25(kN \cdot m)$

BD 段：有向下的均布荷载 q 作用，F_S 图为一条斜直线，M 图为一条向下凸起的二次抛物线。

绘制的剪力图和弯矩图如图 7.2-4（b）、（c）所示。

【例 7.2-5】如图 7.2-5 所示悬臂梁，尺寸及荷载如图所示，试作梁的剪力图和弯矩图。

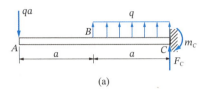

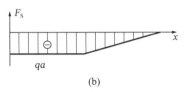

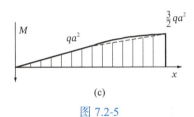

图 7.2-5

解 （1）求约束反力。以梁整体为研究对象，列平衡方程，求得约束反力为：

$$F_C = 0, \quad m_C = \frac{3}{2}qa^2$$

（2）确定控制面。共有 A 截面、B 截面、C 截面 3 个控制截面。
（3）求控制面的内力。
A 截面：$F_{SA} = -qa, \quad M_A = 0$
B 截面：$F_{SB} = -qa, \quad M_B = -qa^2$
C 截面：$F_{SC} = 0, \quad M_C = -1.5qa^2$
（4）绘制剪力图和弯矩图。
AB 段：无荷载作用，F_S 图为一条水平线，M 图为一条斜直线；
BC 段：有向上的均布荷载 q 作用，F_S 图为一条斜直线，M 图为一条向上凸起的二次抛物线。

绘制的剪力图和弯矩图如图 7.2-5（b）、（c）所示。

三、叠加法——利用叠加原理绘制内力图

叠加原理是指在弹性范围内、小变形条件下，当梁上同时作用多个荷载时，引起的某一参数（支座反力、内力、应力或位移等）等于各荷载单独作用于梁上引起的该参数的代数和。根据叠

叠加法绘制内力图（视频）

加原理绘制梁的内力图的方法称为<u>叠加法</u>。梁在常见荷载作用下，剪力图一般比较简单，不需要用叠加法绘制，主要用叠加法来绘制弯矩图。常见静定梁在简单荷载作用下的弯矩图见表 7.2-2。

常见静定梁在简单荷载作用下的弯矩图　　表 7.2-2

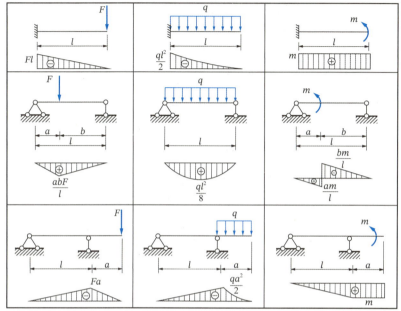

采用叠加法绘制内力图的步骤为：

（1）将作用在梁上的复杂荷载分成几组简单的荷载。

（2）分别作出各简单荷载单独作用下梁的内力图。

（3）将简单荷载内力图相应的纵坐标叠加即可。（注意：内力图的叠加，是内力图上对应纵坐标的代数和相加，而不是图形的简单拼凑）。

● 小 贴 士

采用叠加法画图时，一般先画直线形弯矩图，再叠加上曲线形弯矩图。

【例 7.2-6】如图 7.2-6（a）所示简支梁，受到均布荷载 q 和集中力 F 的共同作用，试用叠加法绘制简支梁的弯矩图。

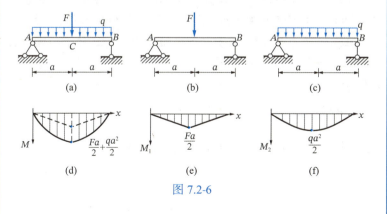

图 7.2-6

例 7.2-6 讲解（视频）

解（1）根据梁的受力情况，将梁上荷载分为集中力 F 和均布荷载q单独作用的两种情况,如图 7.2-6(b)、(c)所示。

(2)分别绘制集中力F和均布荷载q的弯矩图:集中力F单独作用时弯矩图在集中力作用位置有折角,跨中C截面弯矩为$Fa/2$;均布荷载q单独作用时弯矩图是二次抛物线,跨中C截面弯矩为$qa^2/2$,如图 7.2-6(e)、(f)所示。

(3)叠加跨中C截面弯矩图的纵坐标,可得$Fa/2+qa^2/2$,再按弯矩图特征连线,各段均布荷载均为二次抛物线,得到该梁的弯矩图,如图 7.2-6(d)所示。

例 7.2-7 讲解(视频)

【例 7.2-7】 如图 7.2-7(a)所示外伸梁,试按叠加原理作梁的弯矩图。

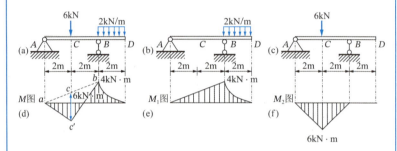

图 7.2-7

解 (1)根据梁的受力情况,将梁上荷载分为均布荷载和集中力单独作用的两种情况,如图 7.2-7(b)、(c)所示。

(2)分别绘制均布荷载和集中力的弯矩图,如图 7.2-7(e)、(f)所示。

(3)在分布荷载作用下的弯矩图M_1图基础上,叠加集中力作用下的弯矩图M_2图,即得到梁的弯矩图,在如图 7.2-7(d)所示。

在绘制AB段梁弯矩图时,除了可以按例 7 中的叠加法绘制弯矩图外,还可以ab为基线,向下量取代表$6kN \cdot m$的距离cc',连接a、c'、b三点即得AB梁段最终的弯矩图,这种绘制弯矩图的方法称为<u>区段叠加法</u>。

🖉 任务实施

步骤 1:计算约束反力。

任务实施(视频)

步骤 2：按照方程式法、简捷法或叠加法绘制内力图。

步骤 3：确定合理的吊点位置，确定$|M|_{\max}$及$|F_s|_{\max}$。

任务总结

强化拓展

强化拓展（文本）

学习任务7.3　梁的应力分析和强度计算

任务导学

任务导学（PPT）

任务发布

任务书

一外伸梁截面形状如图所示，已知$l = 2\text{m}$，$I_z = 5493 \times 10^4 \text{mm}$，材料为铸铁：许用拉应力$[\sigma_t] = 30\text{MPa}$，许用压应力$[\sigma_c] = 90\text{MPa}$，许用剪应力$[\tau] = 24\text{MPa}$，试求均布荷载$q$的容许值，并校核剪应力强度。

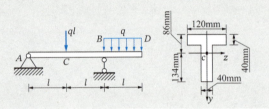

任务认知

一般情况下，发生平面弯曲的梁在横截面上会同时存在剪力F_S和弯矩M。由内力和应力的关系可知，剪力F_S是相切与横截面的剪应力τ在截面形心处的合力，弯矩M是垂直于横截面的正应力σ在截面形心处的合力。由此可知，既有弯矩又有剪力的梁，其横截面上各点既有正应力σ又有剪应力τ。

一、梁横截面上的正应力计算

如图7.3-1所示简支梁，中间受两集中力作用。由内力图可知，梁段AC和BD既有剪力又有弯矩，称为剪切弯曲或横力弯曲；梁段CD只有弯矩没有剪力，称为纯弯曲。因为正应力只与弯矩有关，所以先由纯弯曲梁分析横截面上的正应力。

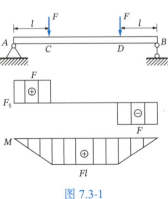

图7.3-1

1. 纯弯曲梁的正应力计算

如图7.3-2(a)所示，在梁段CD表面绘制一系列纵横交错的直线，与横截面平行的线称为横向线，如 mm、nn；与轴线平行的线称为纵向线，如 cc、dd。CD 段仅存在弯矩，如图 7.3-2（b）所示。可以看到，在弯矩的作用下纵向线 cc、dd 由直线变成了弧线，凹侧纵向线 $c'c'$ 缩短，凸侧纵向线 $d'd'$ 伸长。横向线 $m'm'$ 和 $n'n'$ 仍保持为直线，但是发生了相对转动，转动后仍与弧线垂直。

根据梁段 CD 表面的变形，推测其内部变形与表面一致，作出如下假设：

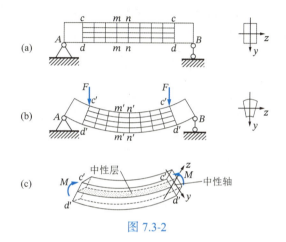

图 7.3-2

（1）**平面假设**：梁的横截面在弯曲变形后仍保持为平面，且与变形后的梁轴线垂直，只是绕横截面的某一轴线转过了一个角度。由平面假设可知，梁变形后各横截面仍保持与纵向线正交，横截面上剪应力为 0。

（2）**单向受力假设**：认为梁是由无数根纵向线组成，各纵向线之间无挤压，每根纵向线的变形只是单纯的拉伸或压缩。

由变形的连续性可知，在梁的中间，必然有一长度既不伸长，也不缩短的纵向层，此纵向层称为**中性层**，中性层与横截面的交线称为**中性轴**，如图 7.3-2（c）所示，**中性轴通过截面形心**。

经过研究变形之间的几何关系、力与变形之间的物理关系以及应力与内力之间的静力学关系，可以得到任意横截面上任一点正应力的计算公式为：

$$\sigma = \frac{My}{I_z} \tag{7.3-1}$$

式中：σ——横截面上任一点的正应力，拉为正，压为负，常用单位 Pa、MPa；

M——所求正应力点所在横截面的弯矩，梁下侧受拉为正，上侧受拉为负，常用单位 N·m 或 kN·m；

y——所求正应力点的竖向坐标，中性轴以下为正，以上为

纯弯曲梁的正应力
计算公式（视频）

● **小 贴 士**

σ 符号的判别方法：
（1）将 M 和 y 的绝对值代入公式（7.3-1），根据梁的变形情况以及所求点的位置，可以直接判断 σ 的符号。若所求点处于梁的受拉区域，σ 为正；反之为负。
（2）将 M 和 y 的数值连同正负号一并代入公式（7.3-1），若计算结果大于 0，表示该点的应力为拉应力；若计算结果小于 0，表示该点的应力为压应力。

负，常用单位 m 或 mm；

I_z——横截面对中性轴 z 的惯性矩，其数值大小由截面尺寸决定，常用单位 m^4 或 mm^4。

由公式(7.3-1)可知，梁横截面上任一点的正应力 σ 与该点所在截面上的弯矩 M 和该点到中性轴 z 的距离 y 成正比，与该截面对中性轴的惯性矩 I_z 成反比。纯弯曲梁的正应力沿横截面高度成"K"形线性分布，中性轴处正应力为 0，上、下边缘处正应力最大。横截面上的正应力可用带箭头的直线来表示，箭头背离截面为拉应力，指向截面为压应力；也可以直接用线段表示大小，标注正负号来表示拉压，如图 7.3-3 所示。

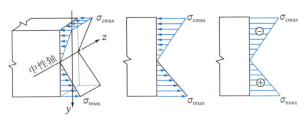

图 7.3-3

2. 剪切弯曲梁的正应力计算

工程实际中的纯弯曲很少见，一般都是截面上既有弯矩又有剪力的剪切弯曲。此时，梁的横截面上不但有正应力还有剪应力。因此，梁在纯弯曲时所作的平面假设和各纵向线之间无挤压的假设都不成立。但是当梁的跨度与截面高度之比 $l/h \geqslant 5$ 时，剪力影响很小，用公式(7.3-1)来计算剪切弯曲时的正应力，所得结果误差不大，足以满足工程中的精度要求。

在剪切弯曲情况下，由于各横截面的弯矩是截面位置 x 的函数，正应力计算公式可表达为：

$$\sigma = \frac{M(x)y}{I_z} \tag{7.3-2}$$

3. 最大正应力

一般情况下，最大正应力 $\sigma_{\max}$ 发生在弯矩最大的截面上，且离中性轴最远，即：

$$\sigma_{\max} = \frac{M_{\max}}{I_z} y_{\max} \tag{7.3-3}$$

令，$W_z = \dfrac{I_z}{y_{\max}}$ 则： $\sigma_{\max} = \dfrac{M_{\max}}{W_z}$ (7.3-4)

式中：W_z——抗弯截面系数，与截面的几何形状有关，常用单位 m^3 或 mm^3。

剪切弯曲时梁的正应力计算（视频）

● 小 贴 士

在横截面面积 A 相同的情况下，横截面分布的离中性轴 z 越远，W_z 就越大，对应的 $\sigma_{\max}$ 会越小，梁的抗弯性能就会越好。

几种常见横截面的抗弯截面系数 W_z 见表 7.3-1。

常见几种横截面的抗弯截面系数　　　表 7.3-1

横截面类型	截面形状	任意截面的应力计算公式	抗弯截面系数	最大拉压应力
矩形截面		$\sigma = \dfrac{M(x)y}{I_z}$	$W_z = \dfrac{bh^2}{6}$	$\sigma_{tmax} = \sigma_{cmax}$
正方形截面		$\sigma = \dfrac{M(x)y}{I_z}$	$W_z = \dfrac{a^3}{6}$	$\sigma_{tmax} = \sigma_{cmax}$
圆形截面		$\sigma = \dfrac{M(x)y}{I_z}$	$W_z = \dfrac{\pi d^3}{32}$	$\sigma_{tmax} = \sigma_{cmax}$
T 形截面		$\sigma = \dfrac{M(x)y}{I_z}$	$W_z = \dfrac{I_z}{y_{max}}$	$\sigma_{上} = \dfrac{M_{max}y_1}{I_z}$ $\sigma_{下} = \dfrac{M_{max}y_2}{I_z}$

● **小 贴 士**

T 形梁截面，结合 M_{max} 处梁的变形情况，直接对应 σ_{tmax} 和 σ_{cmax}。

【例 7.3-1】 某一简支钢梁受集中力 $F = 40\text{kN}$ 作用，如图 7.3-4 所示。若分别采用截面面积相同的矩形截面、圆形截面和工字形截面，试求这三种截面的最大拉应力。设矩形截面高 $h = 140\text{mm}$，宽 $b = 100\text{mm}$。

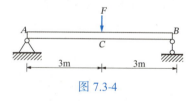

例 7.3-1 讲解（视频）

图 7.3-4

解　集中力作用下的简支梁，最大弯矩出现在该集中力作用的位置，即 C 截面上。又因 C 截面在梁 AB 中点，所以最大弯矩为：

$$M_{max} = \frac{Fl}{4} = \frac{40 \times 6}{4} = 60(\text{kN} \cdot \text{m})$$

（1）矩形截面：

$$W_z = \frac{bh^2}{6} = \frac{100 \times 140^2}{6} = 32.67 \times 10^4 (\text{mm}^3),$$

$$\sigma_{max} = \frac{M_{max}}{W_z} = \frac{60 \times 10^3}{32.67 \times 10^{-5}} = 183.65(\text{MPa})$$

（2）圆形截面：设其直径为 d，由面积相等 $A = \dfrac{\pi d^2}{4} = bh$ 得 $d = 133.5(\text{mm})$。

$$W_z = \frac{\pi d^3}{32} = \frac{\pi \times 133.5^3}{32} = 23.36 \times 10^4 (\text{mm}^3),$$

$$\sigma_{max} = \frac{M_{max}}{W_z} = \frac{60 \times 10^3}{23.36 \times 10^{-5}} = 256.85(\text{MPa})$$

- 小 贴 士

型钢表中，50C 工字钢相关参数如下：

$A = 13900 \text{mm}^2$

$W_z = 2080 \times 10^3 \text{mm}^3$

> （3）工字形截面：利用面积相等选择合适的工字钢，经对比，50C 工字钢的面积 $A = 13900 \text{mm}^2$，最接近题目给出的面积 $A = bh = 14000 \text{mm}^2$，相应的抗弯截面系数为 $W_Z = 2080 \times 10^3 \text{mm}^3$，$\sigma_{\max} = \dfrac{M_{\max}}{W_Z} = \dfrac{60 \times 10^3}{2080 \times 10^{-6}} = 28.85 (\text{MPa})$
>
> 综上：在承受相同荷载且截面面积相同时，工字梁所产生的最大拉应力最小。反过来说，如果使三种截面所产生的最大拉应力相同，工字梁所能承受的荷载最大，原因是因为工字梁的 W_Z 最大。因此，从力学角度分析，工字形截面最为合理，矩形截面次之，圆形截面最差。相应工程中也常采用工字钢作为结构的主梁：如工作脚手架的承重主梁、模板支撑体系的承重主梁等等。

二、梁横截面上的剪应力计算

内力计算时，因为绝大部分梁的变形为剪切弯曲变形，所以梁的横截面上不仅有正应力，还有剪应力。一般情况下，剪应力是影响梁强度的次要因素。但对于抗剪能力差的材料而言，剪切弯曲时仍有可能发生剪切破坏，因此需研究直梁横截面上剪应力的分布规律和计算公式。

如图 7.3-5 所示，一简支梁受到若干作用在纵向对称面内的荷载作用发生平面弯曲，现求任意 m-m 截面上的剪应力分布规律及 m-m 截面上任一点的剪应力计算公式。

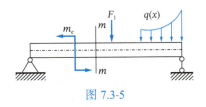

图 7.3-5

1. 矩形截面梁横截面上的剪应力

若简支梁的横截面为矩形，依据剪应力互等定理和截面上剪力由切向分布内力合成这一结论，在推导剪应力计算公式时，作如下两个假设：

（1）横截面上各点的剪应力方向都平行于剪力 F_S。

（2）剪应力沿截面宽度均匀分布。

在截面高度大于宽度（$h > b$）的情况下，基于这两个假设计算得到的剪应力与精确解相比，有足够的准确度。

基于以上假设，忽略推导过程，任意 m-m 横截面上任一点剪应力的计算公式为：

矩形截面梁横截面上的剪应力计算公式（视频）

$$\tau = \frac{F_S S_z^*}{I_z b} \qquad (7.3\text{-}5)$$

式中：F_S——所求剪应力点所在横截面上的剪力，常用单位 N 或 kN；

I_z——整个横截面对中性轴 z 的惯性矩，常用单位 m^4 或 mm^4；

b——矩形截面的宽度，常用单位 m 或 mm；

S_z^*——横截面上需计算剪应力处的水平线一侧（以上或以下）面积对中性轴 z 的面积矩，常用单位 m^3 或 mm^3；一般取面积矩计算简单的一侧进行计算。

● 小 贴 士

F_S 和 S_z^* 代入公式时取绝对值。

矩形截面中，当所求点距中性轴距离为 y 时，为便于运算，可计算水平线以下面积［如图 7.3-6（a）中的阴影部分］对中性轴 z 的面积矩，其数值为：

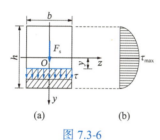

图 7.3-6

矩形截面梁横截面上的最大剪应力计算公式（视频）

$$S_z^* = b\left(\frac{h}{2}-y\right)\left[y+\frac{h/2-y}{2}\right] = \frac{b}{2}\left(\frac{h^2}{4}-y^2\right)$$

将其代入式(7.3-5)，可得 m-m 截面上任一点剪应力计算公式为：

$$\tau = \frac{F_S}{2I_z}\left(\frac{h^2}{4}-y^2\right) \qquad (7.3\text{-}6)$$

对于确定截面的剪应力，上式中 y 为变量。这表明，同一截面上，矩形截面梁的弯曲剪应力 τ 沿高度按抛物线规律变化。

当 $y = \pm\frac{h}{2}$ 时，$\tau = 0$，即横截面的上下边缘没有剪应力。当 $y = 0$ 时，将 $I_z = \frac{bh^3}{12}$ 代入式(7.3-6)，计算可得 $\tau_{max} = \frac{3}{2}\frac{F_S}{bh} = \frac{3}{2}\frac{F_S}{A}$，即中性轴上存在最大剪应力，矩形截面的剪应力分布如图 7.3-6（b）所示。

2. 工字形截面梁横截面上的剪应力

工字形截面由上下翼缘和腹板组成，如图 7.3-7（a）所示。翼缘剪应力分布复杂，数值又很小，通常在材料力学中不作研究。腹板承担工字梁几乎所有的剪力，剪应力数值很大。因为腹板为一狭长矩形，对矩形截面剪应力所做的假设仍然适用，所以腹板上任一点剪应力的分布规律和计算公式不变：

$$\tau = \frac{F_S S_z^*}{I_z d} \qquad (7.3\text{-}7)$$

工字形截面梁横截面上的剪应力计算公式（视频）

式中：d——腹板的宽度，常用单位 m 或 mm。

工字型横截面剪应力分布如图 7.3-7（b）所示，最大剪应力仍发生在截面的中性轴上：

$$\tau_{max} = \frac{F_S S_{zmax}^*}{I_z d} \qquad (7.3\text{-}8)$$

式中：S_{zmax}^*——横截面上中性轴一侧面积对中性轴的面积矩。

3. T 形截面梁横截面上的剪应力

T 形截面由上翼缘和腹板组成，如图 7.3-8（a）所示。由于其腹板为狭长矩形，仍采用矩形截面的剪应力计算公式，最大剪应力仍发生在截面的中性轴上，横截面应力分布如图 7.3-8（b）所示。

中性轴上的最大剪应力为：

$$\tau_{max} = \frac{F_S S_{zmax}^*}{I_z d} \qquad (7.3\text{-}9)$$

式中：S_{zmax}^*——横截面上中性轴一侧面积对中性轴的面积矩；
　　　d——腹板的宽度，常用单位 m 或 mm。

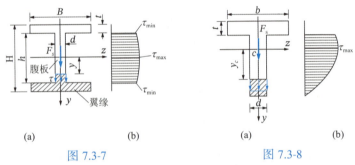

图 7.3-7　　　　图 7.3-8

4. 圆形及圆环截面梁横截面上的剪应力

圆形和圆环截面的最大剪应力也在中性轴上，最大剪应力沿着中性轴均匀分布，方向与圆周相切，如图 7.3-9 所示，简化后的最大剪应力计算公式如下：

T形、圆形和圆环截面梁横截面上
的最大剪应力计算公式
（视频）

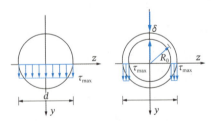

图 7.3-9

圆形截面：　　$\tau_{max} = \dfrac{F_S S_{zmax}^*}{I_z b} = \dfrac{4}{3}\dfrac{F_S}{A}$　　(7.3-10)

圆环截面：　　$\tau_{max} = \dfrac{2F_S}{A}$　　(7.3-11)

式中：A——圆形或圆环截面的面积。

【例 7.3-2】一 T 形截面外伸梁的截面尺寸及其所受荷载如图 7.3-10（a）所示，试求截面上的最大剪应力，已知惯性矩 $I_z = 186.6 \times 10^6 \text{mm}^4$。

例 7.3-2 讲解（视频）

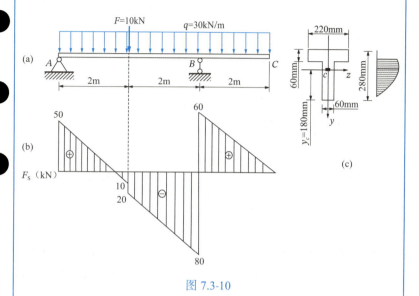

图 7.3-10

解（1）求支座反力、绘制剪力图如图 7.3-10（b），由图可知：$F_{S\max} = 80$（kN）在 B 截面的左侧。

（2）绘制 $F_{S\max} = 80$（kN）截面上的剪应力分布图，如图 7.3-10（c）所示。

（3）B 截面左侧的中性轴上存在最大剪应力，取中性轴以下的腹板来计算面积矩，代入公式(7.3-9)，计算得：

$$\tau_{\max} = \frac{F_{S\max} S_{z\max}^*}{I_z d} = \frac{80 \times 10^3 \times 180 \times 60 \times 90 \times 10^{-9}}{186.6 \times 10^{-6} \times 60 \times 10^{-3}}$$
$$= 6.95 (\text{MPa})$$

三、梁的强度计算

为使梁受力弯曲后不致因强度不足而发生破坏，必须使构件的最大工作应力不超过材料的许用应力，这个条件称为剪切弯曲梁的<u>强度条件</u>。最大工作应力所在的截面为<u>危险截面</u>，最大工作应力所在的点为<u>危险点</u>。对于等直梁来说，最大弯矩截面的上、下边缘各点为正应力危险点，最大剪力截面的中性轴上各点为剪应力危险点。

梁的强度条件（视频）

1. 正应力强度条件

若材料的许用拉应力等于许用压应力即 $[\sigma_t] = [\sigma_c]$，横截面又关于中性轴对称，如圆形、矩形、工字型截面等，只需对绝对值最大的正应力建立强度条件：

$$\sigma_{\max} = \left|\frac{M_{\max}}{W_z}\right| \leqslant [\sigma] \qquad (7.3\text{-}12)$$

若材料的许用拉应力不等于许用压应力即$[\sigma_t] \neq [\sigma_c]$，横截面关于中性轴不对称，如T形截面等，应分别对最大拉应力和最大压应力建立强度条件：

$$\sigma_{t\max} = \frac{|M \cdot y_t|_{\max}}{I_Z} \leqslant [\sigma_t] \qquad (7.3\text{-}13)$$

$$\sigma_{c\max} = \frac{|M \cdot y_c|_{\max}}{I_Z} \leqslant [\sigma_c] \qquad (7.3\text{-}14)$$

2. 剪应力强度条件

$$\tau_{\max} = \frac{F_{S\max} S^*_{Z\max}}{I_Z b} \leqslant [\tau] \qquad (7.3\text{-}15)$$

跟轴向拉压和扭转强度类似，这里的强度条件也可以解决三种不同类型的强度问题：<u>强度校核</u>、<u>设计截面尺寸</u>和<u>确定许用荷载</u>。

由于梁的强度主要由正应力控制，所以通常先按正应力强度条件设计截面尺寸或确定许用荷载，再用剪应力强度条件进行校核。由于许用应力在设计时考虑了一定的强度储备，所以在计算时可以允许最大工作应力略大于许用应力，一般以不超过5%的许用应力为限。

在梁的强度计算中，必须同时满足正应力和剪应力两个强度条件。一般情况下，正应力满足要求时，剪应力强度也同时满足，不必进行剪应力强度校核。但出现下列情况之一时，必须校核剪应力强度：

（1）当梁的跨度较小或有较大集中力作用在支座附近时，梁内可能出现最大弯矩较小而最大剪力很大的情况。

（2）焊接或铆接的组合薄壁截面梁：如工字形截面，当腹板高度较大而厚度很小时，腹板上产生相当大的剪应力。

（3）木梁的顺纹方向抗剪能力较差，在剪切弯曲时可能发生剪切破坏。

（4）规范中要求进行剪应力校核的构件等等。

> **【例7.3-3】** 如图所示的矩形截面简支木梁，受均布荷载作用。截面宽度$b = 80\text{mm}$，高度$h = 200\text{mm}$。已知木材的许用正应力$[\sigma_t] = [\sigma_c] = 18\text{MPa}$，许用剪应力$[\tau] = 2\text{MPa}$，试校核木梁的强度。

● 小贴士

脆性材料的抗压和抗拉性能不同，为充分利用材料，通常做成关于中性轴不对称的截面，公式中的数值均代入绝对值进行计算。

● 小贴士

$[\sigma]$：材料的许用正应力
$[\sigma_t]$：材料的许用拉应力
$[\sigma_c]$：材料的许用压应力
$[\tau]$：材料的许用剪应力

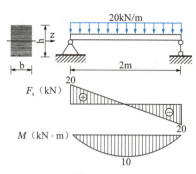

图 7.3-11

解 (1) 求支座反力、绘制剪力图和弯矩图,如图 7.3-11 所示。

该简支梁的最大弯矩在中点,其值为:
$$M_{max} = \frac{ql^2}{8} = \frac{20 \times 2^2}{8} = 10(kN \cdot m)$$

最大剪力在左右支座,其值为:
$$F_{Smax} = \frac{ql}{2} = \frac{20 \times 2}{2} = 20(kN)$$

(2) 正应力强度校核。

抗弯截面系数 $W_z = \frac{bh^2}{6} = \frac{80 \times 200^2}{6} = 533.33 \times 10^{-6}(m^3)$

$$\sigma_{max} = \left|\frac{M_{max}}{W_Z}\right| = \frac{10 \times 10^3}{533.33 \times 10^{-6}} = 18.75(MPa) > [\sigma] = 18(MPa)$$

但是未超过许用正应力的 5%,正应力强度满足要求。

(3) 剪应力强度校核。
$$\tau_{max} = \frac{F_{Smax} S^*_{Zmax}}{I_{zb}} = \frac{3}{2}\frac{F_{Smax}}{bh} = \frac{3}{2} \times \frac{20 \times 10^3}{0.08 \times 0.2}$$
$$= 1.875(MPa) < [\tau] = 2(MPa)$$

剪应力强度满足要求。

综上,该木梁的强度满足要求。

任务实施

步骤 1:绘制剪力、弯矩图,确定危险截面、危险点。

步骤 2:确定许用荷载 $[q]$。

步骤 3:校核剪应力强度。

任务总结

任务实施(视频)

强化拓展

强化拓展(视频)

学习任务7.4 梁的变形分析和刚度计算

◆ 任务导学

任务导学（PPT）

◆ 任务发布

任务书

对模块二任务 2.1 荷载的简化中任务发布的组合钢模板进行刚度校核。其中$[f/l] = 1/300$，$EI = 26.5\text{kN} \cdot \text{m}^2$。

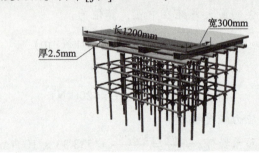

◆ 任务认知

一、弯曲变形对工程的影响

梁结构的正常使用，除了需满足前面学习的强度条件外，其变形量也必须控制在一定范围内，否则就会影响梁的正常安全工作。比如：若桥梁的变形过大，相应的混凝土可能开裂甚至脱落，影响桥梁结构的安全。为了保证梁安全正常使用，除了需要满足强度条件外，还应限制梁的变形不超过一定的许可值，即满足刚度条件。

二、梁变形中的两种位移——转角和挠度

如图 7.4-1 所示简支梁 AB，在集中力 F 作用下发生平面弯曲变形。轴线 AB 由直线变成了一条光滑连续的平面曲线，弯曲后的曲线称为梁 AB 的挠曲线。观察可知，平面弯曲变形梁的横截面产生了两种位移：

转角和挠度（视频）

● 小 贴 士

截面形心沿 x 轴方向的线位移很小，忽略不计。

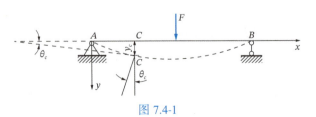

图 7.4-1

（1）挠度：是指梁上任一横截面的形心C沿y轴方向的线位移CC′，用y表示，单位为 m 或 mm，梁的挠度随横截面变化而变化，规定挠度向下为正，向上为负。

（2）转角：是指梁任一横截面相对于原位置所转动的角度，用θ表示，单位为 rad。规定转角顺时针转动为正，逆时针转动为负。

三、积分法计算梁的位移

梁的挠曲线可以用方程$y = f(x)$表示，称为梁的挠曲线方程，表示梁的挠度沿着梁长度的变化规律。

根据平面假设，梁的横截面在弯曲变形前垂直于轴线，变形后仍然垂直于挠曲线在该处的切线。根据几何关系，截面转角θ等于挠曲线在该处的切线与x轴的夹角。挠曲线上任意点的斜率为：

$$\tan\theta = \frac{dy}{dx}$$

挠曲线方程（视频）

实际变形中θ很小，可认为$\tan\theta \approx \theta$，即$\theta = \frac{dy}{dx}$。

上式表明，挠曲线上任意横截面的转角θ等于该截面上任意点处切线的斜率（挠曲线方程的一阶导数），该式称为转角方程。所以，只要确定挠曲线方程，任意横截面上的转角和挠度便都可确定。

由曲率表达式可推导出（推导过程略）挠曲线的近似微分方程为：

$$\frac{d^2y}{dx^2} = -\frac{M(x)}{EI}$$

对于等截面梁，将上式逐次积分，得到梁的转角和挠度方程：

$$\theta(x) = \frac{dy}{dx} = -\frac{1}{EI}\left[\int M(x)\,dx + C\right] \quad (7.4\text{-}1)$$

$$y(x) = -\frac{1}{EI}\left\{\int\left[\int M(x)\,dx\right]dx + Cx + D\right\} \quad (7.4\text{-}2)$$

上述确定转角和挠度方程的方法称为积分法，式中的C和D为积分常数，其值可根据梁挠曲线上的已知位移条件（即边界条件）确定。在确定积分常数时除了利用边界条件，还应根据挠曲线为光滑连续曲线这一特征。尤其当梁弯矩方程分段表示时，各梁段挠曲线近似微分方程不同，此时便要利用相邻两段梁在分段处具有相同的挠度和转角的位移连续条件来简化计算，求解积分常数。

四、叠加法计算梁的位移

由于积分法计算比较繁琐，工程中在求梁某一截面的位移时，通常采用叠加法进行计算。即：先分别计算每一种荷载单独作用下梁的挠度和转角，再把它们代数相加，得到这些荷载共同作用下的挠度和转角。梁在简单荷载作用下的挠度和转角见附录表 3。

叠加法（视频）

例 7.4-1 讲解（视频）

【例 7.4-1】如图 7.4-2（a）示简支梁，梁的长度为 l。试用叠加法计算简支梁的最大挠度 $y_{\max}$ 和最大转角 $\theta_{\max}$。已知 $F = 2ql$，EI 为常数。

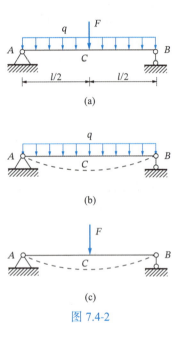

图 7.4-2

解 将梁上的荷载分解成两种简单荷载，如图 7.4-2（b）、（c）。通过查附录表 3 可知，简支梁上这两种荷载作用下的最大挠度均出现在跨中截面，最大转角均出现在 A、B 两端截面上。查表得：

$$y_{cF} = \frac{Fl^3}{48EI} = \frac{ql^4}{24EI}, \quad y_{cq} = \frac{5ql^4}{384EI}$$

$$y_{\max} = y_c = y_{cF} + y_{cq} = \frac{7ql^4}{128EI}$$

$$\theta_A = \theta_{AF} + \theta_{Aq} = \frac{Fl^2}{16EI} + \frac{ql^3}{24EI} = \frac{ql^3}{6EI}$$

$$\theta_B = \theta_{BF} + \theta_{Bq} = -\frac{ql^3}{6EI}$$

$$\theta_{\max} = \theta_A = |\theta_B| = \frac{ql^3}{6EI}$$

【例 7.4-2】 如图 7.4-3（a）所示悬臂梁，梁长 $2l$，EI 为常数。求自由端 B 截面的转角和挠度。

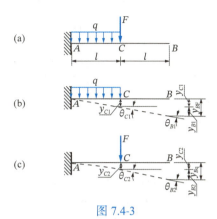

例 7.4-2 讲解（视频）

图 7.4-3

解 将梁上的荷载分解成两种简单的荷载——均布荷载和集中荷载，如图 7.4-3（b）（c）所示。

先分析集中力 F 作用下 B 点（B 截面）的挠度和转角。

查附录Ⅱ简单荷载作用下梁的内力和变形表，发现本题中 F 作用在悬臂梁跨中 C 点（即 C 截面）的情况，在表中不能直接查得。需要先分析集中力 F 作用在跨中时悬臂梁的变形情况。

根据荷载作用，将悬臂梁 AB 分为 AC 和 CB 两段。AC 段上发生弯曲变形，该段最大挠度和最大转角发生在 C 点，查附录Ⅱ挠度 $y_{C1} = \dfrac{Fl^3}{3EI}$，转角 $\theta_{C1} = \dfrac{Fl^2}{2EI}$。$CB$ 段上无荷载作用，不发生变形，但是由梁的连续性可知，CB 段将发生转动，转动的角度也为 θ_{C1}，CB 段将沿着 AC 段 C 点的切线方向，继续保持为一直线，$\theta_{B1} = \theta_{C1}$，如图 7.4-3（b）所示。

集中力 F 作用下 B 点的挠度 y_{BF}，由 y_{C1} 和 y_{B1} 两个部分组成。$y_{B1} = \tan\theta_{C1} \cdot l$，由于变形为小变形，$\tan\theta$ 约等于 θ，$y_{B1} = \theta_{C1} \cdot l = \dfrac{Fl^2}{2EI} \cdot l$。因此，集中力 F 作用下 B 点的挠度和转角为：

$$y_{BF} = y_{C1} + y_{B1} = \dfrac{Fl^3}{3EI} + \dfrac{Fl^2}{2EI} \cdot l = \dfrac{5Fl^3}{6EI}$$

$$\theta_{B1} = \dfrac{Fl^2}{2EI}$$

再分析均布荷载 q 作用下 B 点（B 截面）的挠度和转角。

同样根据荷载作用，将悬臂梁 AB 分为 AC 和 CB 两段。AC 段发生弯曲变形，CB 段上无荷载作用，发生转动。均布荷载 q 作用下 B 点的挠度和转角为：

$$y_{Bq} = y_{C2} + \theta_{C2} \cdot l = \dfrac{ql^4}{8EI} + \dfrac{ql^3}{6EI} l = \dfrac{7ql^4}{24EI}$$

$$\theta_{B2} = \theta_{C2} = \frac{ql^3}{6EI}$$

最后，根据叠加原理，在两种荷载共同作用下的 B 截面的挠度和转角为：

$$y_B = y_{B1} + y_{B2} = \frac{7ql^4}{24EI} + \frac{5Fl^3}{6EI}$$

$$\theta_B = \theta_{B1} + \theta_{B2} = \frac{ql^3}{6EI} + \frac{Fl^2}{2EI}$$

五、梁的刚度校核

梁的刚度校核（视频）

工程中梁应同时满足强度条件和刚度条件。利用梁的刚度条件也可以如强度条件一般解决以下三个方面的问题：刚度校核、设计截面尺寸，以及求许用荷载。一般情况下，梁的强度条件起控制作用。故在设计梁时，先由强度条件选择截面尺寸或确定许用荷载，再按刚度条件校核。

工程中，以梁的允许挠度与梁跨长之比 $\left[\frac{f}{l}\right]$ 作为刚度条件的校核标准，其式可表达为：

$$\frac{y_{\max}}{l} \leqslant \left[\frac{f}{l}\right] \tag{7.4-3}$$

式中，$\left[\frac{f}{l}\right]$ 一般在 $\frac{1}{1000} \sim \frac{1}{200}$ 的范围内，根据不同构件的不同用途在规范中具体规定。

例 7.4-3 讲解（视频）

【例 7.4-3】一简支梁受力如图 7.4-4，梁长 $l = 5\text{m}$。已知该梁由 22a 号工字钢制成，材料的许用应力 $[\sigma] = 140\text{MPa}$，$[f/l] = 1/300$，$E = 2.1 \times 10^5 \text{MPa}$。试校核梁的强度和刚度。

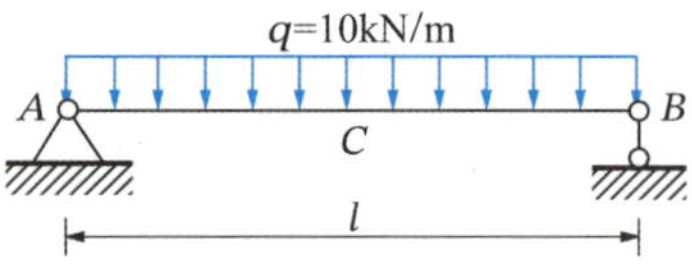

图 7.4-4

解 由型钢表查得 22a 号工字钢的有关数据如下，

$$W_z = 309.6\text{cm}^3, \quad I_z = 3406\text{cm}^4$$

（1）校核强度，应力最大值在弯矩最大的跨中截面 C 的上下边缘：

$$\sigma_{\max} = \frac{M_{\max}}{W_z} = \frac{\frac{1}{8}ql^2}{W_z} = \frac{\frac{1}{8} \times 10 \times 5^2 \times 10^3}{309.6 \times 10^{-6}} = 101 \times 10^6 (\text{pa})$$

$$= 101(\text{Mpa}) < [\sigma] = 140(\text{Mpa})$$

该简支梁强度满足要求。

（2）刚度校核：

简支梁在均布荷载作用下的最大挠度在跨中截面 C，其值为：

$$y_{\max} = y_c = \frac{5ql^4}{384EI} = \frac{5 \times 10 \times 5^4 \times 10^3}{384 \times 2.1 \times 10^5 \times 10^6 \times 3406 \times 10^{-8}}$$
$$= 11.4 \times 10^{-3}(\text{m}) = 11.4(\text{mm})$$
$$y_{\max}/l = \frac{11.4 \times 10^{-3}}{5} = \frac{1}{439} < \left[\frac{f}{l}\right] = \frac{1}{300}$$

该简支梁刚度满足要求。

任务实施

步骤1：计算荷载设计值。

步骤2：计算挠度。

步骤3：校核刚度。

任务实施（PPT）

强化拓展（PPT）

任务总结

案例7.5 平面弯曲构件强度、刚度验算-盖梁施工临时支撑结构分配横梁、承重主梁

任务导学

任务导学（PPT）

小贴士

工字钢的截面特性参考《热轧型钢》（GB/T 706—2016）；型钢的截面特性参考《热轧 H 型钢和部分 T 型钢》（GB/T 11263—2017）。抗弯强度设计值及挠度容许值参考《钢结构设计标准》（GB 50017—2017）。

任务发布

任 务 书

任务一：验算临时支撑结构分配横梁的强度、刚度；
任务二：验算临时支撑结构承重主梁的强度、刚度。

任务描述

模块 2 案例 2.7 中，某大桥 12～15 号墩预应力盖梁施工。其临时支撑结构分配横梁、承重主梁的材料及参数为：

（1）分配横梁——I14 工字钢

截面面积A（cm²）	21.5	弹性模量E（Mpa）	2.06×10^5
截面抵抗矩W（cm³）	101.7	抗弯强度设计值$[\sigma]$（Mpa）	215
截面惯性矩I（cm⁴）	712	挠度容许值$[y/l]$	1/400

（2）承重主梁——HW400×400 H 型钢

截面面积A（cm²）	219.5	弹性模量E（Mpa）	2.06×10^5
截面抵抗矩W（cm³）	3340	抗弯强度设计值$[\sigma]$（Mpa）	215
截面惯性矩I（cm⁴）	66900	挠度容许值$[y/l]$	1/400

任务认知

盖梁施工临时支撑结构的受力计算，包括分配横梁、承重主梁的强度和刚度验算，以及穿心棒的强度验算。本案例主要讲述分配横梁和承重主梁的受力分析及强度验算。

分配横梁和承重主梁计算简图如图 7.5-1 所示，根据本模块任务学习可知，分配横梁及承重主梁均属于弯曲变形构件，需进行抗弯强度验算和刚度验算。

小贴士

抗弯强度验算时采用承载能力极限状态荷载进行计算；刚度验算时采用正常使用极限状态荷载进行计算。

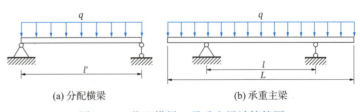

(a) 分配横梁　　　　　　(b) 承重主梁

图 7.5-1　分配横梁、承重主梁计算简图

抗弯强度验算公式：
$$\sigma = \frac{M_{\max}}{W_z} \leqslant [\sigma]$$

刚度验算公式：
$$y_{\max}/l \leqslant [y/l]$$

任务实施

任务一：分配横梁强度、刚度验算

步骤1：参考模块二案例2.7，绘制分配横梁弯矩图。

步骤2：计算分配横梁最大正应力，进行抗弯强度校核。

分配横梁强度、刚度
验算（文本）

步骤3：绘制分配横梁挠曲线，进行刚度校核。

步骤4：查《路桥施工计算手册》，确定最大弯矩、挠度，进行抗弯强度和刚度验算（与上述步骤答案进行对比）。

任务二：承重主梁强度、刚度验算

步骤1：参考模块二案例2.7，绘制承重主梁弯矩图。

步骤2：计算承重主梁最大正应力，进行抗弯强度校核。

承重主梁强度、刚度
验算（文本）

步骤3：绘制承重主梁挠曲线，进行刚度校核。

强化拓展

步骤4：查《路桥施工计算手册》，确定最大弯矩、挠度，进行抗弯强度和刚度验算（与上述步骤答案进行对比）。

强化拓展（文本）

任务总结

案例7.6 平面弯曲构件强度、刚度验算——高大模板（板模板）面板、小梁悬臂端

任务导学

任务导学（PPT）

小贴士

面板、小梁各项设计指标参考《建筑施工脚手架安全技术统一标准》（GB 51210—2016）、《建筑施工模板安全技术规范》（JGJ 162—2008）、《建筑施工扣件式钢管脚手架安全技术规范》（JGJ 130—2011）、《建筑施工扣件式钢管脚手架安全技术标准》（T/CECS 699—2020）等。

任务发布

任务书

任务一：验算高大模板（板模板）支撑体系面板的强度、刚度；

任务二：验算高大模板（板模板）支撑体系小梁悬臂端的强度、刚度。

任务描述

模块3案例3.5中，某洼地治理工程某泵站进、出水流道施工，其高大模板（板模板）支撑体系中面板、小梁的材料及参数为：

（1）面板

面板类型	覆面木胶合板	面板厚度t（mm）	15
面板抗弯强度设计值$[f]$（N/mm²）	15	面板抗剪强度设计值$[\tau]$（N/mm²）	1.4
面板弹性模量E（N/mm²）	10000	面板计算方式	简支梁

（2）小梁

小梁类型	钢管	小梁截面类型（mm）	$\phi48\times2.8$
小梁计算截面类型（mm）	$\phi48\times2.8$	小梁抗弯强度设计值$[f]$（N/mm²）	205
小梁抗剪强度设计值$[\tau]$（N/mm²）	125	小梁截面抵抗矩W（cm³）	4.25
小梁弹性模量E（N/mm²）	206000	小梁截面惯性矩I（cm⁴）	10.19
小梁悬臂端计算方式	悬臂梁		

任务认知

面板、小梁悬臂端的强度和刚度验算是满堂支撑架受力计算的一部分。楼板面板搁置在梁侧模板上，简化为简支梁（静定结构），取1m单位宽度计算，其计算简图如图7.6-1所示；小梁的悬臂端简化为悬臂梁，计算简图如图7.6-2所示。根据本模块学习任务可知，简支梁和悬臂梁均属于弯曲变形构件，需进行强度验

算和刚度验算，根据相关规范即标准中的规定：

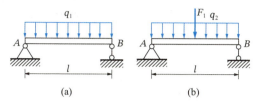

图 7.6-1　面板计算简图

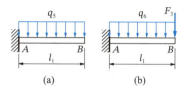

图 7.6-2　小梁悬臂端计算简图

抗弯强度验算公式
$$\sigma = \frac{M_{\max}}{W_z} \leqslant [f]$$

圆钢管抗剪强度验算公式
$$\tau = 2\frac{V_{\max}}{A} \leqslant [\tau]$$

刚度验算公式
$$\upsilon_{\max} \leqslant [\upsilon]$$

● 小 贴 士

此处抗弯强度设计值 $[f]$ 与任务中 $[\sigma]$ 对应；抗剪强度验算公式中 $V_{\max}$ 与任务中最大剪应力 $F_{s\max}$ 对应；刚度验算公式中 υ 即教材中挠度 y。不同横截面的弯曲剪应力计算公式，详见本模块任务三相关内容。

任务实施

任务一：面板强度、刚度验算

步骤 1：参考模块三案例 3.5，确定面板所受荷载大小。

步骤 2：绘制面板弯矩图。

任务实施（文本）

步骤 3：计算面板最大正应力，校核抗弯强度。

步骤 4：绘制面板挠曲线，校核刚度。

任务二：小梁悬臂端强度、刚度验算

步骤1：参考模块三案例3.5，确定小梁悬臂端所受荷载大小。

步骤2：计算支座反力。

步骤3：绘制小梁悬臂端弯矩图和剪力图。

步骤4：计算小梁悬臂端最大正应力，校核抗弯强度。

步骤5：计算小梁悬臂端最大剪应力，校核抗剪强度。

强化拓展

强化拓展（文本）

任务总结

习 题

一、基础题

7-1 求图 7-1 中各梁指定截面的剪力值和弯矩值。

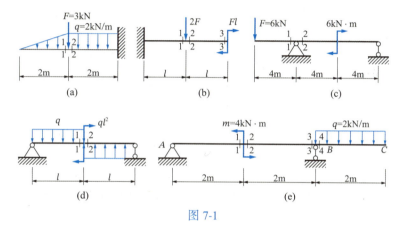

图 7-1

7-2 利用方程式法绘制图 7-2 中各梁的剪力图和弯矩图。

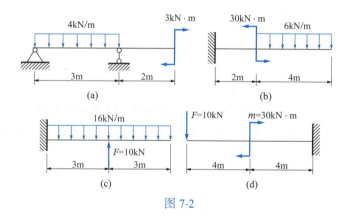

图 7-2

7-3 利用简捷法绘制图 7-3 中各梁的剪力图和弯矩图。

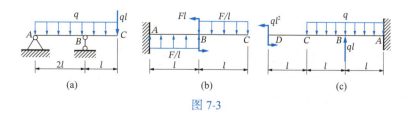

图 7-3

7-4 利用叠加法绘制图 7-4 中各梁的剪力图和弯矩图。

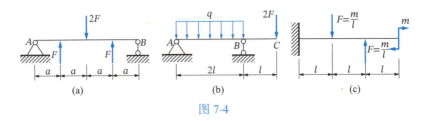

图 7-4

7-5 如图 7-5 所示矩形截面悬臂梁,受集中力和集中力偶作用,试求 1-1 截面和 2-2 截面上 A、B、C、D 四点的正应力。

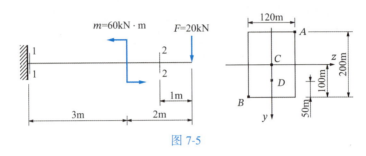

图 7-5

7-6 如图 7-6 所示圆形截面悬臂梁,已知 $q = 3\text{kN/m}$,圆截面的直径 $d = 100\text{mm}$,试求梁的最大正应力和最大剪应力。

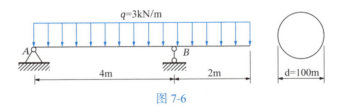

图 7-6

7-7 如图 7-7 所示简易吊车,木杆 AB 的横截面面积 $A = 8000\text{mm}^2$,许用压应力 $[\sigma_c] = 9\text{MPa}$;钢杆 BC 的横截面面积 $A = 400\text{mm}^2$,许用拉应力 $[\sigma_t] = 150\text{MPa}$。试求允许起吊的最大重物 F。

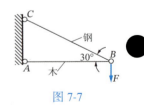

图 7-7

7-8 如图 7-8 所示上下翼缘宽度不等的工字形截面铸铁梁,已知截面对形心轴的惯性矩 $I_z = 315 \times 10^6 \text{mm}^4$,$y_1 = 158\text{mm}$,$y_2 = 242\text{mm}$,材料的许用拉应力 $[\sigma_t] = 50\text{MPa}$,许用压应力 $[\sigma_c] = 150\text{MPa}$,求该梁许用荷载 $[q]$。

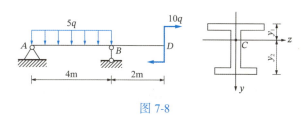

图 7-8

7-9 如图 7-9 所示槽型截面悬臂梁，梁长 $l = 5$m，受均布荷载 $q = 8$kN/m 作用，求梁的最大剪应力；并求距固定端 1m 处的截面上，距梁顶面 60mm 处 a-a 线上的剪应力。

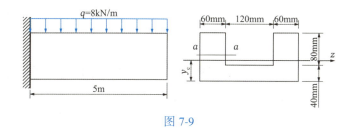

图 7-9

7-10 利用积分法确定图 7-10 中指定截面的转角和挠度。

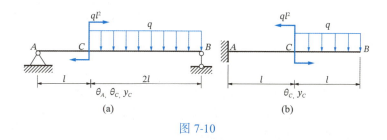

图 7-10

7-11 如图 7-11 所示矩形截面悬臂梁，许用应力 $[\sigma] = 120$MPa，允许的挠度 $[y] = \dfrac{l}{250}$，$E = 200$GPa，若截面高 h 与宽度 b 之间有 $h = 2b$，试确定截面尺寸。

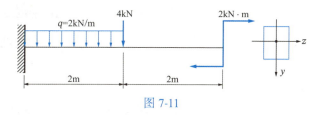

图 7-11

7-12 如图 7-12 所示的桥式起重机，最大荷载为 $W = 23$kN，起重机大梁为 18a 工字钢，$E = 210$GPa，$l = 8$m。规定 $[y] = \dfrac{l}{500}$，试校核大梁的刚度。

图 7-12

二、提高题

7-13 如图 7-13 所示截面为 10a 号工字钢的 BD 梁，梁上作用有均布荷载 q，C 处受集中力 $F = 2q$ 作用，AB 为一圆杆，直径 $d = 40$mm，已知梁和杆的许用正应力 $[\sigma] = 220$MPa，试求许用均布荷载 q 的大小。（10a 号工字钢的 $W_z = 49\text{cm}^3$）

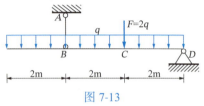

图 7-13

7-14 如图 7-14 所示圆截面外伸梁，其外伸部分是内径 $d = 80$mm，外径 $D = 120$mm 的空心圆轴，梁受到 $F = 20$kN 和 $q = 8$kN/m 作用，许用正应力 $[\sigma] = 200$MPa，试校核梁的强度。

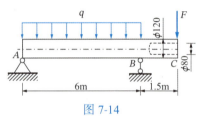

图 7-14

7-15 如图 7-15 所示悬臂式起重机，横梁 AB 为 18a 号工字钢。电动滑车行走于横梁上，滑车自重与起重量总和为 $F = 40$kN，材料的许用正应力 $[\sigma] = 230$MPa，试校核横梁的强度。（18a 号工字钢的 $W_z = 185\text{cm}^3$）

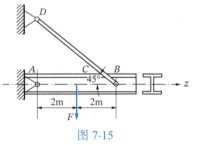

图 7-15

7-16 如图 7-16 所示的空心圆杆，内外径分别为 $d = 40$mm，$D = 80$mm，弹性模量 $E = 210$GPa。工程规定 C 点的 $[y/l] = 0.00001$，B 点的 $[\theta] = 0.001$ 弧度，试校核此杆的刚度。

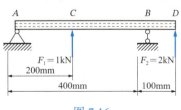

图 7-16

三、拓展题

7-17【2024 年安徽省大学生力学竞赛真题】如图 7-17 所示⊥形截面悬臂梁,已知 $F = 10\text{kN}$,$m = 70\text{kN} \cdot \text{m}$,$z_c$ 轴是形心轴,$y_1 = 96.43\text{mm}$,截面对 z_c 轴的惯性矩 $I_{z_c} = 101.86 \times 10^6 \text{mm}^4$,材料的许用拉应力 $[\sigma_t] = 46\text{MPa}$,许用压应力 $[\sigma_c] = 120\text{MPa}$。(1)试校核该梁的强度;(2)试分别绘出 C 截面的左邻和右邻截面上的正应力分布图。

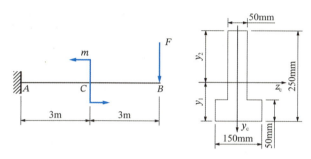

图 7-17

7-18【2024 年安徽省大学生力学竞赛真题】如图 7-18 所示一小型起重机的计算简图,横梁 BC 由 22a 号工字钢制成,其中点 D 作用集中力 $F = 45\text{kN}$。横梁材料的许用应力 $[\sigma] = 140\text{MPa}$。已知 22a 号工字钢的截面面积 $A = 42\text{cm}^2$,抗弯截面系数 $W_z = 309\text{cm}^3$。(1)试确定横梁 BC 危险截面上危险点的位置;(2)试校核横梁 BC 的强度。

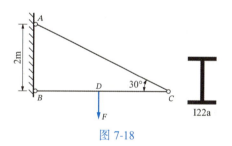

图 7-18

7-19【2023 年安徽省大学生力学竞赛真题】如图 7-19 所示 T 形截面铸铁梁承受荷载作用。已知 $F = 10\text{kN}$,$q = 10\text{kN/m}$,$a = 2\text{m}$,铸铁的许用拉应力 $[\sigma_t] = 40\text{MPa}$,许用压应力 $[\sigma_c] = 160\text{MPa}$,T 形截面的 $y_c = 157.5\text{mm}$,$I_{z_c} = 60125\text{cm}^4$。(1)绘制梁的剪力图和弯矩图;(2)校核梁的强度;(3)若荷载不变,将横截面由 T 形倒置成⊥形,是否合理?为什么?

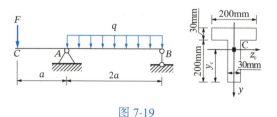

图 7-19

7-20 【2022年安徽省大学生力学竞赛真题】如图7-20（a）所示简支梁，当荷载F直接作用在跨度$l = 6m$的简支梁AB的中点时，梁内的最大正应力超过了20%；为了消除过载现象，配置了图7-20（b）所示的辅助梁CD，试求辅助梁的最小长度。

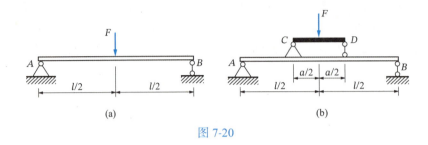

图 7-20

模 块 8

组合变形构件的力学分析

知识目标

①了解组合变形的概念及其基本分析方法。
②掌握斜弯曲构件强度和刚度的计算方法。
③掌握拉（压）弯构件的应力及强度计算方法。
④掌握偏心压缩构件的应力及强度计算方法。

技能目标

①能识别工程中常见组合变形构件。
②能验算工程中常见组合变形的强度，如牛腿柱、模板支撑体系的立杆、悬挑式脚手架的主梁等。

素质目标

①培养团队意识，协作精神。
②培养认真负责、踏实敬业的工作态度和严谨求实、一丝不苟的工作作风。
③培养勤于思考，理论联系实际，综合运用知识的能力和严谨务实的态度。
④培养不畏困难的精神。

模块4到模块7介绍了4种仅产生单一基本变形的构件。然而实际工程中，构件的变形是复杂的，此时，可以将构件的变形分解为多种基本变形的组合。变形的组合形式多种多样，本模块仅介绍斜弯曲构件、拉（压）弯构件及偏心压缩（拉伸）构件。

组合变形构件在工程中十分常见，如屋架结构中的檩条，在纵向对称面和横向对称面内均发生弯曲变形，是两个平面弯曲变形的组合，为斜弯曲构件。模板支撑体系中承受风荷载的立杆，在上部传来的竖向荷载作用下发生轴向压缩变形，在风荷载作用下发生平面弯曲变形，为压弯构件。悬挑式脚手架的悬挑主梁，在主梁锚固端到上拉杆连接处，既有轴向压缩变形，也有平面弯曲变形，为压弯构件。又如牛腿柱，作用在上面的外力与杆轴平行但不重合，可简化为发生轴向压缩变形和平面弯曲变形的组合，为偏心压缩构件。组合变形构件承载能力的校验，主要为强度计算（验算）和刚度计算（验算）。

本模块学习任务8.1～8.3，分别介绍斜弯曲构件、拉（压）弯构件和偏心压缩（拉伸）构件三种组合变形构件的应力分布及强度计算。案例8.4以悬挑式脚手架悬挑主梁为例，介绍工程中压弯组合构件的强度、刚度验算问题。

学习任务8.1 斜弯曲构件的强度与刚度计算

任务发布

任 务 书

如下图所示简支梁,跨中受到与截面竖向对称轴成15°的集中力作用,$F = 30\text{kN}$。跨度$l = 4\text{m}$,其截面为32a工字钢,若许用正应力$[\sigma] = 170\text{MPa}$,弹性模量$E = 200\text{GPa}$,试按正应力校核强度,并计算梁的跨中挠度。

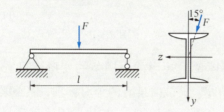

任务导学

任务导学(PPT)

任务认知

一、组合变形

在前面模块中我们学习了基本变形的内力、应力、强度及变形的计算。在实际工程中,构件在复杂外荷载作用下,往往不只产生一种基本变形,而是同时产生两种或两种以上的基本变形(如轴向拉压、扭转、弯曲等),即为组合变形。

当组合变形构件在线弹性、小变形的条件下,其内力、应力和变形均与外力成线性关系,可以运用叠加原理进行分析。具体方法是,先将组合变形分解为若干个基本变形,然后对每个基本变形单独分析其应力、应变和位移等参数,最后将这些参数进行叠加,就得到了组合变形构件的应力或变形。

工程中常见的组合变形有斜弯曲、拉伸(压缩)与弯曲组合、偏心压缩(拉伸)。本任务分析斜弯曲变形。

组合变形的概念(视频)

二、斜弯曲

在前述模块中已经讨论了梁的平面弯曲变形。平面弯曲的特征:外力垂直于梁轴线且作用在梁的纵向对称面内,弯曲后梁的

斜弯曲的概念(视频)

轴线（即挠曲线）为纵向对称面内的一条平面曲线。

但是在实际工程中，有时候外力不作用在梁的纵向对称面内[图 8.1-1（a）]，或当外力通过弯曲中心但不在与截面形心主轴平行的平面内[图 8.1-1（b）]时，梁将发生更为复杂的弯曲变形。弯曲后梁的轴线所在平面与外力所在的平面不重合，这种弯曲变形称为斜弯曲或双向弯曲。

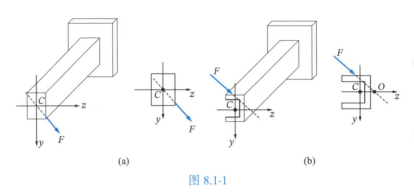

图 8.1-1

工程中斜屋架上矩形截面檩条的变形就可看作斜弯曲，如图 8.1-2（a）所示。其截面具有两个对称轴，檩条梁上受到屋面板传递下来的竖直向下的荷载 q，荷载作用线虽通过横截面的形心（弯曲中心），但不与两形心主轴 y 轴或 z 轴重合。如果将荷载沿两个形心主轴分解[图 8.1-2（b）]，得到 q_z 和 q_y 两个分荷载，此时梁在两个分荷载作用下，分别在横向对称平面（Oxz 平面）和竖向对称平面（Oxy 平面）内发生平面弯曲。它是两个互相垂直方向的平面弯曲的组合，即斜弯曲。

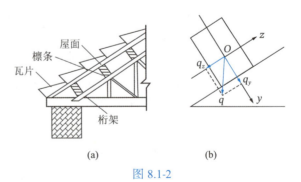

图 8.1-2

三、斜弯曲构件的强度计算

现以矩形截面悬臂梁为例介绍斜弯曲的应力及强度计算。如图 8.1-3（a）所示，设梁自由端受到通过截面形心的外力 F 作用，F 与形心主轴 y 轴的所夹锐角为 φ。

斜弯曲的强度计算
（视频）

1. 外力分析

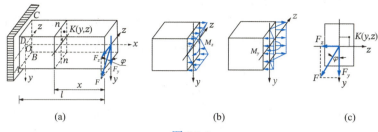

图 8.1-3

将外力F沿着y轴和z轴分解，得：

$$F_y = F\cos\varphi, \quad F_z = F\sin\varphi$$

根据平面弯曲变形的特点，分力F_y使梁在竖向平面Oxy内发生平面弯曲；F_z使梁在水平平面Oxz内发生平面弯曲。

2. 内力分析

由外力分析可知，斜弯曲任意梁截面上同时受到剪力和弯矩的作用。然而，在许多情况下，由于剪力相对于弯矩来说，对梁的变形和应力分布的影响较小，所以在分析内力时，为了简化计算，常常只考虑弯矩的影响。实践表明，这样简化后得到的结果能够满足工程要求。但在某些特定情况下，如梁的截面尺寸较小或受到较大剪力作用时，需要同时考虑剪力和弯矩的作用。

对于图 8.1-3（a）中的悬臂梁，在距离自由端为x的任意n-n截面上，F_y和F_z作用下所引起的弯矩为：

$$M_z(x) = F_y x = Fx\cos\varphi = M\cos\varphi$$
$$M_y(x) = F_z x = Fx\sin\varphi = M\sin\varphi$$

式中：$M = Fx$——外力F在m-m截面上产生的总弯矩。

由此可见，M_y和M_z可由总弯矩M分解求得。

3. 应力分析

在任意n-n截面上的任意点$k(y, z)$处，弯曲正应力σ_k可以通过叠加原理求得。先计算弯矩M_z和M_y对应的正应力为：

$$\sigma'_k = \frac{M_z y}{I_z} = \frac{M\cos\varphi}{I_z} y, \quad \sigma''_k = \frac{M_y z}{I_y} = \frac{M\sin\varphi}{I_y} z$$

注意，在计算时数据均采用绝对值。应力的正负号根据梁的变形情况确定，若弯矩M_z和M_y所对应的正应力是拉应力则为正值，是压应力则为负值。如图 8.1-3（b）中由M_y和M_z引起的K点处的正应力均为拉应力，故σ'_k和σ''_k均为正值，

再根据叠加原理，K点处的总正应力σ_k应为σ'_k和σ''_k的代数和，即：

$$\sigma_k = \sigma'_k + \sigma''_k = \frac{M_z y}{I_z} + \frac{M_y z}{I_y} = M\left(\frac{\cos\varphi}{I_z} y + \frac{\sin\varphi}{I_y} z\right) \quad (8.1\text{-}1)$$

4. 强度计算

进行梁的强度计算时，首先需确定出危险截面和危险点的位置。对于图 8.1-3 所示的悬臂梁，在固定端截面M_y和M_z均达到最大值，故该截面是危险截面。该截面的弯矩分别为：

$$M_{z\max} = F_y l = Fl\cos\varphi$$
$$M_{y\max} = F_z l = Fl\sin\varphi$$

在危险截面上对梁进行变形分析可知，最大拉应力发生在固定端截面的角点C点，最大压应力发生在固定端截面的角点A点，C、A两点是危险点，且两点拉压应力数值相等。设危险点的坐标为$(y_{\max}, z_{\max})$，最大正应力为

$$\sigma_{\max} = \frac{M_{z\max} y_{\max}}{I_z} + \frac{M_{y\max} z_{\max}}{I_y}$$

对于中性轴是截面对称轴的梁截面，如矩形截面、工字形截面等，其最大正应力可用下式计算：

$$\sigma_{\max} = \frac{M_{z\max}}{W_z} + \frac{M_{y\max}}{W_y}$$

若材料的抗拉强度与抗压强度相等，在简单应力状态下，强度条件为

$$\sigma_{\max} = \frac{M_{z\max}}{W_z} + \frac{M_{y\max}}{W_y} \leqslant [\sigma] \tag{8.1-2}$$

式中：$[\sigma]$——材料的许用应力。

对于抗拉和抗压能力不同的梁，则应分别算出最大拉应力和最大压应力，再进行强度校核。

利用强度条件可以解决工程实际中的三类问题：强度校核、截面设计和确定许用荷载。

值得注意的是，在设计截面尺寸时，W_z和W_y为两个未知量，不能同时求得。工程中常先假定W_z/W_y的比值，如对于矩形截面常取$\frac{W_z}{W_y} = 1.2 \sim 2$，对于工字形截面常取$\frac{W_z}{W_y} = 8 \sim 10$，再根据强度条件式确定$W_z$和$W_y$数值。

四、斜弯曲构件的刚度计算

斜弯曲构件的挠度也用叠加原理计算，以图 8.1-3 所示悬臂梁为例，在弯矩M_z和M_y作用下最大挠度分别为$y_{y\max} = \frac{F_y l^3}{3EI_z}$，$y_{z\max} = \frac{F_z l^3}{3EI_y}$，由于产生的挠度$y_y$、$y_z$方向不同（如图 8.1-4），故应利用下式求截面的总挠度：

$$y_{\max} = \sqrt{y_y^2 + y_z^2}, \qquad \tan\beta = \frac{y_z}{y_y}$$

图 8.1-4

斜弯曲的刚度计算（视频）

故刚度条件为：$y_{\max} = \sqrt{y_y^2 + y_z^2} \leqslant [y]$

式中：$[y]$——材料的许用挠度。

【例 8.1-1】如图 8.1-5 所示木屋架，屋面倾角 $\alpha = 25°$。屋架中的木檩条为矩形截面，承受屋面传递下来的荷载 $q = 1\text{kN/m}$ 的均布荷载作用，木檩条跨长为 4m，横截面尺寸 $b = 100\text{mm}$，$h = 140\text{mm}$。许用正应力 $[\sigma] = 10\text{MPa}$，许用挠度为 $[y] = l/200$，弹性模量 $E = 10\text{GPa}$。试校核此木檩条的强度和刚度。

例 8.1-1 讲解（视频）

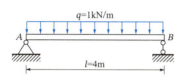 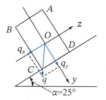

图 8.1-5

解 （1）外力分解，将均布荷载 q 沿着 y、z 轴分解，得

$$q_z = q\sin\alpha = 1000 \times 0.423 = 423(\text{N/m})$$
$$q_y = q\cos\alpha = 1000 \times 0.906 = 906(\text{N/m})$$

（2）内力计算，檩条在 q_y、q_z 作用下，最大弯矩发生在跨中截面，其值为

$$M_{z\max} = \frac{q_y l^2}{8} = \frac{906 \times 4^2}{8} = 1812(\text{N}\cdot\text{m})$$
$$M_{y\max} = \frac{q_z l^2}{8} = \frac{423 \times 4^2}{8} = 846(\text{N}\cdot\text{m})$$

（3）强度校核，跨中截面离中性轴最远的 C 点有最大压应力，A 点有最大拉应力，它们的值大小相等，是危险点。

$$\sigma_{\max} = \frac{M_{z\max}}{W_z} + \frac{M_{y\max}}{W_y} = \frac{1812 \times 10^3}{\frac{1}{6} \times 100 \times 140^2 \times 10^{-9}} +$$

$$\frac{846 \times 10^3}{\frac{1}{6} \times 140 \times 100^2 \times 10^{-9}} = 9.17 \times 10^6 (\text{Pa}) = 9.17(\text{MPa}) < [\sigma]$$

檩条强度满足要求。

（4）刚度校核，在檩条在 q_y、q_z 作用下，最大挠度发生在跨中位置，其值为

$$y_{z\max} = \frac{5q_z l^4}{384EI_y} = \frac{5 \times 423 \times 4^4}{384 \times 10 \times 10^9 \times \frac{1}{12} \times 140 \times 100^3 \times 10^{-12}}$$
$$= 1.209 \times 10^{-2}(\text{m}) = 12.09(\text{mm})$$

$$y_{y\max} = \frac{5q_y l^4}{384EI_z} = \frac{5 \times 906 \times 4^4}{384 \times 10 \times 10^9 \times \frac{1}{12} \times 100 \times 140^3 \times 10^{-12}}$$
$$= 1.32 \times 10^{-2}(\text{m}) = 13.2(\text{mm})$$

$$y_{max} = \sqrt{y_{zmax}^2 + y_{ymax}^2} = \sqrt{12.09^2 + 13.2^2} = 17.9(\text{mm})$$

$$\tan\beta = \frac{y_z}{y_y} = \frac{12.09}{13.2} = 0.916 \Rightarrow \beta = 42.49°$$

$$y_{max} = 17.9(\text{mm}) < [y] = \frac{4 \times 10^3}{200} = 20(\text{mm})$$

檩条刚度满足要求。

任务实施

任务实施（视频）

步骤1：外力分析，取简支梁为研究对象，分析其受到的外力。

步骤2：内力分析，计算简支梁的内力，分析危险截面。

步骤3：应力分析，绘制危险截面的应力分布图，分析危险点。

步骤4：强度校核，对危险点的应力进行强度校核。

步骤5：计算跨中挠度。

任务总结

强化拓展（PPT）

学习任务8.2　拉（压）弯构件的强度计算

📋 任务发布

任务书

某水库溢洪道的浆砌石挡土墙如下图所示，通常取单位长度（1m）的挡土墙进行计算。已知墙体自重 $W_1 = 72$ kN，$W_2 = 77$ kN，土压力 $F = 95$ kN，其与水平面夹角为 $\theta = 42°$。土压力 F 的作用点至底面中心 O 点的水平距离和竖向距离分别为 $x_0 = 0.43$m，$y_0 = 1.67$m。砌体的许用压应力和许用拉应力分别为 $[\sigma_c] = 3.5$MPa、$[\sigma_t] = 0.14$MPa。试对基底截面进行强度校核。

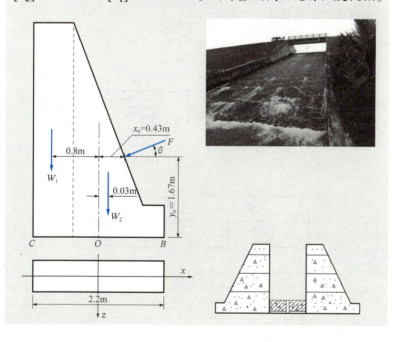

📱 任务导学

任务导学（PPT）

● 小　贴　士

溢洪道是水库等水利建筑物的防洪设备，多筑在水坝的一侧，像一个大槽，当水库里的水位超过安全限度时，水就从溢洪道向下游流出，防止水坝被破坏。

📋 任务认知

一、拉（压）弯构件

当构件同时受到沿轴向和横向的外力作用时，构件将在其轴向产生拉伸或压缩变形，在横向产生弯曲变形，这两种变形共同作用在构件上，使得构件发生拉伸（压缩）与弯曲的组合变形。如图 8.2-1

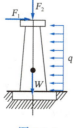

图 8.2-1

拉（压）弯构件的概念（视频）

所示的桥墩，在桥面荷载F_2和自重W作用下，沿着轴向被压缩；在制动力F_1和风荷载q作用下，沿着横向发生弯曲，所以该桥墩的变形为压缩与弯曲的组合变形。

若构件的抗弯刚度EI较大，在横向力作用下产生的挠度将远小于横截面的尺寸，由轴向力引起的附加弯矩可以忽略不计。因此，可认为轴向外力仅产生拉伸或压缩变形，横向外力仅产生弯曲变形，彼此相互独立。研究此类构件时，可利用叠加原理进行相应的分析。

二、拉（压）弯构件的强度计算

1. 外力分析

现以矩形截面悬臂梁为例介绍拉（压）弯构件的应力及强度计算，如图 8.2-2（a）所示。该悬臂梁x方向作用有集中荷载F，使得构件发生轴向拉伸变形；y方向作用有均布荷载q，使得构件绕z轴在Oxy平面内发生平面弯曲变形。该梁的变形为轴向拉伸与平面弯曲的组合变形。

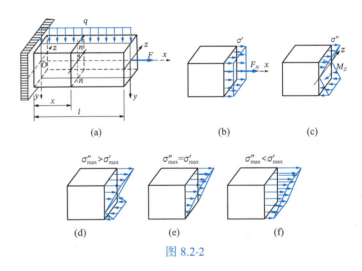

图 8.2-2

2. 内力分析

在距离固定端x的任意n-n截面上，轴向外力F在该横截面产生轴力$F_N = F$。

横向外力均布荷载q在该横截面上产生弯矩$M_z(x) = \frac{1}{2}q(l-x)^2$，在固定端截面存在最大弯矩：$M_{z\max} = \frac{1}{2}ql^2$。

3. 应力分析

n-n截面上由F_N引起的正应力为$\sigma' = \frac{F_N}{A} = \frac{F}{A}$，应力分布如图 8.2-2（b）所示。

n-n截面上由$M_z(x)$引起的正应力为$\sigma'' = \pm\frac{M_z(x)y}{I_Z}$，若计算点

在弯曲变形的受拉区，σ''取正值；若计算点在弯曲变形的受压区，σ''取负值。其应力分布如图 8.2-2（c）所示。

根据叠加原理，n-n截面上任一点的正应力为

$$\sigma = \sigma' + \sigma'' = \frac{F_N}{A} \pm \frac{M_z(x)y}{I_Z} \tag{8.2-1}$$

4. 强度计算

由内力分析可知固定端为危险截面，由应力分布图可知，固定端的上、下边缘各点处可能存在危险点，计算公式如下：

$$\sigma_{\max} = \sigma'_{\max} + \sigma''_{\max} = \frac{F_N}{A} \pm \frac{M_{z\max}}{W_z} \tag{8.2-2}$$

若$\sigma''_{\max} > \sigma'_{\max}$，固定端的正应力分布如图 8.2-2（d）所示，上边缘存在最大拉应力点，下边缘存在最大压应力点；若$\sigma''_{\max} = \sigma'_{\max}$，固定端的正应力分布如图 8.2-2（e）所示，上边缘存在最大拉应力点，下边缘正应力为 0；若$\sigma''_{\max} < \sigma'_{\max}$，固定端的正应力分布如图 8.2-2（f）所示，上边缘存在最大拉应力点。

若材料的许用拉应力$[\sigma_t]$等于许用压应力$[\sigma_c]$，强度条件为

$$\sigma_{\max} = \sigma'_{\max} + \sigma''_{\max} = \frac{F_N}{A} + \frac{M_{z\max}}{W_z} \leqslant [\sigma] \tag{8.2-3}$$

若材料的许用拉应力$[\sigma_t]$不等于许用压应力$[\sigma_c]$，对如图 8.2-2（d）所示的情况，强度条件为

$$\sigma_{t\max} = \frac{F_N}{A} + \frac{M_{z\max}}{W_z} \leqslant [\sigma_t] \tag{8.2-4}$$

$$\sigma_{c\max} = \left|\frac{F_N}{A} - \frac{M_{z\max}}{W_z}\right| \leqslant [\sigma_c] \tag{8.2-5}$$

上述公式同样适用于压缩与弯曲的组合变形，不过式中第一项$\frac{F_N}{A}$取负号。

【**例 8.2-1**】如图 8.2-3 所示托架，横梁AB是横截面为 22a 的工字钢，托架在B端受一竖直向下的F作用，其大小$F = 45\text{kN}$。已知 AB 钢的许用正应力$[\sigma] = 170\text{MPa}$，试校核横梁AB的强度。

例 8.2-1 讲解（视频）

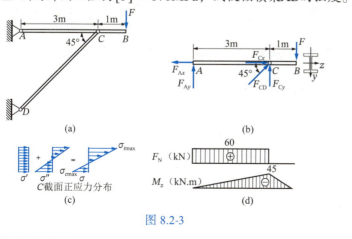

图 8.2-3

解 （1）外力分析：横梁AB的受力图如图 8.2-3（b）所示。

$\sum m_A = 0$，$F_{CD}\sin 45° \times 3 - F \times 4 = 0$，

代入数据解得$F_{CD} = 84.87(\text{kN})$

$\sum F_x = 0$，$F_{Cx} - F_{Ax} = 0$，

$F_{Ax} = F_{Cx} = F_{CD} \times \cos 45° = 60(\text{kN})$

$\sum F_y = 0$，$F_{Ay} + F_{Cy} - F = 0$，

$F_{Ay} = F - F_{Cy} = F - F_{CD} \times \sin 45° = -15(\text{kN})$

（2）内力分析：绘制横梁AB的轴力图和弯矩图，如图 8.2-3（c）所示。横梁AB在AC段为拉弯组合变形，在CB段为纯弯曲变形。由内力图可知，C截面左侧为危险截面，其内力分别为

$F_N = 60(\text{kN})$，$M_{max} = 45(\text{kN}\cdot\text{m})$

（3）应力分析：绘制C截面左侧的正应力分布图，如图 8.2-3（d）所示，C截面左侧的上边缘存在最大拉应力，为危险点。

查表可知：22a 工字钢$W_z = 309(\text{cm}^3)$，$A = 42.0(\text{cm}^2)$

$$\sigma_{tmax} = \frac{F_N}{A} + \frac{M_{max}}{W_z} = \frac{60 \times 10^3}{42 \times 10^{-4}} + \frac{45 \times 10^3}{309 \times 10^{-6}}$$
$$= 14.29 + 145.63 = 159.92(\text{MPa})$$

（4）强度校核：$\sigma_{tmax} = 159.92(\text{MPa}) < [\sigma] = 170(\text{MPa})$

所以，横梁AC强度满足要求。

任务实施（视频）

强化拓展（文本）

任务实施

步骤1：外力分析，取单位长度（1m）挡土墙为研究对象，分析其受到的外力。

步骤2：内力分析，计算单位长度（1m）挡土墙的内力，分析危险截面。

步骤3：应力分析，绘制危险截面的应力分布图，分析危险点。

步骤4：强度校核，对危险点的应力进行强度校核。

任务总结

学习任务8.3　偏心压缩（拉伸）构件的强度计算

任务发布

任务书

正方形截面立柱如下图所示，现在立柱的中间处开一个槽，使截面面积为原来截面面积的一半。求开槽后立柱的最大压应力是原来不开槽的几倍？正方形截面边长设为$2a$。

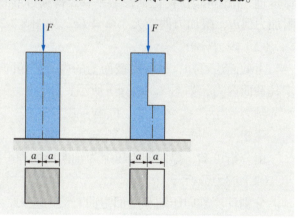

任务导学

任务导学（PPT）

任务认知

一、偏心压缩（拉伸）

构件在沿着杆轴线且过横截面形心的外力作用下，将发生轴向拉压变形。但是在实际工程中，有很多构件受到的轴向外力不经过横截面形心。如图8.3-1所示的牛腿柱，其所受竖直起重机梁荷载F虽与柱轴向平行，但并不过截面形心，与形心有一定的距离。在此F作用下牛腿柱除了发生轴向压缩，还会发生弯曲变形，这种组合变形称为**偏心压缩（拉伸）**。此类杆件受到与杆轴平行但不重合的外力称为**偏心力**，偏心力作用点到截面形心的距离称为**偏心距**，用e表示。偏心压缩（拉伸）是工程中常见的组合变形形式。

偏心压缩（拉伸）
（视频）

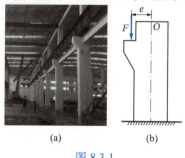

图8.3-1

二、偏心压缩（拉伸）构件的强度计算

按照偏心力作用的位置不同，偏心压缩（拉伸）可分为<u>单向偏心压缩（拉伸）</u>和<u>双向偏心压缩（拉伸）</u>，以矩形截面柱为例，分别讨论单向偏心压缩和双向偏心压缩的应力和强度计算。

1. 单向偏心压缩

若偏心力的作用点落在截面的某一根形心主轴上，构件产生的偏心压缩称为<u>单向偏心压缩</u>。

（1）外力分析

如图 8.3-2（a）所示不计自重的柱，受到一作用在 A 点上的偏心力 F 的作用，A 点在 y 轴上，F 到形心 O 的偏心距为 e。根据力的平移定理，将偏心力 F 向截面形心平移，得到过形心的轴向压力 F 和附加力偶 m，附加力偶矩大小 $m = Fe$，如图 8.3-2（b）。

（2）内力分析

由截面法可知，柱各横截面上的内力值相同，任取 n-n 截面，求其截面内力，如图 8.3-2（c）所示：

轴力　　　　　　　　$F_N = -F$

弯矩　　　　　　　　$M_z = m = Fe$

由分析可知，单向偏心压缩为轴向压缩和平面弯曲的组合。

（3）应力分析

分别计算轴向压缩和平面弯曲对应的应力，根据叠加原理叠加，即得单向偏心压缩时任意横截面上任一处正应力计算公式：

$$\sigma = \sigma_F + \sigma_M = \frac{F_N}{A} \pm \frac{M_z y}{I_z} = -\frac{F}{A} \pm \frac{Fe}{I_z} y \tag{8.3-1}$$

使用公式(8.3-1)计算应力时，若计算点在弯曲变形的受拉区，公式中的第二项取正；若计算点在弯曲变形的受压区，公式中的第二项取负。

单向偏心压缩（视频）

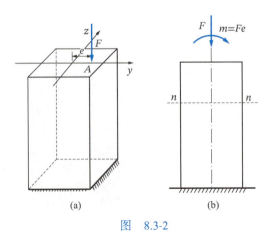

图 8.3-2

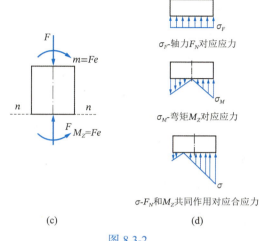

图 8.3-2

（4）强度计算

由应力分布图图 8.3-2（d）可知，偏心压缩时的中性轴不再过截面形心，拉应力的最大值 σ_{tmax} 和压应力的最大值 σ_{cmax} 分别发生在横截面上距离中性轴最远的左、右两边缘上，强度条件为

$$\sigma_{\text{tmax}} = -\frac{F}{A} + \frac{Fe}{W_z} \leqslant [\sigma_t] \tag{8.3-2}$$

$$\sigma_{\text{cmax}} = \left| -\frac{F}{A} - \frac{Fe}{W_z} \right| \leqslant [\sigma_c] \tag{8.3-3}$$

2. 双向偏心压缩

若偏心压力 F 不作用在截面的形心主轴上，而是作用在截面上任意一点时，构件发生的压缩称为<u>双向偏心压缩</u>。

（1）外力分析

如图 8.3-3（a）所示不计自重的柱，受到一落在 A 点偏心力 F 的作用，F 距离 y 轴、z 轴的偏心距分别为 e_z 和 e_y，根据力的平移定理，将偏心压力 F 向截面形心平移，产生附加力偶 m_y，m_z，如图 8.3-3（b）。其力偶矩的数值为 $m_y = Fe_z$，$m_z = Fe_y$。

（2）内力分析

由截面法可知，柱各截面上的内力值相等，任一横截面上的内力有：

轴力 $\quad\quad\quad\quad F_N = -F$

弯矩 $\quad M_y = m_y = Fe_z$，$\quad M_z = m_z = Fe_y$

由分析可知，双向偏心压缩是轴向压缩与两个方向的平面弯曲的组合。

（3）应力分析

分别计算轴向压缩和两个方向平面弯曲对应的应力，根据叠

双向偏心压缩（视频）

加原理叠加,即得双向偏心压缩时任意横截面上任一处正应力计算公式:

$$\sigma = \frac{F_N}{A} \pm \frac{M_y z}{I_y} \pm \frac{M_z y}{I_z} = -\frac{F}{A} \pm \frac{Fe_z}{I_y} z \pm \frac{Fe_y}{I_z} y \qquad (8.3\text{-}4)$$

公式中第二项和第三项同单向偏心压缩,在弯曲变形受拉区为正,受压区为负。

(4)强度计算

双向偏心压缩时最大拉应力σ_{tmax}和最大压应力σ_{cmax}分别发生在截面距中性轴最远的角点B、D处,横截面上应力分布如图 8.3-4 所示,则有:

$$\sigma_{tmax} = -\frac{F}{A} + \frac{M_y}{W_y} + \frac{M_z}{W_z} = -\frac{F}{A} + \frac{Fe_z}{W_y} + \frac{Fe_y}{W_z} \leqslant [\sigma_t] \qquad (8.3\text{-}5)$$

$$\sigma_{cmax} = \left| -\frac{F}{A} - \frac{M_y}{W_y} - \frac{M_z}{W_z} \right| = \left| -\frac{F}{A} - \frac{Fe_z}{W_y} - \frac{Fe_y}{W_z} \right| \leqslant [\sigma_c] \qquad (8.3\text{-}6)$$

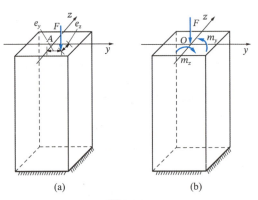

图 8.3-3

F_N对应的应力

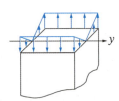

M_y对应的应力

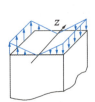

M_z对应的应力

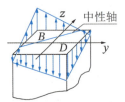

F_N、M_y、M_z共同作用对应的应力

图 8.3-4

以上公式同时适用于偏心拉伸,将公式中的第一项改为正号,

即得到偏心拉伸的计算公式。

三、截面核心

土木工程中常用的建筑材料,如砖、石、混凝土等,都为脆性材料,其抗拉强度很小。在设计由这些材料制成的偏心受压构件时,要限制偏心压力作用的区域,避免截面上出现拉应力,导致构件出现拉伸破坏。由式(8.3-2)和式(8.3-5)可知,当确定偏心压力F和截面尺寸后,应力的分布规律只受偏心距影响。偏心距数值越小,横截面上最大拉应力数值就越小。因此,横截面上总能找到这样一个包括截面形心在内的区域,当偏心压力作用在此区域内时,中性轴与截面边缘相切或在横截面以外,杆件截面上只产生压应力而不产生拉应力,此区域称为<u>截面核心</u>。几种常见图形的截面核心如图 8.3-5 所示。

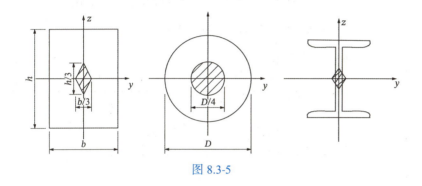

图 8.3-5

【例 8.3-1】如图 8.3-6(a)所示某厂房牛腿柱,已知牛腿柱承受屋面荷载$F_1 = 150\text{kN}$,起重机梁荷载$F_2 = 50\text{kN}$,F_2与柱子轴线有偏心距$e = 0.2\text{m}$,该柱横截面高$h = 250\text{mm}$,$b = 200\text{mm}$。试确定柱横截面是否会出现拉应力,并求最大压应力。

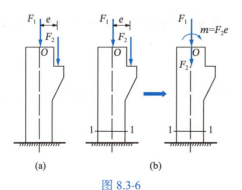

图 8.3-6

例 8.3-1 讲解(视频)

解 (1)外力分析

将外力向截面形心简化,得轴向压力和附加的力偶矩,如

图 8.3-6（b）所示：
$$F = F_1 + F_2 = 150 + 50 = 200(\text{kN})$$
$$m = F_2 \cdot e = 50 \times 0.2 = 10(\text{kN} \cdot \text{m})$$

（2）内力分析

牛腿柱以外的截面都是危险截面，选其中任意 1-1 求内力：
$$F_N = -F = -200(\text{kN})$$
$$M_Z = m = 10(\text{kN} \cdot \text{m})$$

（3）应力分析

若柱存在拉应力，则最大拉应力出现在 1-1 截面左边缘各点，最大压应力出现在 1-1 截面右边缘各点：

$$\sigma_{tmax} = \frac{-F}{A} + \frac{M_z}{W_Z}$$
$$= -\frac{200 \times 10^3}{250 \times 200 \times 10^{-6}} + \frac{10 \times 10^3}{\frac{1}{6} \times 200 \times 250^2 \times 10^{-9}}$$
$$= 0.8 \times 10^6 (\text{pa}) = 0.8(\text{MPa})$$

$$\sigma_{cmax} = \frac{-F}{A} - \frac{M_z}{W_Z}$$
$$= -\frac{200 \times 10^3}{250 \times 200 \times 10^{-6}} - \frac{10 \times 10^3}{\frac{1}{6} \times 200 \times 250^2 \times 10^{-9}}$$
$$= -8.8 \times 10^6 (\text{pa}) = -8.8(\text{MPa})$$

所以该柱会出现拉应力，最大压应力数值为 8.8MPa。

任务实施

步骤 1：计算立柱未开槽前应力最大值。

任务实施（PPT）

步骤 2：计算立柱开槽后危险截面上的应力最大值。

强化拓展

步骤 3：求开槽后立柱最大压应力与未开槽最大压应力之比。

强化拓展（PPT）

任务总结

案例8.4 组合变形构件强度、刚度验算——悬挑式脚手架悬臂主梁

任务发布

任务书

任务一：验算悬挑式脚手架悬臂主梁抗剪强度；
任务二：验算悬挑式脚手架悬臂主梁抗弯强度；
任务三：验算悬挑式脚手架悬臂主梁刚度；
任务四：验算悬挑式脚手架悬臂主梁整体强度；
任务五：验算悬挑式脚手架悬臂主梁整体稳定性。

任务描述

模块2案例2.8中，某项目36号住宅自二层板设置花篮式悬挑扣件钢管脚手架。其悬臂主梁的材料及参数见下表：

主梁材料类型	工字钢
主梁材料规格	16号工字钢
主梁截面惯性矩I_z（mm⁴）	1130
主梁自重标准值g_k（kN/m）	0.205
主梁材料抗剪强度设计值$[\tau]$（N/mm²）	125
主梁容许挠度$[v]$（mm）	$l/250$
主梁合并根数n_z	1
主梁截面积A（cm²）	26.11
主梁截面抵抗矩W_x（cm³）	141
主梁弹性模量E（N/mm²）	206000
主梁材料抗弯强度设计值$[f]$（N/mm²）	215

任务导学（PPT）

任务认知（PPT）

任务认知

悬挑主梁是挑拉式悬挑脚手架悬臂部分的主要受力构件，如图8.4-1所示。悬臂主梁的受力分析图如图8.4-2所示，主梁AB在主动力F、q，约束反力F_{Ay}和F_C分解到竖直方向分力F_{Cy}的作用下，将产生弯曲变形；此外，主梁AB上的AC段还受到约束反力F_{Ax}和F_C分解到水平方向分力F_{Cx}的作用，将产生轴向压缩变形。

● 小 贴 士

悬臂主梁各项设计指标参考《钢结构设计标准》（GB 50017—2017）、《建筑施工技术手册》等。

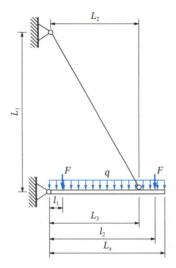
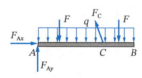

图 8.4-1　悬臂部分力学简图　　图 8.4-2　悬臂主梁受力分析图

小 贴 士

该公式为工字钢计算剪应力化简后的公式，与模块 7 学习任务 7.3 中 $\tau_{max} = \gamma_0 \frac{F_{Smax} S^*_{zmax}}{I_z \cdot d}$ 计算结果基本一致。

式中：γ_0 为结构重要性系数；b、h_0、δ 分别为工字钢翼缘宽度、高度和腹板厚度。

小 贴 士

此处 Q_{max} 与学习任务中 F_{Smax} 对应；$[f]$ 与许用正应力 $[\sigma]$ 对应；υ 与挠度 y 对应；N 与轴力 F_N 对应。

小 贴 士

γ 为塑性发展系数，φ'_b 为均匀弯曲的受弯构件整体稳定系数，参考《钢结构设计标准》（GB 50017—2017）。

根据本模块任务学习可知，悬挑主梁属于压弯变形的组合，需进行抗剪强度验算、抗弯强度验算、刚度验算以及整体稳定性验算。

悬臂主梁抗剪强度验算公式：

$$\tau_{max} = \gamma_0 \frac{Q_{max}[bh_0^2 - (b-\delta)h^2]}{(8I_z \cdot \delta)} \leqslant [\tau]$$

悬臂主梁抗弯强度验算公式：

$$\sigma_{max} = \gamma_0 \frac{M_{max}}{W} \leqslant [f]$$

悬臂主梁刚度验算公式：

$$\upsilon \leqslant [\upsilon]$$

悬臂主梁整体强度验算公式：

$$\sigma_{max} = \gamma_0 \left[\frac{M_{max}}{\gamma W} + \frac{N}{A}\right] \leqslant [f]$$

悬臂主梁整体稳定性验算公式：

$$\gamma_0 \frac{M_{max}}{\varphi'_b W f} \leqslant 1$$

任务实施

任务一：验算悬挑式脚手架悬臂主梁抗剪强度

步骤 1：绘制主梁及上拉杆的受力分析图。

任务实施（文本）

步骤 2：根据模块四案例 4.7 求得的主梁支座反力和上拉杆拉力，绘制主梁弯矩图、剪力图和轴力图。

步骤 3：计算主梁最大剪应力，进行抗剪强度校核。

任务二：验算悬挑式脚手架悬臂主梁抗弯强度

计算主梁最大正应力，进行抗弯强度校核。

任务三：验算悬挑式脚手架悬臂主梁刚度

绘制主梁挠曲线，进行刚度校核。

任务四：验算悬挑式脚手架悬臂主梁整体强度

分析主梁组合变形情况，确定危险点，进行整体强度校核。

任务五：验算悬挑式脚手架悬臂主梁整体稳定性

步骤 1：查找规范，确定均匀弯曲的受弯构件整体稳定系数。

步骤 2：进行整体稳定性校核。

任务总结

强化拓展

强化拓展（文本）

习 题

一、基础题

8-1 如图 8-1 所示悬臂梁在两个不同截面上分别受有水平力F_1和竖直力F_2的作用，若$F_1 = 600N$，$F_2 = 800N$。试求以下两种情况下，梁内最大正应力并指出其作用位置：
（1）宽$b = 90mm$，高$h = 180mm$ 的矩形截面，如图 8-1（a）所示；
（2）直径$d = 130mm$ 的图形截面，如图 8-1（b）所示。

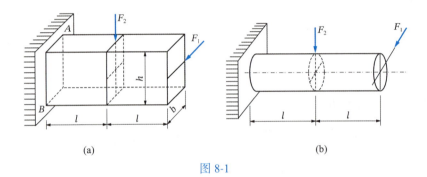

图 8-1

8-2 如图 8-2 所示砖砌烟囱高$H = 32m$，底截面a-a的外径$d_1 = 3m$，内径$d_2 = 2m$，自重$W_1 = 2500kN$，受$q = 1.5kN/m$ 的风力作用。试求：
（1）烟囱底截面上的最大压应力；
（2）若烟囱的基础埋深$h = 4m$，基础自重$W_2 = 1200kN$，土壤的许用压应力$[\sigma] = 0.5MPa$，求圆形基础的直径D应为多大？

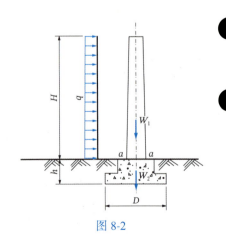

图 8-2

二、提高题

8-3 如图 8-3 所示由 20a 号工字钢制成的刚架，横截面积 $A = 35.5\text{cm}^2$，弯曲截面系数 $W_z = 237\text{cm}^3$，在图示力 F 作用下，测得 A、B 两点应变分别为 $\varepsilon_A = 150 \times 10^{-6}$ 和 $\varepsilon_B = 450 \times 10^{-6}$，材料弹性模量 $E = 200\text{GPa}$，试确定荷载 F 与距离 a 各为多大？

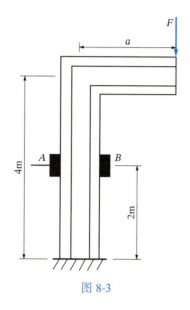

图 8-3

8-4 如图 8-4 所示的矩形截面梁，跨度 $l = 4\text{m}$，荷载及截面尺寸如图所示。设材料为杉木，许用应力 $[\sigma] = 15\text{MPa}$，试校核该梁的强度。

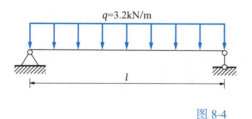 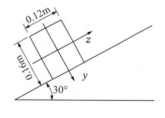

图 8-4

三、拓展题

8-5 【2023 年安徽省大学生力学竞赛真题】如图 8-5 所示，有一高 $H = 1.2\text{m}$、厚 $B = 0.3\text{m}$ 的混凝土墙浇筑于牢固的基础上，用于挡水。墙前受三角形分布的水压力作用，$q = \rho_w gh$，已知水的密度 $\rho_W = 1 \times 10^3 \text{kg/m}^3$，混凝土的密度 $\rho_c = 2.45 \times 10^3 \text{kg/m}^3$，$p = \rho_c g$。取单位长度（1m）的墙段进行分析，试求：
（1）当水位达到墙顶时，墙中的最大拉应力和最大压应力是多少？
（2）若使墙中没有拉应力，最大水深 $h_{\max}$ 是多少？

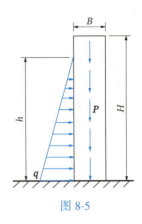

图 8-5

8-6 【2022 年安徽省大学生力学竞赛真题】如图 8-6 所示，直径 $d = 200$mm 的圆形截面简支梁倾斜放置，$\theta = 30°$，$a = 2.5$m，集中力 $F = 200$kN，试确定梁中的最大拉应力和最大压应力的位置，并求出最大拉应力和最大压应力的大小。

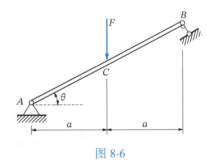

图 8-6

8-7 【2018 年安徽省大学生力学竞赛真题】如图 8-7 所示简支梁，受作用在梁纵向对称面内的均布荷载 q 和作用在端面铅垂对称轴上的拉力 $F = 40qa$ 共同作用。
（1）试求 1-1 横截面上的最大拉应力和最大压应力。
（2）试求 2-2 横截面上的最大拉应力和最大压应力。
（3）若要 2-2 横截面上的最大拉应力等于零，拉力 F 应该作用在端面上的什么位置？

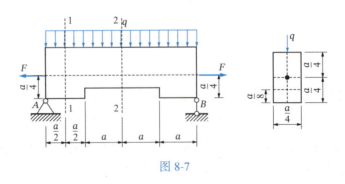

图 8-7

模 块 9

超静定结构的内力计算

知识目标

①了解平面体系自由度的相关概念。
②掌握几何组成分析的基本规则。
③掌握荷载作用下的结构位移的计算方法,熟练掌握图乘法求解结构位移的流程。
④了解力法的基本原理,熟练掌握力法计算超静定结构内力的流程。
⑤了解位移法的基本步骤,熟练掌握位移法计算超静定结构内力的流程。

技能目标

①能识别工程中的超静定结构。
②能用力法或位移法计算超静定结构的内力。
③能对超静定结构进行强度和刚度验算。

素质目标

①增强职业使命感。
②培养工程思维和解决实际问题的科学方法。

超静定结构是在静定结构的基础上增加多余约束的一种结构形式。由于多余约束的存在，超静定结构在部分约束失效后仍可以承担外部荷载。一般情况下，超静定结构比静定结构具有更好的稳定性和更高的承载能力，是实际工程经常采用的结构体系。工程中常见的超静定结构有梁、刚架、拱、桁架及组合结构等。其承载能力校验，主要包括强度计算(验算)和刚度计算(验算)。

本模块学习任务 9.1 介绍平面体系的几何组成分析方法，判断结构类型；学习任务 9.2 介绍静定结构的位移计算方法；学习任务 9.3 介绍力法计算超静定结构的内力的流程；学习任务 9.4 介绍位移法计算超静定结构内力的流程；案例 9.5 以高大模板(板模板)支撑体系的小梁和主梁为例，介绍超静定结构强度和刚度的验算问题。

学习任务9.1 平面体系的几何组成分析

任务发布

对图示杆件体系作几何组成分析。

任务导学

任务导学（PPT）

任务认知

工程中，结构是用来支承和传递荷载的，在荷载作用下必须保持其自身的稳定性。杆系结构属于结构的一种，由若干个杆件相互联结而成，在工程结构设计时，必须保证其在荷载作用下几何形状和位置都不会发生改变，以保持结构的稳定性，从而确保工程结构的安全。

一、杆系结构几何组成分析的几个概念

1. 几何不变体系和几何可变体系

如图 9.1-1（a）所示，由三根杆件组成的平面支架ABCD，该体系在竖向荷载作用下可以维持平衡，但在水平荷载作用下将发生图中虚线所示的机械运动，而失去平衡。这种在荷载作用下，不考虑材料应变，体系的几何形状和位置会发生改变的体系称为几何可变体系，也就是通常所说的机构。

若在平面支架ABCD对角线上增加一根链杆［图 9.1-1（b）］，对角线两个结点间的距离就无法改变，整个体系的几何运动受到了限制，从而能够维持平衡状态。这种在荷载作用下，不考虑材料应变，体系的几何形状和位置不发生改变的体系称为几何不变体系，也就是通常所说的结构。

工程结构必须是几何不变体系。是否为几何不变体系，是通过几何组成分析进行判定的。几何组成分析的作用有：

（1）判断体系是否为几何不变体系，选取几何不变体系作为

几何不变体系和几何可变体系（视频）

结构,进行后续结构设计。

(2)分析结构是否具有多余约束,区分静定结构和超静定结构,进而选择适当的计算方法。

(3)通过几何组成分析过程,了解结构各部分的构成特点,从而确定计算顺序。

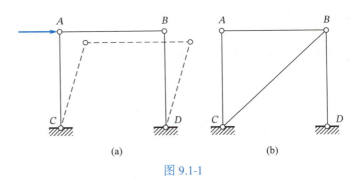

图 9.1-1

2. 刚片

在进行几何组成分析时,由于不考虑材料的应变,因此,体系中的某一杆件、已判明是几何不变的部分或地基均可视为刚体,通常将平面体系中的刚体称为刚片。最基本的几何不变体系——铰结三角形也可视为一个刚片。

3. 自由度

在描述体系运动时,用来确定其位置所需的独立坐标(或几何参变量)数目叫作自由度,记作 n。工程结构都为几何不变体系,承受荷载时位置和形状不变,其自由度为零。凡是自由度大于零的体系就是几何可变体系。

刚片、自由度(视频)

杆系结构是由结点和杆件构成的,可以将其抽象为点和线。因此研究一个体系的运动,必须先研究构成体系的点和线的运动。

先研究点的运动。图 9.1-2(a)所示平面内的一个已知点 A 移动到了 A' 的位置,要确定移动后的位置,需要知道 Δx、Δy 两个独立的坐标。因此,一个点在平面内有两个自由度。

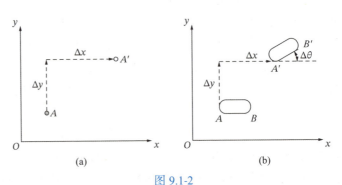

图 9.1-2

再研究线的运动。线是杆件的简化，在几何组成分析时可将其看作刚片，如图 9.1-2（b）所示，刚片 AB 在平面移动到了 A'B' 的位置，其位置的确定，除了要知道两个坐标 Δx、Δy 以外，还要考虑刚片的转动，因此还需要知道倾角 Δθ。因此，<u>一个刚片在平面内有三个自由度</u>。

4. 约束

在杆系结构中，各杆件之间以及体系与基础之间是通过一些装置互相联系在一起的。这些联系装置使体系内各构件之间的相对运动受到了限制，降低了体系的自由度，这些使体系自由度减少的装置称为<u>约束</u>，也可称为<u>联系</u>。能使体系减少一个自由度的装置称为一个约束，如果一个装置能使体系减少 n 个自由度，就相当于具有 n 个约束。

约束（视频）

工程中常见的约束包括以下几种：

（1）链杆约束：如图 9.1-3（a）所示，一个刚片在平面内有三个自由度 x_A、y_A、θ。若增加一根支杆把 A 点与基础相连，由于地基不能动，则 A 点的坐标 x_A、y_A 相互不独立，则此刚片还剩下两个运动独立几何参数 x_A、θ 或 y_A、θ，故此刚片的自由度变为 2。所以，<u>一根链杆可减少一个自由度，相当于一个约束</u>。

（2）铰约束：铰可分为单铰和复铰。仅连接两个刚片的铰称为<u>单铰</u>。如图 9.1-3（b）所示，互不相连的两个刚片 I、II 在平面内有 6 个自由度，若用铰 A 将两刚片连接起来，构成的系统则还剩下 4 个运动独立几何参数 x_A、y_A、θ_1、θ_2。所以，<u>一个单铰可减少两个自由度，相当于两个约束，也可相当于两根链杆约束</u>。

连接两个以上刚片的铰称为<u>复铰</u>，如图 9.1-3（c）所示的互不相连的三个刚片用铰 A 连接，其自由度由 9 个减少为 5 个，即 x_A、y_A、θ_1、θ_2、θ_3。由此类推，<u>连接 n 个刚片的复铰，相当于 $n-1$ 个单铰或 $2(n-1)$ 个约束，减少 $2(n-1)$ 个自由度</u>。图 9.1-4（a）中单铰数 h 是 1、（b）图中单铰数 h 是 2、（c）图中单铰数 h 是 3。

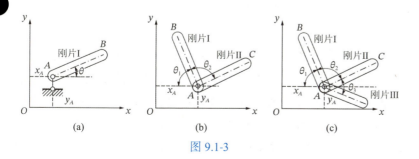

图 9.1-3

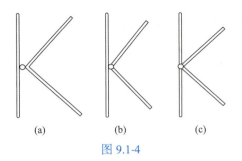

图 9.1-4

在铰约束中还有实铰和虚铰的区别。两根不共线链杆在杆端直接相交所形成的铰，称为实铰[图 9.1-5（a）]。由两根链杆在中间相交或轴线延长相交形成的铰，则称为虚铰[图 9.1-5（b）]，分析几何组成问题时，实铰和虚铰的作用相同。

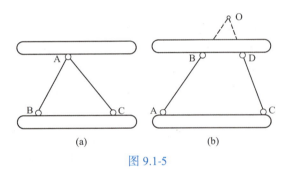

图 9.1-5

（3）刚性连接约束（刚结点）：包括单刚性连接和复刚性连接，又称为单刚结点和复刚结点。

连接两个刚片的刚结点称为单刚结点[图 9.1-6（a）]，一个单刚结点可减少三个自由度，相当于三个约束。连接两个以上刚片的刚结点称为复刚结点[图 9.1-6（b）]，一个连接 n 个刚片的复刚结点相当于 $(n-1)$ 个单刚结点，可减少 $3(n-1)$ 个自由度。

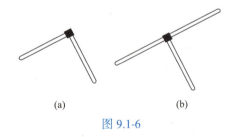

图 9.1-6

（4）多余约束：如果在一个体系中增加一个约束，而体系的自由度并不减少，此约束称为多余约束；或者除去约束后，体系自由度不发生改变，则除去的约束即为多余约束。如图 9.1-7（a）中 A 点在平面上有两个自由度，用链杆 AB、AC 把 A 点与基础相连，则 A 点被固定，组成几何不变体系。若增加一个链杆 AD

[图 9.1-7（b）]，体系仍为几何不变，则增加的链杆AD就是多余约束。

需要注意的是，对于图 9.1-7（b）来说，有一根链杆为多余约束，这根链杆可以是AB、AC、AD杆中的任意一根。

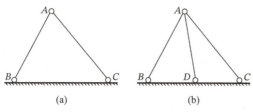

图 9.1-7

5. 瞬变体系

如图 9.1-8 所示结构中，两根链杆AB、BC共线，当在铰上作用一集中力F时，B点就能以A、C为圆心，以BA、BC为半径作一微小的转动，转动后三个铰不再共线，其体系又变成了几何不变体系。这种原为几何可变，经微小位移后即转化为几何不变的体系，称为<u>瞬变体系</u>。

瞬变体系是一种可变体系。几何可变体系除了有瞬变体系还有常变体系，若一个几何可变体系经过微小位移后能继续发生较大位移的，则称为<u>常变体系</u>。瞬变体系虽然发生微小位移，但是能使杆件产生很大的内力，导致结构破坏，不宜用作工程结构。

瞬变体系（视频）

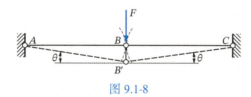

图 9.1-8

二、平面杆件体系的计算自由度

若干个刚片彼此用铰、支座和基础相连而成某个平面体系，其计算自由度W为组成体系各刚片自由度数之和减去体系的总约束数。若体系中刚片数为m，各刚片都是自由的，刚结点（包括固定端）个数为g，单铰数（包括铰支座）为h，链杆数为r，则体系计算自由度的公式为：

$$W = 3m - (3g + 2h + r)$$

特别提醒，g、h必须是单刚结点和单铰数，如果是复刚结点和复铰，应折算成单刚结点和单铰代入公式计算。

计算自由度（视频）

【例 9.1-1】计算图 9.1-9 中体系的计算自由度W。

例 9.1-1 讲解（视频）

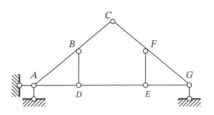

图 9.1-9

解 图中该体系共有 7 根杆件，每根杆件都视为一个刚片，则 $m=7$；其中 A、B、C、F、G 处的铰为单铰，D、E 处为连接三个刚片的复铰，按照公式，各换算成 2 个单铰，则单铰总数 $h=5+2\times2=9$；支座 A 处的链杆根数为 2 根，支座 G 处的链杆根数为 1 根，$r=2+1=3$，刚结点个数 $g=0$，则体系计算自由度为：

$$W = 3m - 2h - r = 3\times7 - 2\times9 - 3 = 0$$

计算自由度 W 结果的几种讨论：

（1）若 $W>0$，表明体系存在计算自由度，缺少足够的约束使其几何不变，因而是几何可变体系。

（2）若 $W=0$，表明体系具有保持其几何不变所必需的最少约束数目。

计算自由度 W 结果的几种讨论（视频）

（3）若 $W<0$，表明体系具有多余约束。

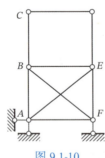

图 9.1-10

由此可见，一个体系要想成为几何不变体系，则必须满足计算自由度 $W\leqslant0$ 的条件。$W\leqslant0$ 是体系为几何不变体系的必要条件，而非充分条件。如图 9.1-10 中，该体系自由度为 $W = 3\times9 - (2\times12+3) = 0$，但是其上半部分缺少约束而下半部分有多余约束，仍然是一个几何可变体系。因此，还要结合几何组成规则来判别体系是否是几何可变体系。

三、几何不变体系的基本组成规则

判别几何不变体系的基本规则是铰结三角形规律。如图 9.1-11 所示，不共线的三个铰 A、B、C，分别用 1、2、3 三根链杆两两相连，所组成的三角形称为铰结三角形。铰结三角形是一个无多余约束的几何不变体系，这就是铰结三角形规律。

1. 二元体规则

如图 9.1-12 所示，一个结点（结点 A）与一个刚片（刚片Ⅰ）

二元体规则（视频）

用两根不共线的链杆相连，且三个铰不在同一直线上，符合铰结三角形规律，组成的体系为一个无多余约束的几何不变体系。

其中，结点和两根不共线的链杆所组成的构造，称为二元体。在一个体系上增加或撤除一个或若干个二元体，不影响体系的几何组成。如图 9.1-12 中，去掉结点 A 和链杆 1、2 组成的二元体后，剩下的刚片I仍为无多余约束的几何不变体系。进行几何组成分析时，通常先将二元体撤除，再分析剩余部分体系的几何组成。

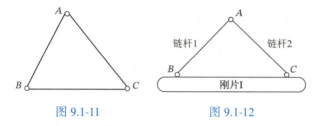

图 9.1-11　　　　图 9.1-12

2. 两刚片规则

分析几何组成时，可把图 9.1-12 中的链杆 AB 作为刚片Ⅱ，如图 9.1-13（a）所示，这样刚片Ⅰ和刚片Ⅱ之间就可以当作由一个铰和一根不通过此铰的链杆相连，体系仍是无多余约束且几何不变的。由前述知识可知，一个单铰的约束相当于两根链杆的约束。图 9.1-13（a）铰 B 的约束可等效为图 9.1-13（b）中 BD、BE 两根链杆组成的实铰约束，也可等效为图 9.1-13（c）中 AB、CD 组成的虚铰约束。得出两刚片规则：两个刚片用一个铰和一根链杆相连，或用不全交于一点也不互相平行的三根链杆相连，组成的体系为一个无多余约束的几何不变体系，且没有多余约束。

两刚片规则（视频）

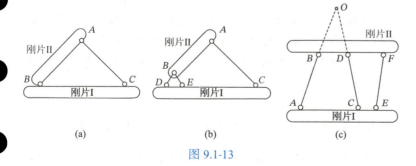

图 9.1-13

3. 三刚片规则

将图 9.1-13（a）中的链杆 AC 作为刚片Ⅲ [图 9.1-14（a）]，这样三个刚片之间就通过不在一直线上的三个铰两两相连，组成无多余约束的几何不变体系，这就是三刚片规则。三个刚片之间的连接铰可以是实铰 [图 9.1-14（a）]，亦可以是虚铰 [图 9.1-14（b）]。

三刚片规则（视频）

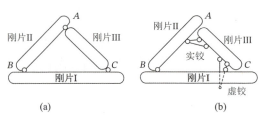

图 9.1-14

四、平面几何组成分析示例

【例 9.1-2】 对图 9.1-15 所示的多跨梁作几何组成分析。

例 9.1-2 讲解（视频）

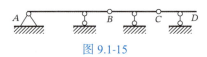

图 9.1-15

解 将梁 AB 视为刚体与基础相连，由两刚片规则知，形成了无多余约束的几何不变体系，在此基础上，第二根梁 BC 和梁 CD 又是通过铰和一根链杆与原有体系相连，再次利用两刚片规则，形成了几何不变体系，且无多余联系，这就是多跨静定梁结构。

【例 9.1-3】 对图 9.1-16 示刚架体系作几何组成分析。

例 9.1-3 讲解（视频）

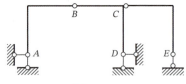

图 9.1-16

解 将 AB、BD 两个 L 形刚片视为与基础间两两通过铰相连，且三个铰不在一直线上，由三刚片规则可知，形成了无多余约束的几何不变体系，在此基础上，刚片 CE 通过铰和一根链杆与原有体系相连，由两刚片规则，形成了几何不变体系，且无多余联系。

【例 9.1-4】 对图 9.1-17 所示杆件体系作几何组成分析。

解 ABD 由 5 个刚片组成，每个刚片都是几何不变，可将 ABD 整体看作一个刚片Ⅰ；同理，也可将 BEC 整体看作一个刚片Ⅱ，把基础看作刚片Ⅲ，刚片Ⅰ、Ⅲ通过实铰 A 相连，刚片Ⅰ、Ⅱ通过实铰 B 相连，刚片Ⅱ、Ⅲ通过实

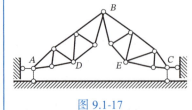

图 9.1-17

铰 C 相连，且三个铰不在一直线上，符合三刚片规则，故为无多余约束的几何不变体系。

五、静定结构和超静定结构

工程结构分为<u>静定结构</u>和<u>超静定结构</u>，静定结构是指仅由平衡方程就可以全部确定约束反力和各截面内力的结构，如图 9.1-18（a）所示外伸梁。若从图 9.1-18（a）外伸梁中去掉链杆 B，就变成了几何可变体系。由此可知，静定结构是无多余约束的几何不变体系。

静定结构和超静定结构（视频）

超静定结构是指由平衡方程不能全部确定各截面内力和约束反力的结构，如图 9.1-18（b）所示连续梁。若从图 9.1-18（b）连续梁中去掉链杆 C，结构仍是几何不变的，链杆 C 则是一个多余约束，由此可知，超静定结构则是有多余约束的几何不变体系。可见，有无多余约束是超静定结构和静定结构的根本区别。

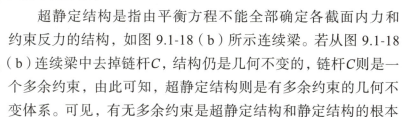

图 9.1-18

超静定结构因多余约束的存在，增加了结构的强度和刚度，在实际工程中应用广泛。如常见的超静定梁、刚架、拱、桁架及其组合结构，分别如图 9.1-19 的（a）～（e）所示。

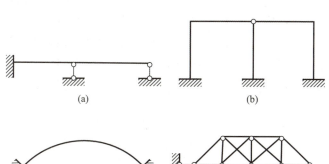

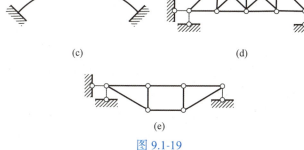

图 9.1-19

任务实施（PPT）

任务实施

步骤1：分析该几何体系，明确使用哪些基本组成规则进行组合分析。

步骤2：判断该几何体系是否是几何不变且无多余约束的。

强化拓展（PPT）

任务总结

学习任务9.2 结构位移计算

任务发布

预应力钢筋混凝土墙板单点起吊过程中的计算简图如下图所示，求B点的线位移Δ_B。

已知：板宽1m，厚2.8cm，混凝土重度为25000N/m³，抗弯刚度$EI = 3.8\text{N}\cdot\text{m}^2$。

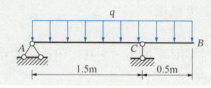

任务导学

任务导学（PPT）

任务认知

一、结构的位移计算

1. 结构位移的概念

结构位移是指结构上某一截面位置的移动或截面的转动。结构位移主要由荷载作用、温度变化、支座沉陷、结构构件的制造和安装误差以及结构材料性质变化等原因引起。

结构位移可以分为两种类型：

（1）结构线位移：指结构上某横截面的形心沿某一方向移动的距离。如图9.2-1所示刚架，在竖向荷载作用下，C截面的形心C点移动到C'点，CC'的距离Δ_C称为C点的线位移。Δ_C可分解为水平线位移Δ_{Cx}和竖直线位移Δ_{Cy}两个分量。

结构位移的概念（视频）

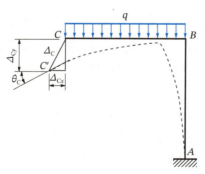

图 9.2-1

（2）结构角位移：指结构上某截面发生转动的角度，如图 9.2-1 所示刚架中，截面C在发生线位移的同时，还绕其中性轴转动了一个角度θ_C，该角度称为截面C的角位移。也可用在该截面处，变形后轴线的切线方向与变形前轴线方向之间的夹角来表示。

结构位移的计算十分重要，其作用有：

①通过结构位移计算可以校核结构的刚度，确定结构的变形值是否超过位移容许值（如铁路钢板桥最大挠度不超过跨度的 1/700，钢桁梁最大挠度不超过跨度的 1/900）。

②结构位移计算是超静定结构内力分析的基础，在超静定结构内力计算时，除了要满足力的平衡条件外，还要满足变形连续条件。

2. 虚功和虚功原理

（1）虚功

功是指作用在物体上的力与在其作用点沿该力方向位移的乘积，包括实功和虚功。

当力作用在物体上，并因该力导致物体发生某一方向的实际位移（实位移）时，力与该实位移的乘积就称为实功。实功是实际存在的，能够直接改变物体的动能或势能。

如图 9.2-2 所示，某一恒定力的水平力F，使物体移动的水平距离为Δ，力F所做的功为实功，其值为：$W = F\Delta$。又如图 9.2-3 所示，一圆盘受一力偶$m = F \cdot 2r$作用而产生角位移φ，力偶所做的实功为：$W = m\varphi$，即力偶所做的功等于力偶矩和角位移的乘积。

虚功和虚功原理（视频）

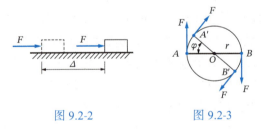

图 9.2-2　　　　图 9.2-3

上述功的两个要素中，力和位移是广义概念。其中，广义力包括集中力、一对力、力偶、一对力偶；广义位移包括线位移、相对线位移、角位移、相对角位移。注意，广义力和广义位移要一一对应。

当力作用在物体上，但物体发生位移并不是由该力所引起的，两者彼此独立，力与该位移的乘积就称为虚功。虚功在物理上并不实际存在，但它对于分析力学问题具有重要作用。

如图 9.2-4 所示的简支梁，受集中力F作用，在F作用下发生

位移 Δ_1，力 F 相对应位移 Δ_1 所做的功就是实功；待其达到实曲线所示的弹性平衡位置后，由于某种原因（如其他荷载、支座移动、温度改变、制造误差等）使梁继续发生微小变形而达到虚线所示位置，力 F 相对应位移 Δ_2 所做的功就是虚功。

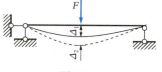

图 9.2-4

结构上的外力所做的虚功称为<u>外力虚功</u>，用 $W_{外}$ 表示；结构上某微段上的内力所做的虚功称为<u>内力虚功</u>，用 $W_{内}$ 表示。

力系所构成的静力平衡状态被称为<u>力状态</u>，反映了体系中力的分布特性。体系由于其他原因作用可能产生的位移或变形状态则被称为<u>位移状态</u>，反映了体系对外部作用的响应或体系对内部应力的响应。这两种状态在虚功原理中是彼此独立、互不影响的。

功是标量，常用单位是 N·m、kN·m。实功恒为正值；而虚功可以为正、负或零，取决于力与位移的相对方向，若与位移的方向相同，则力做正功，反之，力做负功。

（2）虚功原理

假设变形体系处于静力平衡条件，变形体由于其他原因，产生符合约束条件的微小连续变形（位移）。作用在结构上的外力（如荷载、约束反力等）在相应位移上所做外力虚功 $W_{外}$ 恒等于结构微段上内力在相应变形上所做的内力虚功 $W_{内}$，即 $W_{外}=W_{内}$，这就是<u>虚功原理</u>。

3. 单位荷载法

基于虚功原理计算结构位移时，要确定力状态和位移状态。结构在实际荷载或其他原因作用下发生位移和变形，这是位移状态（实际状态）。为了利用虚功原理，还需建立力状态，使其在位移状态的所求位移上做虚功。通常在所求位移点处施加一个与位移方向一致的单位虚力 $F=1$，得到力的状态（虚设状态）。这种通过施加单位虚力应用虚功原理计算结构位移的方法称为<u>单位荷载法</u>。注意：单位荷载的设置，应遵循所虚设的力和位移一一对应的原则。

单位荷载法（视频）

如图 9.2-5（a）所示的刚架，横梁上有竖向集中荷载 F 作用，若求此荷载下不同的位移时，虚设单位力将有不同的情况：

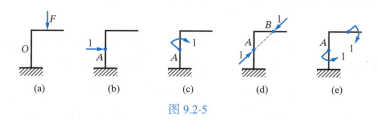

图 9.2-5

（1）求结构在任一点A沿水平方向的线位移，应在A点加一水平方向单位集中力，如图9.2-5（b）所示。

（2）求A点的角位移，应在A点加一个单位力偶，如图9.2-5（c）所示。

（3）求A、B两点的相对线位移，应在这两点连线方向上加一对指向相反的单位集中力，如图9.2-5（d）所示。

（4）求A、B两截面的相对角位移，在这两截面处加一对转向相反的单位力偶，如图9.2-5（e）所示。

二、静定结构位移计算公式

在虚设单位荷载的情况下，设Δ为任意点的所求广义位移，则外力虚功：

$$W_{外} = F \cdot \Delta = \Delta$$

内力虚功：

$$W_{内} = \sum \int \frac{M\overline{M}}{EI}\mathrm{d}x + \int \frac{kF_\mathrm{S}\overline{F}_\mathrm{S}}{GA}\mathrm{d}x + \int \frac{F_\mathrm{N}\overline{F}_\mathrm{N}}{EA}\mathrm{d}x$$

由虚功原理，$W_{外} = W_{内}$，得出结构位移计算的一般公式：

$$\Delta = \sum \int \frac{M\overline{M}}{EI}\mathrm{d}x + \int \frac{kF_\mathrm{S}\overline{F}_\mathrm{S}}{GA}\mathrm{d}x + \int \frac{F_\mathrm{N}\overline{F}_\mathrm{N}}{EA}\mathrm{d}x \qquad (9.2\text{-}1)$$

式中：M、F_S、F_N——实际荷载下杆件的弯矩、剪力、轴力；

$\overline{M}$、$\overline{F}_\mathrm{S}$、$\overline{F}_\mathrm{N}$——虚设单位力作用下杆件的弯矩、剪力、轴力；

EI、GA、EA——杆件的抗弯刚度、抗剪刚度、抗拉刚度；

k——剪应变截面系数。其值和截面形状有关，矩形截面$k = 1.2$；圆形截面$k = 10/9$；工字形截面$k = A/A_1$（A_1为腹板面积）。

式(9.2-1)即为静定结构在荷载作用下位移计算的一般公式。公式右边三项分别表示弯曲变形、剪切变形、轴向变形的影响。各种不同结构的结构形式、受力特点不同，在位移中这三种影响的大小不同。根据不同结构的受力特点，只分析主要影响，忽略次要影响，可得到以下几种结构的位移计算简化公式。

（1）梁和刚架

在梁和刚架中，变形主要是由弯矩引起的，剪力和轴力对位移的影响很小，将它们略去。因此，公式(9.2-1)可简化为：

$$\Delta = \sum \int \frac{M\overline{M}}{EI}\mathrm{d}x \qquad (9.2\text{-}2)$$

静定结构位移计算
（视频）

（2）桁架

在桁架中，各杆只产生轴力，且各杆的横截面形状尺寸、杆长、弹性模量E、轴力F_N、$\overline{F}_N$通常都是不变常数，公式(9.2-1)可简化为：

$$\Delta = \sum \int \frac{F_N \overline{F}_N}{EA} dx = \sum \frac{F_N \overline{F}_N}{EA} l \qquad (9.2\text{-}3)$$

（3）组合结构

在组合结构中，一些杆主要受弯曲，一些杆只受轴力，公式(9.2-1)可简化为：

$$\Delta = \sum \int \frac{M\overline{M}}{EI} dx + \sum \frac{F_N \overline{F}_N}{EA} l \qquad (9.2\text{-}4)$$

（4）拱

一般的实体拱，只考虑拱的弯曲变形影响已经足够，则采用公式(9.2-2)，但在扁平拱中需考虑弯矩和轴力的影响，公式(9.2-1)可简化为：

$$\Delta = \sum \int \frac{M\overline{M}}{EI} dx + \int \frac{F_N \overline{F}_N}{EA} dx \qquad (9.2\text{-}5)$$

三、图乘法

当结构或结构上的荷载比较复杂时，使用上述积分法计算过程非常复杂。下面介绍一种相对简单的方法——图乘法。

根据高斯数值积分法，可将(9.2-2)求出积分值，推导出公式为：

$$\Delta = \sum \int \frac{M\overline{M}}{EI} dx = \int \frac{M_i M_K}{EI} dx = \sum \frac{A \cdot y_C}{EI} \qquad (9.2\text{-}6)$$

图乘法（视频）

式中：A——M_K图的面积；

y_C——M_K弯矩图面积的形心C处对应的M_i图的纵坐标。

若面积A和纵坐标y_C在杆的同一侧时，图乘结果取正值；不在同一侧时，图乘结果取负值。

使用图乘法，需要注意三个应用条件：

（1）杆轴为直线。

（2）EI为常数（包括截面分段变化的杆件）。

（3）M、$\overline{M}$两图中，至少有一个是直线图形。

利用图乘法求位移时，如果绘制出的弯矩图形比较复杂，可先将复杂图形分解成几个简单图形，分别将简单图形图乘后再叠加。

图9.2-6为位移计算中常见图形的面积公式和形心位置。

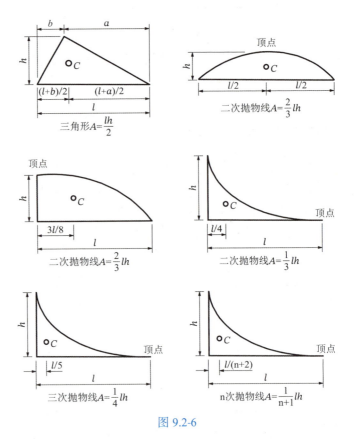

图 9.2-6

图乘法计算静定结构位移解题步骤：

（1）根据力与位移的对应关系，在欲求位移处沿所求位移的方向虚设广义单位力。

（2）分别绘制结构在实际荷载作用下的M图及结构在广义单位力作用下的$\overline{M}$图。

（3）观察M图和$\overline{M}$图，确定用来求面积的M_K图、求纵坐标的M_i图。

① 如果M和$\overline{M}$的图形都是直线，可任取一个作为M_K图，另一个为M_i图。

② 如果M和$\overline{M}$的图一条为直线，一条为曲线，或几段直线组成的折线，则取曲线或折线弯矩图为M_K图，取直线弯矩图为M_i图。

③ 如果M和$\overline{M}$的图为一条由几段直线组成的折线，一条为曲线，则应分段考虑。如图 9.2-7 示，有 $\int M_i M_K \, dx = A_1 y_1 + A_2 y_2 + A_3 y_3$。

④ 如果绘制出的弯矩图形比较复杂，可先将复杂图形分解成几个简单图形，分别将简单图形图乘后再叠加。

> **小贴士**
>
> 图乘法同样适用剪力和轴力的两项积分：
>
> $\sum \int \frac{kF_S \overline{F_S}}{GA} dx = \sum \frac{A \cdot y_C}{GA}$
>
> $\sum \int \frac{F_N \overline{F_N}}{EA} dx = \sum \frac{A \cdot y_C}{EA}$

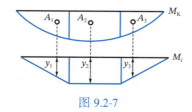

图 9.2-7

a. 计算 M_K 图的面积 A，确定 M_K 图的形心位置 C，取形心 C 所对应的 M_i 图形的纵坐标 y_C。

b. 将 A、y_C 带入图乘公式计算所求位移。

【例 9.2-1】如图 9.2-8（a）示简支梁，作用集中力 F，杆长为 a，计算该简支梁线位移和角位移的最大值。梁的 EI 为常数。

例 9.2-1 讲解（视频）

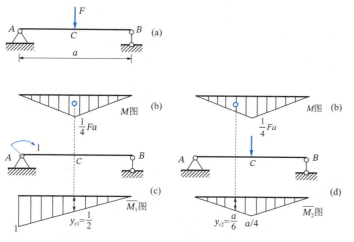

图 9.2-8

解 简支梁的角位移的最大值发生在 A、B 两端，A 端角位移记为 θ_A。线位移的最大值发生在跨中截面 C，C 的线位移记为 Δ_{Cy}。先求 θ_A：

（1）绘制实际荷载作用下的弯矩图 M 图，如图 9.2-8（b）所示。

$$M_{max} = \frac{1}{4}Fa$$

（2）求 A 端转角 θ_A，在 A 端虚设单位力偶 $M=1$，绘制单位力弯矩 $\overline{M}_1$ 图，如图 9.2-8（c）所示。

（3）M 图为折线，$\overline{M}_1$ 为直线，故取 M 图为 M_K 图，$\overline{M}_1$ 图为 M_i 图。M 图面积 A_1 及其形心对应的 $\overline{M}_1$ 图纵坐标 y_{C1} 分别为

$$A_1 = \frac{1}{2} \times \frac{1}{4}Fa \times a = \frac{Fa^2}{8}, \quad y_{C1} = \frac{1}{2}$$

（4）计算 θ_A，得：

$$\theta_A = \frac{A_1 \cdot y_{C1}}{EI} = \frac{1}{EI} \times \frac{Fa^2}{8} \times \frac{1}{2} = \frac{Fa^2}{16EI}$$

方向顺时针

再求挠度Δ_{Cy}：

（1）M图仍如图9.2-8（b）所示。

（2）在C点加竖向单位力$F=1$，其弯矩$\overline{M}_2$图如图9.2-8（d）所示。

（3）在计算A、y_C的时候，因为弯矩$\overline{M}_2$图是折线，故应分段计算再叠加。利用对称性，只需计算半个结构，再取2倍即可。将M图取为M_K图，$\overline{M}_2$图取为M_i图。M图面积A_2及其形心对应的$\overline{M}_2$图纵坐标y_{C2}分别为

$$A_2=\frac{1}{2}\times\frac{1}{4}Fa\times\frac{a}{2}=\frac{Fa^2}{16}, \quad y_{C2}=\frac{2}{3}\times\frac{a}{4}=\frac{a}{6}$$

（4）计算挠度Δ_{Cy}：

$$\Delta_{Cy}=2\left[\frac{A_2\cdot y_{C2}}{EI}\right]=2\times\frac{1}{EI}\times\frac{Fa^2}{16}\times\frac{a}{6}=\frac{Fa^3}{48EI}$$

计算结果为正，表示其位移方向和虚设单位力的方向相同，竖直向下。

【例9.2-2】求图9.2-9（a）所示刚架结点B的水平线位移Δ_B。各杆截面为矩形，惯性矩相等。只考虑弯曲变形的影响。

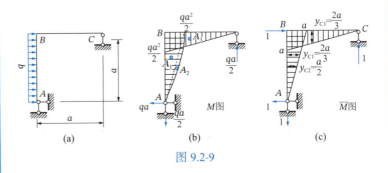

图9.2-9

解（1）画实际荷载作用下的弯矩M图，如图9.2-9（b）所示。

（2）在B端虚设一集中力$F=1$，其弯矩$\overline{M}$图如图9.2-9（c）所示。

（3）对于刚架，应分段图乘再叠加。M图中有曲线，$\overline{M}$图为斜直线，所以将M图取为M_K图，$\overline{M}$图取为M_i图。M_K图面积可分为A_1、A_2、A_3计算：

$$A_1=\frac{1}{2}\times a\cdot\frac{qa^2}{2}=\frac{qa^3}{4}, \quad A_2=\frac{2}{3}\times\frac{qa^2}{8}\cdot a=\frac{qa^3}{12},$$

$$A_3=\frac{1}{2}\times\frac{qa^2}{2}\cdot a=\frac{qa^3}{4}$$

M_i图上相应的纵坐标：

$$y_1=\frac{2}{3}a, \quad y_2=\frac{1}{2}a, \quad y_3=\frac{2}{3}a$$

（4）代入公式，求得：

$$\Delta_B = \sum \int \frac{M\overline{M}}{EI}dx = \frac{1}{EI}\left(\frac{qa_3}{4}\cdot\frac{2a}{3} + \frac{qa_3}{12}\cdot\frac{a}{2} + \frac{qa_3}{4}\cdot\frac{2a}{3}\right)$$
$$= \frac{3qa_4}{8EI}(\downarrow)$$

任务实施

步骤 1：画出结构在实际荷载作用下的弯矩图。

步骤 2：在 C 端虚设一集中力 $F=1$，画其单位弯矩图 $\overline{M}$。

步骤 3：根据弯矩图特点，确定 M_K 图并求其面积 A，确定 M_i 图及 M_K 图形心所对应的纵坐标值 y_C。

步骤 4：代入公式，计算结果。

任务实施（PPT）

任务总结

强化拓展

强化拓展（PPT）

学习任务9.3 力法计算超静定结构内力

任务导学（PPT）

任务发布

用力法计算下图所示的一次超静定梁的内力图，EI为常数。

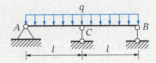

任务认知

工程中存在大量的超静定结构。计算超静定结构的方法有两种——力法和位移法。本任务介绍力法。

一、超静定次数的确定

超静定次数的确定（视频）

超静定结构中，有多余约束的存在，多余约束会产生多余约束反力。超静定次数是指超静定结构中多余约束的个数或多余约束反力的个数。从静力分析看，超静定次数等于根据平衡方程计算未知力时所缺少方程的个数，即：

超静定次数 = 多余约束(反力)个数

= 未知力个数 − 结构系统具有的独立平衡方程个数

如图9.3-1（a）所示，梁的未知力有5个，结构系统具有的独立平衡方程有3个，超静定次数为：5 − 3 = 2。再如图9.3-2（a）所示，刚架结构未知力有5个，结构系统具有的方程个数为3个，超静定次数为：5 − 3 = 2。

确定结构超静定次数最直接的方法是解除多余约束法，即将原结构的多余约束移去，代之以相应的多余未知力X，使其成为一个（或几个）静定结构,解除的多余约束数目就是原结构的超静定次数。

解除超静定结构的多余约束，需要注意以下几点：

（1）移去一根支座链杆或切断一根链杆，相当于解除一个约束。如图9.3-1（a）所示的悬臂梁，去掉中间两支座链杆并代以多余未知力X_1和X_2，就变成了静定悬臂梁，如图9.3-1（b）所示。

（2）移去一个固定铰支座或者拆开一个单铰，相当于解除两个约束。如图9.3-2（a）所示的超静定刚架，去掉刚架右侧的固定铰支座，相当于解除两个约束，用未知力X_1、X_2代替，如图 9.3-2（b）所示。再如图 9.3-3（a）所示的用单铰连接的两个静定刚架，去掉单铰也相当于解除两个约束，可用未知力X_1、X_2代替，如图 9.3-3（b）所示。

（3）移去一个固定端支座或切断刚性连接，相当于解除三个约束。如图 9.3-4（a）所示的超静定刚架，沿中间任一截面切断，相当于解除三个约束，用未知力X_1、X_2、X_3代替，如图 9.3-4（b）所示。

（4）将固定端支座改为固定铰支座或将梁式杆中某截面改为铰结，相当于解除一个约束。将一固定支座改成铰支座或将受弯杆件某处改成铰结，也等于去掉一个约束。将图 9.3-4（a）中的超静定刚架的两个固定端支座分别改为固定铰支座，各解除一个约束，用未知力X_1、X_2代替，将梁式杆中某截面改为铰结，也解除一个约束，用未知力X_3代替，如图 9.3-4（c）所示。

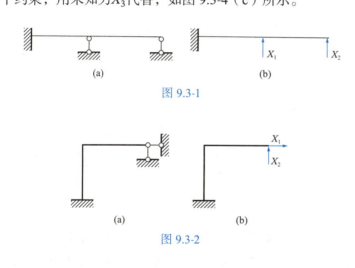

图 9.3-1

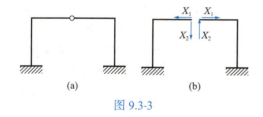

图 9.3-3

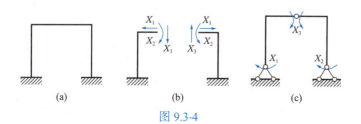

图 9.3-4

通过以上分析可知：

（1）解除的约束必须是全部的多余约束，不能解除必要约束，所得到的结构必须是几何不变体系。

（2）同一超静定结构去解除约束的方法往往不止一种，故可得到不同的静定结构，如图 9.3-4（b）、（c）所示，但无论采用哪一种，去掉的多余约束数目是一样的。

（3）解除内部多余约束时，对应的多余约束力是成对出现的，如图 9.3-4（b）刚架内力。

例 9.3-1 讲解（视频）

【例 9.3-1】试确定图 9.3-5（a）、图 9.3-6（a）所示结构的超静定次数。注：图 9.3-6（a）在C截面处切开。

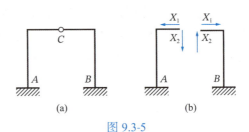

图 9.3-5

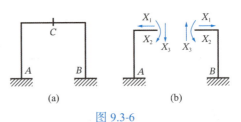

图 9.3-6

解 图 9.3-5（a）结构中，固定端 A、B 各有 3 个未知力，单铰 C 有 2 个未知力，未知力的个数共有 $3+3+2=8$ 个，平衡方程有 $2\times 3=6$ 个，超静定次数为 $8-6=2$。可以拆开 C 处单铰代之以约束反力 X_1 和 X_2，如图 9.3-5（b）所示。

图 9.3-6（a）所示结构中，固定端 A、B 各有 3 个未知力，未知力的个数共有 $3+3=6$ 个，平衡方程有 3 个，超静定次数为 $6-3=3$。若在 C 处断开，需代之以 3 个约束反力 X_1、X_2、X_3，如图 9.3-6（b）所示。

二、力法的基本原理

力法是计算超静定结构最基本的方法。它的基本思路是把超静定结构转化为静定结构计算。其解题的原理可概括如下：

（1）解除超静定结构的多余约束，使之变成静定结构后再进一步处理。

（2）该静定结构在解除多余约束处的变形与原超静定结构在该处位移协调条件一致，可由位移协调条件，建立力法典型方程，求多余约束反力。

（3）求出多余约束反力后，便可利用平衡方程求解剩下反力或内力。

以下图为例来说明力法的基本概念和具体的解题思路。

将图9.3-7（a）中原结构超静定梁的B支座解除，用未知力X_1代替，并保留原荷载所得到的含有多余未知力的静定结构，称为力法的基本体系，如图9.3-7（b）所示。B支座解除得到的静定悬臂梁称为原结构的基本结构，如图9.3-7（c）所示。多余未知力X_1称为力法的基本未知量。基本体系本身既是静定结构，又可用它代表原来的超静定结构。因此，它是由静定结构过渡到超静定结构的有效途径。

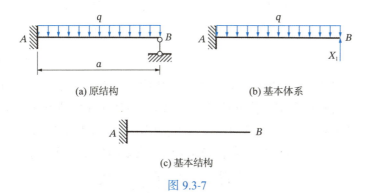

图 9.3-7

若能求出多余未知力X_1，就可按照静定结构求解悬臂梁的反力、内力和变形。考虑变形条件，基本体系沿多余未知力X_1方向的位移应与原结构位移相同，原结构在B点的位移$\Delta_1 = 0$，所以基本体系下B点仍然有位移$\Delta_1 = 0$。根据叠加原理，可将Δ_1看成是由两部分位移叠加而来——基本结构在荷载q单独作用下沿X_1方向产生的位移，用Δ_{1F}表示，如图9.3-8（a）所示；基本结构在荷载X_1单独作用下沿X_1方向产生的位移，用Δ_{11}表示，如图9.3-8（b）所示。所以，B点的位移Δ_1可写为

$$\Delta_1 = \Delta_{11} + \Delta_{1F} = 0 \tag{9.3-1}$$

若以δ_{11}表示基本结构在单位力$X_1 = 1$ 单独作用下在B点沿X_1方向产生的位移，如图9.3-8（c）所示，则有$\Delta_{11} = \delta_{11}X_1$。于是式(9.3-1)可写为

$$\delta_{11}X_1 + \Delta_{1F} = 0 \tag{9.3-2}$$

式(9.3-2)就是根据位移条件得到的求解多余力的补充方程，称为**力法典型方程**。式中，δ_{11} 称为系数，Δ_{1F} 称为自由项。

• 小 贴 士

X_1 为正值，说明基本未知量的方向与假设方向相同；如为负值，则方向相反。

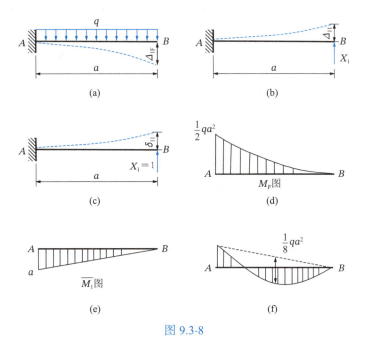

图 9.3-8

系数 δ_{11} 和自由项 Δ_{1F} 均为基本结构在已知荷载作用下的位移，可按照静定结构位移计算方法求得，具体可用图乘法来计算。作基本结构在均布荷载 q 作用下的弯矩图 M_F 图和在单位力 $X_1 = 1$ 作用下的弯矩图 $\overline{M}_1$ 图，如图 9.3-8（d）、（e）所示，于是有

$$\delta_{11} = \frac{1}{EI}\left(\frac{1}{2}a \times a\right) \times \left(\frac{2}{3}a\right) = \frac{a^3}{3EI}$$

$$\Delta_{1F} = -\frac{1}{EI}\left(\frac{1}{3} \times \frac{1}{2}qa^2 \times a\right) \times \left(\frac{3}{4}a\right) = -\frac{qa^4}{8EI}$$

带入式(9.3-2)，得：$X_1 = -\frac{\Delta_{1F}}{\delta_{11}} = \frac{qa^4}{8EI} \times \frac{3EI}{a^3} = \frac{3}{8}qa$

X_1 的数值为正，表明 B 处反力和图中所绘制的力的方向一致，竖直向上。将 $X_1 = \frac{3}{8}qa$ 代入基本体系，便可按静定结构方法计算并绘制内力图，如图 9.3-8（f）所示。工程中还可使用叠加法绘制弯矩图，公式为

$$M = \overline{M}_1 X_1 + M_F$$

图中 A 点弯矩：

$$M_A = \overline{M}_{1A} X_1 + M_F = a \times \frac{3}{8}qa - \frac{1}{2}qa^2 = -\frac{1}{8}qa^2 \text{（上拉）}$$

跨中 C 点弯矩：

$$M_C = \overline{M}_{1C} X_1 + M_F = \frac{a}{2} \times \frac{3}{8}qa - \frac{1}{8}qa^2 = \frac{1}{16}qa^2 \text{（下拉）}$$

三、力法的典型方程

前面讨论了只有一个多余约束力的一次超静定结构的计算，下面以一个三次超静定结构为例，来说明如何建立多次超静定结构的力法典型方程。

如图 9.3-9（a）所示三次超静定刚架，用单位力 X_1、X_2、X_3 代替原系统中的固定端支座 B，得到图 9.3-9（b）所示的基本体系。原固定端支座 B 处没有位移，则水平线位移 Δ_1、竖向线位移 Δ_2 和角位移 Δ_3 为

$$\begin{cases} \Delta_1 = 0 \\ \Delta_2 = 0 \\ \Delta_3 = 0 \end{cases} \quad (9.3\text{-}3)$$

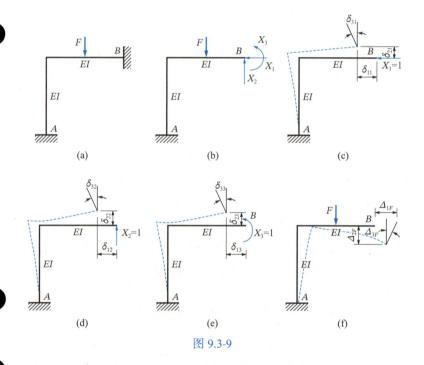

图 9.3-9

下面分析 Δ_1、Δ_2 和 Δ_3 的表达式。

如图 9.3-9（c）所示，$X_1 = 1$ 单独作用时，基本结构上 B 点沿着 X_1、X_2、X_3 方向上的位移分别用 δ_{11}、δ_{21}、δ_{31} 表示；

如图 9.3-9（d）所示，$X_2 = 1$ 单独作用时，基本结构上 B 点沿着 X_1、X_2、X_3 方向上的位移分别用 δ_{12}、δ_{22}、δ_{32} 表示；

如图 9.3-9（e）所示，$X_3 = 1$ 单独作用时，基本结构上 B 点沿着 X_1、X_2、X_3 方向上的位移分别用 δ_{13}、δ_{23}、δ_{33} 表示；

如图 9.3-9（f）所示，荷载 F 单独作用时，基本结构上 B 点沿着 X_1、X_2、X_3 方向上的位移分别用 Δ_{1F}、Δ_{2F}、Δ_{3F} 表示。

根据叠加原理，上述的位移条件可写为

力法典型方程（视频）

$$\begin{cases} \Delta_1 = \delta_{11}X_1 + \delta_{12}X_2 + \delta_{13}X_3 + \Delta_{1F} \\ \Delta_2 = \delta_{21}X_1 + \delta_{22}X_2 + \delta_{23}X_3 + \Delta_{2F} \\ \Delta_3 = \delta_{31}X_1 + \delta_{32}X_2 + \delta_{33}X_3 + \Delta_{3F} \end{cases} \quad (9.3\text{-}4)$$

将式(9.3-4)代入(9.3-3)，有

$$\begin{cases} \delta_{11}X_1 + \delta_{12}X_2 + \delta_{13}X_3 + \Delta_{1F} = 0 \\ \delta_{21}X_1 + \delta_{22}X_2 + \delta_{23}X_3 + \Delta_{2F} = 0 \\ \delta_{31}X_1 + \delta_{32}X_2 + \delta_{33}X_3 + \Delta_{3F} = 0 \end{cases} \quad (9.3\text{-}5)$$

式(9.3-5)为三次超静定结构力法方程。通过方程求解出X_1、X_2、X_3，原来的三次超静定结构便转化为基本结构在原荷载和力X_1、X_2、X_3作用下的静定结构，再运用静定结构的求解方法求解支座反力、内力、变形等即可。

对于n次超静定结构，有n个已知的位移条件。同理可以建立n个力法方程，即：

$$\begin{cases} \Delta_1 = \delta_{11}X_1 + \delta_{12}X_2 + \cdots + \delta_{1n}X_n + \Delta_{1F} = 0 \\ \Delta_2 = \delta_{21}X_1 + \delta_{22}X_2 + \cdots + \delta_{2n}X_n + \Delta_{2F} = 0 \\ \quad\vdots \\ \Delta_n = \delta_{n1}X_1 + \delta_{n2}X_2 + \cdots + \delta_{nn}X_n + \Delta_{nF} = 0 \end{cases} \quad (9.3\text{-}6)$$

式(9.3-6)即为n次超静定结构的力法典型方程。方程中δ称为柔度系数，其中主对角线上的系数δ_{ii}称为主系数，它表示$X_i = 1$单独作用下基本结构沿X_i方向位移。显然δ_{ii}存在且与X_i方向一致时，$\delta_{ii} > 0$。主对角线两侧的系数δ_{ij}（$i \neq j$）称为副系数，它表示$X_j = 1$单独作用下基本结构沿X_i方向的位移。由位移互等定理：$\delta_{ji} = \delta_{ij}$。自由项$\Delta_{iF}$表示荷载单独作用下基本体系沿$X_i$方向的位移。力法方程中的柔度系数$\delta$和自由项$\Delta$可用图乘法求得。在求解出系数后，由力法典型方程可求解出多余未知力X_1、X_2、$\cdots$、X_n，便可按照静定结构绘制弯矩图和其他内力图。

$$M = \overline{M}_1 X_1 + \overline{M}_2 X_2 + \cdots + \overline{M}_n X_n + M_F$$

综上，用力法计算超静定结构的步骤为：

（1）确定结构的超静定次数，并选取基本未知量，确定基本体系。

（2）列力法典型方程。

（3）计算典型方程中的系数和自由项。

（4）将求得的系数与自由项代入力法方程，求解基本未知量。

（5）求解出基本未知量后，按静定结构方法计算并绘制原结构最终的内力图。

【例 9.3-2】用力法计算图 9.3-10（a）所示的超静定刚架，并绘

> ● 小 贴 士
>
> 选择不同的基本体系来计算同一超静定结构，力法方程形式相同，但其系数和自由项一般不同。系数和自由项均按照静定结构的位移计算方法求解。

弯矩图。

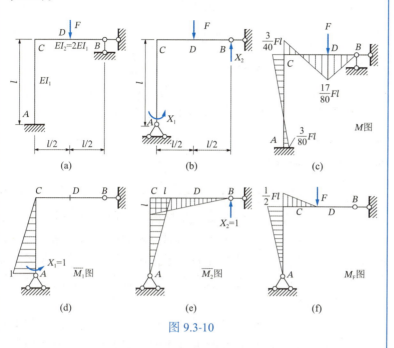

例 9.3-2 讲解（视频）

图 9.3-10

解 （1）此刚架为二次超静定结构，选择图示刚架为基本体系，代之以基本未知量X_1、X_2，如图 9.3-10（b）所示。

（2）建立力法典型方程：

$$\Delta_1^A = \delta_{11}^A X_1 + \delta_{12}^A X_2 + \Delta_{1F}^A = 0$$
$$\Delta_2^B = \delta_{21}^B X_1 + \delta_{22}^B X_2 + \Delta_{2F}^B = 0$$

（3）计算典型方程中的系数和自由项：分别绘出基本体系在单位多余力$X_1 = 1, X_2 = 1$和荷载单独作用下的单位弯矩$\overline{M}_1$、$\overline{M}_2$图和M_F图，如图 9.3-10（d）～（f）所示，用图乘法计算系数和自由项。

$$\delta_{11} = \frac{1}{EI_1}\left(\frac{1}{2}l \times l \times \frac{2}{3} \times 1\right) = \frac{l}{3EI_1}$$

$$\delta_{22} = \frac{1}{EI_1}\left(\frac{1}{2}l^2 \times \frac{2}{3}l\right) + \frac{1}{2EI_1}\left(\frac{1}{2}l^2 \times \frac{2}{3}l\right) = \frac{l^3}{2EI_1}$$

$$\delta_{12} = \delta_{21} = -\frac{1}{EI_1}\left(\frac{1}{2}l^2 \times \frac{1}{3}\right) = -\frac{l^2}{6EI_1}$$

$$\Delta_{1F} = \frac{1}{EI_1}\left(\frac{1}{2}l \times 1 \times \frac{1}{3} \times \frac{Fl}{2}\right) = \frac{Fl^2}{12EI_1}$$

$$\Delta_{2F} = -\frac{1}{EI_1}\left(\frac{1}{2}l \times \frac{2}{3}l \times \frac{Fl}{2}\right) - \frac{1}{2EI_1}\left(\frac{1}{2} \times \frac{l}{2} \times \frac{Fl}{2} \times \frac{5}{6}l\right) = -\frac{7Fl^3}{32EI_1}$$

（4）将求得的系数与自由项代入力法方程，求解基本未知量X_1、X_2。

解得：

$$\frac{1}{3}X_1 - \frac{l}{6}X_2 + \frac{Fl}{12} = 0$$

$$-\frac{1}{6}X_1 + \frac{l}{2}X_2 - \frac{7Fl}{32} = 0$$

$$X_1 = -\frac{3}{80}Fl, \quad X_2 = \frac{17}{40}F$$

（5）求解出基本未知量后，按静定结构方法计算并绘制原结构最终的弯矩M图，如图9.3-10（c）所示。

四、结构对称性的运用

结构对称性的运用
（视频）

工程中，很多结构是对称结构。所谓对称结构是指：结构的几何形式、支承情况、杆件截面及材料性质均关于某轴对称。如图9.3-11（a）所示，刚架关于图示对称轴对称，为对称结构；如图9.3-11（b）所示，虽然其左右支承情况不同，但若仅在竖向荷载作用下，左端固定铰支座水平方向约束反力为零，此时也可作为对称结构处理。

不仅是结构，结构所受荷载也有对称性。若结构绕对称轴对折后，左右两部分的荷载彼此重合，即作用点重合、数值相等、方向相同，这种荷载为<u>正对称荷载</u>，如图9.3-12（b）所示。若结构绕对称轴对折后，左右两部分的荷载正好相反，即作用点重合、数值相等、方向相反，这种荷载为<u>反对称荷载</u>，如图9.3-12（c）所示。对称结构承受的任意荷载可分解为正对称荷载和反对称荷载两部分。分别计算其内力后，叠加即可得原结构内力。如图9.3-12（a）中的F分解为正对称荷载F_1和反对称荷载F_2，根据叠加原理，$F_1 + F_2 = F$，$F_1 - F_2 = 0$，计算得$F_1 = F_2 = F/2$。

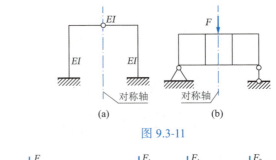

图9.3-11

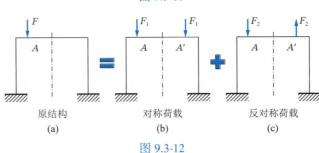

图9.3-12

对称结构具有以下性质：在正对称荷载作用下，对称结构的变形是对称的，弯矩图和轴力图是对称的，而剪力图是反对称的。在反对称荷载作用下，变形是反对称的，弯矩图和轴力图是反对称的，而剪力图是对称的。利用这些规则，在计算对称结构时，只需取半边结构进行计算。下面对奇数跨对称结构和偶数跨对称结构分别讨论。

1. 奇数跨对称结构

图 9.3-13（a）所示的奇数跨对称刚架，在一对正对称荷载 F 作用下，对称截面 C 处不存在角位移和水平线位移，只有竖向线位移，C 截面内只有弯矩和轴力，没有剪力。因此取刚架的一半分析时，在 C 处另一半刚架的约束可用一个定向支座来代替，如图 9.3-13（b）所示。

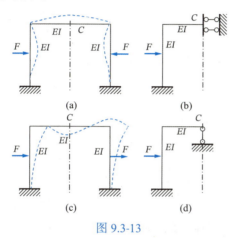

图 9.3-13

图 9.3-13（c）所示的奇数跨对称刚架，在一对反对称荷载 F 作用下，对称截面 C 处不存在竖向线位移，但是有角位移和水平线位移，C 截面内只有剪力，没有弯矩和轴力。因此取刚架的一半分析时，另一半刚架的约束可用一个竖直方向的可动铰支座来代替，如图 9.3-13（d）所示。

2. 偶数跨对称结构

图 9.3-14（a）所示的偶数跨对称刚架，在一对正对称荷载 F 作用下，若忽略中间杆件的轴向变形，对称截面 C 处水平线位移、竖直线位移、角位移均不存在，对称截面 C 截处存在轴力、剪力和弯矩。因此取刚架的一半分析时，另一半刚架的约束可用一个固定端支座来代替，如图 9.3-14（b）所示。

图 9.3-14（c）所示的偶数跨对称刚架，在一对反对称荷载 F 作用下，假设对称轴上的杆件为由刚度 $EI/2$ 的两根竖杆组成，顶端分别与杆两侧横梁刚性联结。取结构一半的计算简图，如图 9.3-14（d）所示。

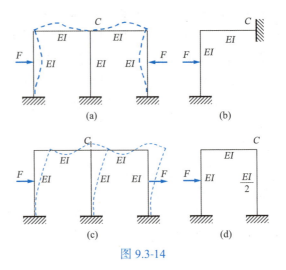

图 9.3-14

任务实施

任务实施（PPT）

步骤1：确定基本体系，基本未知量。

步骤2：建立力法典型方程。

步骤3：求系数和自由项。

步骤4：解方程求基本未知量。

步骤5：绘制原结构的内力图。

强化拓展

强化拓展（PPT）

任务总结

学习任务9.4　位移法计算超静定结构内力

任务发布

任务书

试作图示刚架的弯矩图。

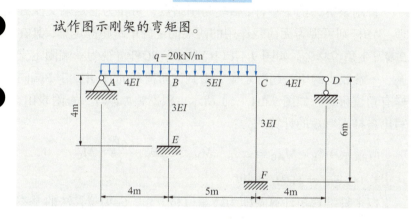

任务导学（PPT）

任务认知

一、位移法概述

力法和位移法是超静定结构分析的两种基本方法。力法以多余约束力作为基本未知量，位移法以独立结点位移作为基本未知量。位移法既可以用于静定结构的内力计算，还可用于超静定结构的内力计算，并且，位移法在计算高次超静定结构时通常比力法更为简便。下面通过举例说明位移法计算的基本思路。

位移法概述（视频）

由于刚架中的位移主要由弯矩引起，剪力和轴力的影响很小，因此在刚架位移分析中，通常只考虑结构的弯曲变形，且认为其是微小变形。

如图9.4-1（a）所示的超静定刚架，BC杆上作用有均布荷载q，下面对该刚架进行位移分析。固定端支座A和固定铰支座C均不会产生线位移；AB杆和BC杆忽略轴向变形后，其长度不变，只是在杆件上产生弯曲变形，如图中虚线所示，所以结点B既不产生水平线位移，也不产生竖直线位移。两杆端在均布荷载q作用下产生角位移θ_{BA}、θ_{BC}，根据刚结点的变形协调条件可知，刚结点B的角位移等于两杆端角位移即$\theta_{BA} = \theta_{BC} = \theta_B$。

● 小 贴 士

（1）铰结点特征是连接后杆件之间可以绕结点中心产生相对转动而不能产生相对移动。

（2）刚结点特征是连接后杆件之间既不能产生相对移动，也不能产生相对转动，即使结构在荷载作用下发生变形，在节点处各杆端之间的夹角仍然保持不变。

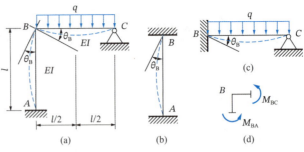

图 9.4-1

将刚架拆为两个单杆，B 端为刚结点，可作为固定端支座处理。AB 杆则可视为无荷载作用的两端固定的单跨超静定梁，其在 B 端发生角位移 θ_B，如图 9.4-1（b）所示；BC 杆可视为一端固定支座、一端铰支的单跨超静定梁，受到均布荷载 q 的作用，其 B 端同样有角位移 θ_B，如图 9.4-1（c）所示。根据叠加原理，查附录Ⅲ，写出各杆端弯矩的计算式为：

$$M_{BA} = 4i\theta_B \quad M_{AB} = 2i\theta_B \quad M_{BC} = 3i\theta_B - \frac{ql^2}{8} \quad M_{CB} = 0$$

式中：$i = \dfrac{EI}{l}$——称为线刚度。

以上杆端弯矩计算式即为<u>转角位移方程</u>。θ_B 为位移法的<u>基本未知量</u>，取结点 B 为分离体［图 9.4-1（d）］，其力矩平衡条件为

$$\sum M_B = 0, \quad M_{BA} + M_{BC} = 0$$

代入杆端弯矩的计算式，可得：

$$7i\theta_B - \frac{ql^2}{8} = 0$$

上式为位移法的<u>基本方程</u>，解得：

$$\theta_B = \frac{ql^3}{56EI}$$

将 θ_B 代回到各杆转角位移方程，得

$$M_{BA} = \frac{4EI}{l} \times \frac{ql^3}{56EI} = \frac{ql^2}{14}, \quad M_{AB} = \frac{2EI}{l} \times \frac{ql^3}{56EI} = \frac{ql^2}{28}$$

$$M_{BC} = \frac{3EI}{l} \times \frac{ql^3}{56EI} - \frac{ql^2}{8} = -\frac{1}{14}ql^2, \quad M_{CB} = 0$$

可绘制出刚架的弯矩图，如图 9.4-2 所示。

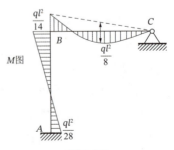

图 9.4-2

总结上述刚架位移分析过程，位移法计算超静定结构的基本思路是：

（1）选取结构的结点位移为基本未知量。

（2）把每段杆件视为独立的单跨超静定梁，根据其结点位移及荷载建立各杆端弯矩的计算式。

（3）利用平衡条件求解基本未知量，进而求解各杆端弯矩。

二、选取位移法的基本未知量

位移法以结构的独立结点位移作为基本未知量。结点位移有两种，即结点角位移（转角）和结点线位移。值得注意的是，这里的"结点"并非指结构中的任意一点，而是指那些对结构整体性能有重要影响的连接点，即结构各杆件的交汇点，这些点被称为计算结点。

位移法基本未知量（视频）

1. 结点角位移

结点分为刚结点和铰结点。在铰结点处，各杆端截面可以自由地发生相对角位移，不会受到铰结点的约束作用，则铰结点处角位移不作为位移法的基本未知量。刚结点则不允许杆件之间发生相对转动，各杆必须保持一致的角位移，则刚结点处的角位移是位移法计算的基本未知量，每一个刚结点都有一个独立的角位移作为基本未知量。因此，结点角位移基本未知量的数目等于结构刚结点的数目。图 9.4-3（a）所示刚架中，刚结点 B、C 的角位移 θ_B 和 θ_C 为基本未知量；图 9.4-3（b）所示连续梁中，刚结点 B 的角位移 θ_B 为基本未知量。

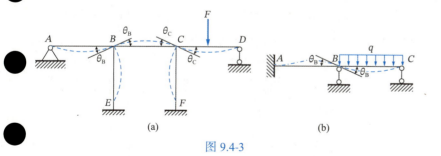

图 9.4-3

2. 结点线位移

如图 9.4-4（a）所示刚架，在荷载 F 作用下，BC 杆在水平方向上无约束，所以 B、C 结点将产生的水平线位移，且因为各杆变形前后长度不变，即 $\Delta_B = \Delta_C = \Delta$，这两个结点的线位移中只有一个是独立的结点线位移，选择 Δ 为基本未知量。

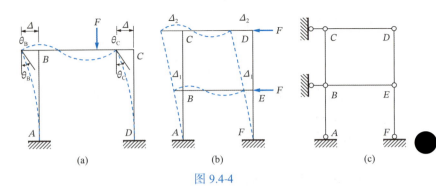

图 9.4-4

确定结构的独立结点线位移，可将结构中所有刚结点改为铰结点，固定支座改为铰支座，由此得到一个铰结体系。若该铰结体系为几何不变体系，则原结构无结点线位移；若该铰结体系为几何可变体系或瞬变体系，需要添加附加链杆来增加约束，使其变为几何不变体系。可通过几何组成分析，确定需要添加的附加链杆的最少数目，这些附加链杆的数量就等于原结构的独立结点线位移数。

如图 9.4-4（b）所示的刚架，将结构中的所有结点变为铰结点后，在结点 B、C 处需要分别添加水平链杆，才能使其变为几何不变体系 [图 9.4-4（c）]，该刚架有两个独立的结点线位移。

3. 位移法基本未知量的确定

综上所述，利用位移法进行计算时，基本未知量的数目等于结构结点角位移数与独立结点线位移数的总和。如图 9.4-4（b）所示的刚架，有 B、C、D、E 四个刚结点，其结点角位移分别为 θ_B、θ_C、θ_D、θ_E，并且有两个独立结点线位移分别为 Δ_1、Δ_2，所以共有六个基本未知量。

如图 9.4-5（a）所示的刚架，有 B、C 两个刚结点，其结点角位移分别为 θ_B、θ_C。将结构中的所有结点变为铰结点后，在结点 F 处需要添加水平链杆，才能使其变为几何不变体系 [图 9.4-5（b）]，该刚架有一个独立的结点线位移 Δ。因此，该刚架用位移法计算时共有三个基本未知量。

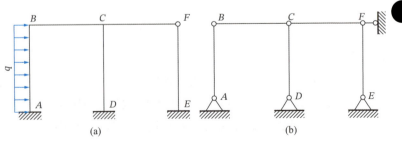

图 9.4-5

三、用位移法计算超静定结构步骤

（1）分析结构的结点位移情况，确定位移法的基本未知量。

（2）将结构中各杆拆分为单跨超静定梁，建立各杆端弯矩的计算式。

（3）利用结构的静力平衡条件建立位移法基本方程，求解基本未知量。

（4）将求出的基本未知量代回杆端弯矩的计算式，计算各杆端弯矩。

（5）根据计算出的杆端内力，绘制结构的内力图。

四、位移法计算无侧移结构

当结构的各个内部结点（即非边界结点）仅发生角位移而不发生线位移时，称这种结构为无侧移结构。用位移法计算时，基本未知量只有结点角位移，只需建立刚结点处的力矩平衡方程，就可求解出全部未知量，进而计算杆端弯矩，绘制弯矩图。连续梁的计算也属于这类问题，下面举例说明具体计算过程。

【例 9.4-1】试做图 9.4-6（a）所示连续梁的弯矩图。EI 为常数，$i = EI/6$，$F = 20\text{kN}$，$q = 2\text{kN/m}$。

例 9.4-1 讲解（视频）

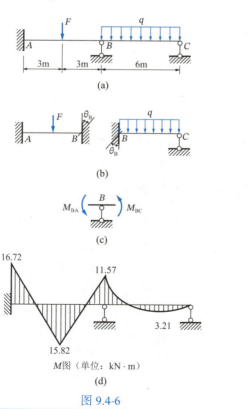

图 9.4-6

解 (1) 确定基本未知量。

该连续梁中只有结点B是刚结点，故取B点角位移θ_B为基本未知量。

(2) 建立杆端弯矩的计算式。

将AB杆和BC杆从原结构中分离出来，得到图9.4-6(b)所示的单跨超静定梁。得各杆端弯矩的计算式为

$$M_{AB} = 2i\theta_B - \frac{1}{8}Fl = 2i\theta_B - 15$$

$$M_{BA} = 4i\theta_B + \frac{1}{8}Fl = 4i\theta_B + 15$$

$$M_{BC} = 3i\theta_B - \frac{1}{8}ql^2 = 3i\theta_B - 9$$

$$M_{CB} = 0$$

(3) 建立位移法基本方程。

取B点为分离体，如图9.4-6(c)所示，建立B点的力矩平衡方程。

$$\sum M_B = 0$$
$$M_{BA} + M_{BC} = 4i\theta_B + 15 + 3i\theta_B - 9 = 0$$

解得

$$\theta_B = -\frac{6}{7i}$$

(4) 计算各杆端弯矩。

$$M_{AB} = 2i\left(-\frac{6}{7i}\right) - 15 = -16.72(\text{kN} \cdot \text{m})$$

$$M_{BA} = 4i\left(-\frac{6}{7i}\right) + 15 = 11.57(\text{kN} \cdot \text{m})$$

$$M_{BC} = 3i\left(-\frac{6}{7i}\right) - 9 = -11.57(\text{kN} \cdot \text{m})$$

(5) 作弯矩图。

按照区段叠加法作出弯矩图，如图9.4-6(d)所示。

五、位移法计算有侧移结构

当结构的结点存在线位移时，称这种结构为有侧移结构。用位移法对有侧移结构进行计算时，基本步骤与无侧移结构基本相同，其区别在于对有侧移结构的计算中包含的基本未知量除了结点角位移外，还包括结点线位移。这就要求在建立位移法基本方程时，不仅要对应于每一个结点角位移，取该刚结点为研究对象，建立力矩平衡方程，还要对应于每一个独立结点线位移，取结点所在的层为研究对象，建立力的投影平衡方程。平衡方程的个数与基本未知量的个数相等，故可求解出全部基本未知量。

【例 9.4-2】试做图 9.4-7（a）所示刚架的弯矩图，EI 为常数，$i = EI/4$。

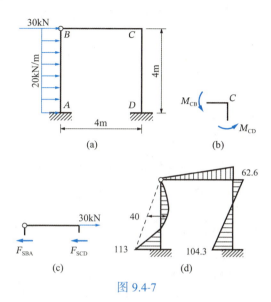

例 9.4-2 讲解（视频）

图 9.4-7

解 （1）确定基本未知量。

基本未知量为刚结点 C 点的角位移 θ_C 和结点 B、C 点的水平线位移 Δ。

（2）建立杆端弯矩和杆端剪力的计算式。

$$M_{AB} = -\frac{3i}{l}\Delta - \frac{1}{8}ql^2 = -\frac{3i}{4}\Delta - 40$$

$$M_{BA} = M_{BC} = 0$$

$$M_{CB} = 3i\theta_C$$

$$M_{CD} = 4i\theta_C - \frac{6i}{l}\Delta = 4i\theta_C - \frac{3i}{2}\Delta$$

$$M_{DC} = 2i\theta_C - \frac{6i}{l}\Delta = 2i\theta_C - \frac{3i}{2}\Delta$$

$$F_{SBA} = \frac{3i}{l^2}\Delta - \frac{3}{8}ql = \frac{3i}{16}\Delta - 30$$

$$F_{SCD} = -\frac{6i}{l}\theta_C + \frac{12i}{l^2}\Delta = -\frac{3i}{2}\theta_C + \frac{3i}{4}\Delta$$

（3）建立位移法基本方程。

取 C 点为分离体，如图 9.4-7（b）所示，建立 D 点的力矩平衡方程。

$$\sum M_C = 0, \quad M_{CB} + M_{CD} = 0$$

杆端弯矩代入后得：

$$3i\theta_C + 4i\theta_C - \frac{3i}{2}\Delta = 0$$

取柱顶以上横梁为分离体，如图 9.4-7（c）所示，建立横梁的力的投影平衡方程。

$$\sum F_x = 0, \quad F_{SBA} + F_{SCD} - 30 = 0$$

将杆端剪力代入后得：

$$\frac{3i}{16}\Delta - 30 - \frac{3i}{2}\theta_C + \frac{3i}{4}\Delta - 30 = 0$$

联立方程（a）、（b），解得

$$\theta_C = \frac{480}{23i}, \quad \Delta = \frac{2240}{23i}$$

（4）计算各杆端弯矩。

$$M_{AB} = -\frac{3i}{4} \times \left(\frac{2240}{23i}\right) - 40 = -113(\text{kN} \cdot \text{m})$$

$$M_{BA} = M_{BC} = 0$$

$$M_{CB} = 3i \times \left(\frac{480}{23i}\right) = 62.6(\text{kN} \cdot \text{m})$$

$$M_{CD} = 4i \times \left(\frac{480}{23i}\right) - \frac{3i}{2} \times \left(\frac{22400}{23i}\right) = -62.6(\text{kN} \cdot \text{m})$$

$$M_{DC} = 2i \times \left(\frac{480}{23i}\right) - \frac{3i}{2} \times \left(\frac{22400}{23i}\right) = -104.3(\text{kN} \cdot \text{m})$$

（5）作弯矩图。

按照区段叠加法作出弯矩图，如图 9.4-7（d）所示。

任务实施

步骤1：确定基本未知量。

步骤2：建立杆端弯矩的计算式。

步骤3：建立位移法基本方程。

步骤4：计算各杆端弯矩。

步骤5：作弯矩图。

任务总结

任务实施（文本）

强化拓展（PPT）

案例9.5 超静定结构强度、刚度验算——高大模板（板模板）小梁、主梁

📋 任务发布

任 务 书

任务一：验算高大模板（板模板）支撑体系小梁的强度、刚度；

任务二：验算高大模板（板模板）支撑体系主梁的强度、刚度。

任务导学

任务导学（PPT）

任务描述

模块3案例3.5中，某洼地治理工程某泵站进、出水流道施工，其高大模板（板模板）支撑体系中小梁、主梁的材料及参数为：

（1）小梁

小梁类型	钢管	小梁截面类型（mm）	$\phi48 \times 2.8$
小梁计算截面类型（mm）	$\phi48 \times 2.8$	小梁抗弯强度设计值[f]（N/mm²）	205
小梁抗剪强度设计值[τ]（N/mm²）	125	小梁截面抵抗矩W（cm³）	4.25
小梁弹性模量E（N/mm²）	206000	小梁截面惯性矩I（cm⁴）	10.19
小梁计算方式		二等跨连续梁	

● 小 贴 士

小梁、主梁各项设计指标参考《建筑施工脚手架安全技术统一标准》（GB 51210—2016）、《建筑施工模板安全技术规范》（JGJ 162—2008）等。

（2）主梁

主梁类型	钢管	主梁截面类型（mm）	$\phi48 \times 2.8$
主梁计算截面类型（mm）	$\phi48 \times 2.8$	主梁抗弯强度设计值[f]（N/mm²）	205
主梁抗剪强度设计值[τ]（N/mm²）	125	主梁截面抵抗矩W（cm³）	4.25
主梁弹性模量[τ]（N/mm²）	206000	主梁截面惯性矩I（cm⁴）	10.19
主梁计算方式		三等跨连续梁	

📋 任务认知

小梁、主梁的强度、刚度验算是满堂支撑架受力计算的一部分。按《建筑施工模板安全技术规范》（JGJ 162—2008）现浇混

凝土模板计算规定，小梁可简化为二等跨连续梁，如图 9.5-1 所示；主梁可简化为三等跨连续梁，如图 9.5-2 所示。根据本模块学习任务可知，小梁和主梁均为超静定结构，可按本模块中学习任务 9.3（力法）或学习任务 9.4（位移法）求解支座反力，绘制内力图。由于小梁和主梁也属于弯曲变形构件，所以还需根据内力大小计算应力和变形，进行强度验算和刚度验算。

- 小 贴 士

　　各规范对于小梁和主梁的简化标准有所不同，本处参考《建筑施工模板安全技术规范》（JGJ 162—2008）。

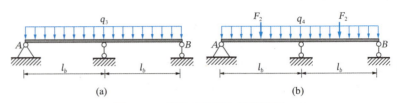

图 9.5-1　小梁（次楞）计算简图

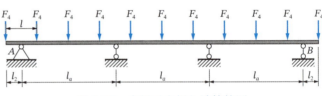

图 9.5-2　主梁（主楞）计算简图

抗弯强度验算公式：

$$\sigma = \frac{M_{\max}}{W_z} \leqslant [\sigma] \tag{9.5-1}$$

抗剪强度（钢管）验算公式：

$$\tau = 2\frac{V_{\max}}{A} \leqslant [\tau] \tag{9.5-2}$$

刚度验算公式：

$$v_{\max} \leqslant [v] \tag{9.5-3}$$

任务实施

任务一：小梁强度、刚度验算

步骤 1：参考模块 3 案例 3.5，确定小梁所受荷载大小。

步骤 2：用力法（位移法）计算超静定结构的内力，绘制弯矩图和剪力图。

小梁强度、刚度验算
（文本）

步骤3：查找《建筑施工计算手册》，计算小梁最大正应力，进行抗弯强度校核。

步骤4：查找《建筑施工计算手册》，计算小梁最大剪应力，进行抗剪强度校核。

步骤5：查找《建筑施工计算手册》，确定挠度最大位置，进行刚度校核。

任务二：主梁强度、刚度验算

步骤1：查找规范，确定荷载分项系数，计算荷载组合。
①承载能力极限状态荷载。

②正常使用极限状态荷载。

主梁强度、刚度验算
（文本）

步骤2：确定主梁计算简图，计算支座反力。

步骤3：绘制主梁弯矩图和剪力图。

步骤4：计算主梁最大正应力，进行抗弯强度校核。

步骤5：计算主梁最大剪应力，进行抗剪强度校核。

步骤6：绘制主梁挠曲线，进行刚度校核。

任务总结

强化拓展

强化拓展（文本）

习　题

一、基础题

9-1　试求出图 9-1 所示体系的计算自由度，并分析其几何构造。

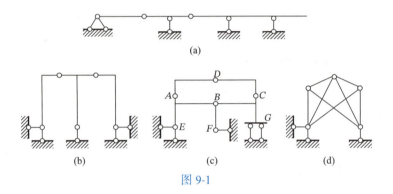

图 9-1

9-2　外伸梁所受荷载如图 9-2 所示，已知 $F = 20\text{kN}$，$m = 80\text{kN} \cdot \text{m}$，求 D 点的竖向位移。EI 为常数。

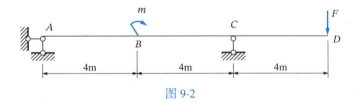

图 9-2

9-3　求图 9-3 所示刚架中 A、B 两点的相对转角 φ_{AB}。EI 为常数。

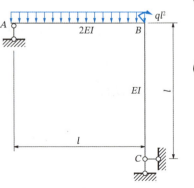

图 9-3

二、提高题

9-4 用力法计算图 9-4 所示刚架，并绘其 M 图，EI 为常数。

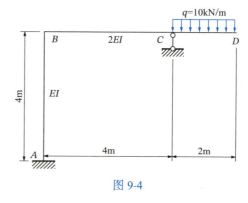

图 9-4

9-5 用力法计算图 9-5 所示超静定梁，并绘制其 M 图。EI 为常数。

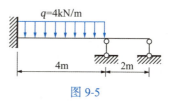

图 9-5

9-6 利用结构对称性计算图 9-6 所示刚架，并绘其 M 图，EI 为常数。

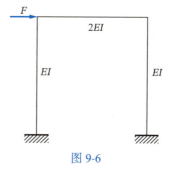

图 9-6

9-7 利用位移法计算图 9-7 所示连续梁，并绘出其弯矩图。荷载与几何尺寸见图中标注。

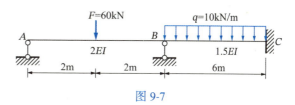

图 9-7

9-8 利用位移法计算图 9-8 所示刚架，并绘出其弯矩图。其中，AB、BC 分别长为 l，线刚度均为 i。

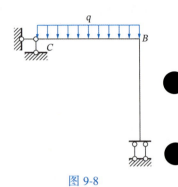

图 9-8

附 录 Ⅰ

截面的几何性质

截面的几何性质是指与构件截面形状、尺寸相关的几何量，这些性质对构件具有重要影响。力学中，在研究杆件的强度、刚度、稳定性问题时，都要涉及到与截面的几何性质有关的量。附录Ⅰ主要介绍几种常用截面的几何性质。

一、截面形心和面积矩

1. 平面图形形心

平面图形的形心是指平面图形的几何中心。当平面图形具有两根对称轴时，这两根对称轴的交点就是形心，如图 I-1（a）所示的工字形。若平面图形只有一根对称轴，其形心必在此对称轴上，如图 I-1（b）、图 I-1（c）所示的 T 形和槽形。记形心 C 的坐标为 (y_c, z_c)，其计算公式如下：

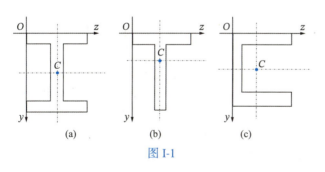

图 I-1

$$\left. \begin{array}{l} y_c = \dfrac{\int_A y \, dA}{A} \\ z_c = \dfrac{\int_A z \, dA}{A} \end{array} \right\} \qquad (\text{I-1})$$

式中：dA、A——平面图形上任意一点的微面积、平面图形的面积；

　　　(y, z)——任意点在坐标轴 Oyz 中的坐标。

2. 面积矩

图 I-2 所示为一任意形状的平面图形，面积为 A，在图形所在平面内任选一坐标原点 O，建立直角坐标系，形心 C 的坐标为 (y_c, z_c)。在图形内坐标为 (y, z) 处取一微面积 dA，乘积 $y \, dA$ 在整个截面 A 上的积分称为该平面图形对 z 轴的面积矩；乘积 $z \, dA$ 在整个

> **任务导学**
>
>
>
> 任务导学（PPT）
>
> ● 小 贴 士
>
> 均匀密度的平面薄片的重心常被视为该平面薄片所占的平面图形的形心。
>
> 形心是针对抽象几何体而言的，与针对实物体而言的质心（质量中心）有所不同。但对于密度均匀的实物体，其质心和形心是重合的。
>
>
>
> 面积矩和形心（视频）

截面A上的积分称为该平面图形对y轴的面积矩。其表达式为：

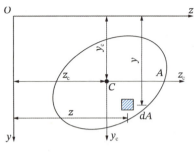

图 I-2

$$\left.\begin{array}{l} S_z = \int_A y\,dA \\ S_y = \int_A z\,dA \end{array}\right\} \quad \text{(I-2)}$$

S_z、S_y称为平面图形对z轴和y轴的<u>面积矩</u>或<u>静矩</u>。由定义可知，面积矩是对于某一坐标轴而言的，同一平面图形对不同坐标轴的面积矩不同，面积矩可正、可负、可为零，常用单位为 m^3 或 mm^3。

将面积矩的计算公式代入平面图形的形心坐标公式，可得：

$$\left.\begin{array}{l} y_c = \dfrac{\int_A y\,dA}{A} = \dfrac{S_z}{A} \\ z_c = \dfrac{\int_A z\,dA}{A} = \dfrac{S_y}{A} \end{array}\right\} \quad \text{(I-3)}$$

若已知面积矩S_z、S_y，可用式(I-3)计算图形的形心坐标(y_c, z_c)；反之，若已知平面图形的形心坐标(y_c, z_c)，亦可用式(I-3)计算平面图形的面积矩S_z、S_y。

注意：如果平面图形对某一坐标轴的面积矩等于零，则该坐标轴一定通过平面的形心。图 I-2 中，若已知平面图形对坐标轴y_C的面积矩$S_{y_C} = 0$，因为面积$A \neq 0$，则坐标$z_C = 0$，坐标轴y_C通过形心。反之，若坐标轴通过形心，则该平面图形对这根轴的面积矩必等于零。即若已知y_C过形心C，则有坐标$z_C = 0$，对应的必有$S_{y_C} = z_C A = 0$。

3. 组合截面的面积矩和形心

工程中某些构件的截面是由矩形、圆形或三角形等简单图形组合而成的，这类截面称为<u>组合截面</u>。如图 I-1 所示的工字形、T形和槽形等，都是由最基本的矩形组成。对于这类组合截面，其面积矩S_z、S_y可由各简单图形对同一坐标轴面积矩代数相加求得，表达式为：

组合截面的面积矩和形心（视频）

$$\left.\begin{array}{l}S_z = \sum_{i=1}^{n} S_{zi} = \sum_{i=1}^{n} y_{ci} A_i \\ S_y = \sum_{i=1}^{n} S_{yi} = \sum_{i=1}^{n} z_{ci} A_i\end{array}\right\} \quad (\text{I-4})$$

式中：(y_{ci}, z_{ci})——各简单图形的形心坐标；

A_i——各简单图形的面积。

设组合截面的面积为A，形心坐标为(y_c, z_c)，则有：

$$\left.\begin{array}{l}y_c = \dfrac{S_z}{A} = \dfrac{\sum_{i=1}^{n} y_{ci} A_i}{\sum_{i=1}^{n} A_i} \\ z_c = \dfrac{S_y}{A} = \dfrac{\sum_{i=1}^{n} z_{ci} A_i}{\sum_{i=1}^{n} A_i}\end{array}\right\} \quad (\text{I-5})$$

【例 I-1】已知某一柱子的横截面为图 I-3 所示的工字形，尺寸如图所示。求此截面的形心C的坐标(y_c, z_c)。

解 （1）以横截面的对称轴为y轴，过O点作y轴的垂线，建立直角坐标系Oxy。工字形截面由I、II、III 三个小矩形组成，其面积和对应的形心坐标分别为：

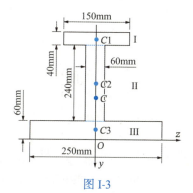

图 I-3

例 I-1 讲解（视频）

$A_1 = 40 \times 150 = 6000(\text{mm}^2)$
$y_{c1} = -(60 + 240 + 20) = -320(\text{mm}) \quad z_{c1} = 0$
$A_2 = 60 \times 240 = 14400(\text{mm}^2)$
$y_{c2} = -(60 + 120) = -180(\text{mm}) \quad z_{c2} = 0$
$A_3 = 60 \times 250 = 15000(\text{mm}^2)$
$y_{c3} = -30(\text{mm}) \quad z_{c3} = 0$

将以上数据代入公式(I-5)得形心C点的坐标为：

$$y_c = \frac{\sum_{i=1}^{3} y_{Ci} A_i}{\sum_{i=1}^{3} A_i} = \frac{y_{C1}A_1 + y_{C2}A_2 + y_{C3}A_3}{A_1 + A_2 + A_3}$$

$$= \frac{-320 \times 6000 - 180 \times 14400 - 30 \times 15000}{6000 + 14400 + 15000} = -140 \text{(mm)}$$

$$z_c = 0$$

由此例可知，有对称轴的横截面形心必在对称轴上。

二、惯性矩和惯性积

1. 惯性矩

图 I-4 所示任意形状的平面图形，面积为 A，在其平面内任选直角坐标系 Oyz，在图形内坐标为 (y, z) 处取一微面积 dA，ρ 表示该微面积到圆心 O 的距离。乘积 $y^2 dA$ 在整个截面 A 上的积分称为该平面图形对 z 轴的惯性矩，乘积 $z^2 dA$ 在整个截面 A 上的积分称为该平面图形对 y 轴的惯性矩。其表达式为：

惯性矩和惯性半径
（视频）

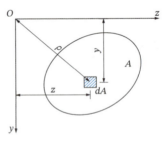

图 I-4

$$\left.\begin{array}{l} I_z = \int_A y^2 \, dA \\ I_y = \int_A z^2 \, dA \end{array}\right\} \tag{I-6}$$

I_z、I_y 称为平面图形对 z 轴和 y 轴的惯性矩，其值恒为正。同面积矩类似，同一图形对不同坐标轴的惯性矩不同。惯性矩的常用单位为 m^4 或 mm^4。常见平面图形的几何性质见附表 1。

2. 惯性半径

惯性半径又称回转半径，是物体在旋转运动度量惯性大小的一个重要参数。其大小反映了物体改变本身转动状态的抵抗能力，对于结构的稳定性具有重要意义。工程中常用 $i_z = \sqrt{\frac{I_z}{A}}$，$i_y = \sqrt{\frac{I_y}{A}}$ 表示图形对 z 轴和 y 轴的惯性半径，常用单位为 m 或 mm，惯性矩与惯性半径的关系可表达为：

$$I_z = i_z^2 A, \quad I_y = i_y^2 A \tag{I-7}$$

3. 极惯性矩

图 I-4 中乘积 $\rho^2\,dA$ 在整个截面 A 上的积分称为该平面图形对坐标原点 O 点的 极惯性矩，其表达式为：

$$I_P = \int_A \rho^2\,dA \tag{I-8}$$

极惯性矩（视频）

极惯性矩是对于某一点而言的，同一平面图形对不同点的极惯性矩不同。当坐标系是正交坐标系时（图 I-4），有 $\rho^2 = y^2 + z^2$，将其代入式(I-8)，可得：

$$I_P = \int_A \rho^2\,dA = \int_A (y^2 + z^2)\,dA = \int_A y^2\,dA + \int_A z^2\,dA$$

即：
$$I_P = I_z + I_y \tag{I-9}$$

式(I-9)表明，在直角坐标系中，任意图形对坐标原点的极惯性矩等于该截面对两坐标轴的惯性矩之和。极惯性矩的常用单位同惯性矩，其值恒为正。

图 I-5 中，（a）图是直径为 D 的实心圆截面，（b）图是内外径之比 $\alpha = \dfrac{d}{D}$ 的空心圆截面，实心圆截面对圆心 O 的极惯性矩为 $I_P = \dfrac{\pi D^4}{32}$，空心圆截面对圆心 O 的极惯性矩为 $I_P = \dfrac{\pi D^4}{32}(1 - \alpha^4)$。

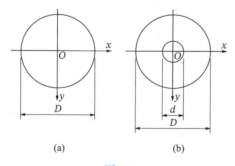

图 I-5

4. 惯性积

图 I-4 中乘积 $yz\,dA$ 在整个截面 A 上的积分称为该平面图形对正交轴 y、z 轴的 惯性积，其表达式为：

$$I_{yz} = \int_A yz\,dA \tag{I-10}$$

惯性积（视频）

由定义可知，在图形不变的情况下，惯性积随直角坐标系的不同而不同，同一图形对不同的坐标轴，惯性积可正、可负、可为零。惯性积的常用单位为 m^4 或 mm^4。

若平面图形有对称轴，则平面图形对该对称轴和与之垂直的任意轴的惯性积必为零。图 I-6 所示的梯形截面，y 轴为其对称轴，过 y 轴上任意点 O 作垂线 z 轴。在 y 轴两侧对称的取微面积 $\mathrm{d}A$，其坐标分别为 $(y,-z)$ 和 (y,z)。计算微面积对这对轴的惯性积，可知它们大小相等，正负号相反，相加后为零。该梯形截面可分为若干组对称的微面积，每组微面积对这对轴的惯性积都为零，则整个截面对这对轴的惯性积必为零，即 $I_{yz}=0$。

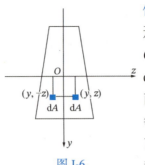

图 I-6

若惯性积为零，对应的坐标轴称为该平面图形的<u>主惯性轴</u>，简称<u>主轴</u>。若主轴通过平面图形的形心 (y_c,z_c)，则坐标轴 y_c、z_c 称为该平面图形的<u>形心主轴</u>，对应的惯性矩 I_{z_c}、I_{y_c} 称为该平面图形的<u>形心主惯性矩</u>。

● 小 贴 士

（1）如果平面图形有一根对称轴（如 T 形、槽型），则该轴和与之正交的形心轴即为形心主轴；

（2）如果平面图形有两根对称轴（如工字形、矩形），则该对对称轴即为形心主轴；

（3）如果平面图形有两根以上的对称轴（如圆、正方形等正 n 边形），则任意一对正交的形心轴即为形心主轴，且截面对任一形心主轴的惯性矩均相等。

三、惯性矩和惯性积的平行移轴公式

1. 惯性矩和惯性积的平行移轴公式

图 I-7 所示为一任意形状的平面图形，面积为 A，截面形心为 C，z_c、y_c 为相互垂直的形心轴。在该平面内有另一个正交坐标系 Oyz 且 $z /\!/ z_c$、$y /\!/ y_c$。在坐标系 Oyz 中，C 的坐标为 (a,b)。若已知平面图形对 z_c 轴和 y_c 轴的惯性矩 I_{z_c}、I_{y_c} 和惯性积 $I_{y_cz_c}$，求该图形对 y 轴和 z 轴的惯性矩 I_z、I_y 及惯性积 I_{yz}。

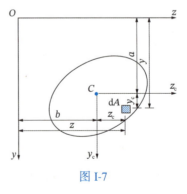

图 I-7

平行移轴公式（视频）

在平面内任取微面积 $\mathrm{d}A$，其在坐标系 Oyz 中的坐标为 (y,z)，在坐标系 Cy_cz_c 中的坐标为 (y_c,z_c)，由图可知：$y=y_c+a$、$z=z_c+b$，则由式(I-6)可知：

$$I_z=\int_A y^2\mathrm{d}A=\int_A(y_c+a)^2\mathrm{d}A=\int_A y_c^2\mathrm{d}A+\int_A 2ay_c\mathrm{d}A+\int_A a^2\mathrm{d}A$$
$$=I_{z_c}+2aS_{z_c}+a^2A$$

因为 z_c 为形心轴，所以 $S_{z_c} = 0$，上式可简化为：

同理：
$$\left. \begin{array}{l} I_z = I_{z_c} + a^2 A \\ I_y = I_{y_c} + b^2 A \\ I_{yz} = I_{y_c z_c} + abA \end{array} \right\} \quad \text{(I-11)}$$

式(I-11)称为惯性矩和惯性积的平行移轴公式，式中 a、b 为任意数值。

2. 组合截面的惯性矩和惯性积

组合截面的惯性矩和惯性积等于各简单图形对同一坐标轴的惯性矩和惯性积之和。具体计算时，需对每个简单图形先利用平行移轴公式计算惯性矩和惯性积，再进行求和，表达式为：

$$\left. \begin{array}{l} I_z = \sum_{i=1}^{n} I_{zi} = \sum_{i=1}^{n}(I_{z_{ci}} + a_i^2 A_i) \\ I_y = \sum_{i=1}^{n} I_{yi} = \sum_{i=1}^{n}(I_{y_{ci}} + b_i^2 A_i) \\ I_{yz} = \sum_{i=1}^{n} I_{yizi} = \sum_{i=1}^{n}(I_{y_{ci}z_{ci}} + a_i b_i A_i) \end{array} \right\} \quad \text{(I-12)}$$

【例 I-2】已知某一柱子的横截面为图 I-8 所示的工字形，其尺寸如图所示，求此截面对形心主轴的惯性矩。

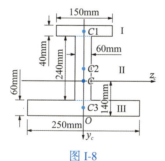

图 I-8

例 I-2 讲解（视频）

解 工字形截面由I、II、III三个小矩形组成，各自的面积及其形心到 z_c、y_c 的距离分别为：

$A_1 = 40 \times 150 = 6000 (\text{mm}^2)$

$a_1 = -(60 + 240 + 20 - 140) = -180 (\text{mm})$

$b_1 = 0$

$A_2 = 60 \times 240 = 14400 (\text{mm}^2)$

$a_2 = -(60 + 120 - 140) = -40 (\text{mm})$

$b_2 = 0$

$A_3 = 60 \times 250 = 15000 (\text{mm}^2)$

$a_3 = 140 - 30 = 110 (\text{mm})$

$b_3 = 0$

强化拓展

强化拓展（视频）

$$I_z = \sum_{i=1}^{3}\left(I_{z_{ci}} + a_i^2 A_i\right) = \frac{150 \times 40^3}{12} + 180^2 \times 6000 + \frac{60 \times 240^3}{12} +$$
$$40^2 \times 14400 + \frac{250 \times 60^3}{12} + 110^2 \times 15000$$
$$= 473.36 \times 10^6 (\text{mm}^4)$$

$$I_y = \sum_{i=1}^{3}\left(I_{y_{ci}} + b_i^2 A_i\right) = \frac{40 \times 150^3}{12} + \frac{240 \times 60^3}{12} + \frac{60 \times 250^3}{12}$$
$$= 93.695 \times 10^6 (\text{mm}^4)$$

常见平面图形的几何性质表

附表 1

序号	截面简图	截面积(A)	截面边缘至主轴距离(y) 对主轴的惯性矩(I)	抗弯截面系数(W) 回转半径(i)
1	矩形	$A = bh$	$y = \dfrac{1}{2}h$ $I = \dfrac{1}{12}bh^3$	$W = \dfrac{1}{6}bh^2$ $i = 0.289h$
2	三角形	$A = \dfrac{1}{2}bh$	$y_1 = \dfrac{2}{3}h$ $y_2 = \dfrac{1}{3}h$ $I = \dfrac{1}{36}bh^3$	$W_1 = \dfrac{1}{24}bh^2$ $W_2 = \dfrac{1}{12}bh^2$ $i = 0.236h$
3	梯形	$A = \dfrac{1}{2}(b_1+b_2)h$	$y_1 = \dfrac{(b_1+2b_2)}{3(b_1+b_2)}h$ $y_2 = \dfrac{(b_2+2b_1)}{3(b_1+b_2)}h$ $I = \dfrac{(b_1^2+4b_1b_2+b_2^2)}{36(b_1+b_2)}h^3$	$W_1 = \dfrac{(b_1^2+4b_1b_2+b_2^2)}{12(b_1+2b_2)}h^2$ $W_2 = \dfrac{(b_1^2+4b_1b_2+b_2^2)}{12(2b_1+b_2)}h^2$ $i = \dfrac{h}{6(b_1+b_2)} \times \dfrac{\sqrt{2(b+4b_1b_2+b_2^2)}}{6(b_1+b_2)}$
4	圆形	$A = \dfrac{1}{4}\pi d^2$	$y = \dfrac{1}{2}d$ $I = \dfrac{1}{64}\pi d^4$	$W = \dfrac{1}{32}\pi d^3$ $i = \dfrac{1}{4}d$
5	圆环	$A = \dfrac{(d^2-d_1^2)}{4}\pi$	$y = \dfrac{1}{2}d$ $I = \dfrac{\pi(d^4-d_1^4)}{64}$	$W = \dfrac{\pi}{32} \times \dfrac{(d^4-d_1^4)}{d}$ $i = \dfrac{1}{4}\sqrt{d^2+d_1^2}$
6	空心矩形	$A = BH - bh$	$y = \dfrac{1}{2}H$ $I = \dfrac{1}{12}(BH^3-bh^3)$	$W = \dfrac{1}{6H}(BH^3-bh^3)$ $i = \sqrt{\dfrac{BH^3-bh^3}{12(BH-bh)}}$

续上表

序号	截面简图	截面积（A）	截面边缘至主轴距离（y） 对主轴的惯性矩（I）	抗弯截面系数（W） 回转半径（i）
7		$A = Bt + bh$	$y_1 = \dfrac{bH^2 + (B-b)t^2}{2(Bt+bh)}$ $y_2 = H - y_1$ $I = \dfrac{1}{3}[by_2^3 + By_1^3]$ $\quad -(B-b) \times (y_1-t)^3$	$W = \dfrac{1}{H-y_1}$ $i = \sqrt{\dfrac{1}{A}}$
8		$A = BH - (B-b)h$	$y = \dfrac{H}{2}$ $I = \dfrac{1}{12}[BH^3 - (B-b)h^3]$	$W = \dfrac{1}{6H}[BH^3 - (B-b)h^3]$ $i = 0.289 \times \sqrt{\dfrac{BH^3 - (B-b)h^3}{BH - (B-h)h}}$
9		$A = BH - (B-b)h$	$y = \dfrac{1}{2}H$ $I = \dfrac{1}{12}[BH^3 - (B-b)h^3]$	$W = \dfrac{1}{6H}[BH^3 - (B-b)h^3]$ $i = 0.289 \times \sqrt{\dfrac{BH^3 - (B-b)h^3}{BH - (B-h)h}}$

附 录 II

简单荷载作用下梁的内力及变形

简单荷载作用下梁的内力及变形表　　　　附表 2

序号	梁的简图	端截面转角	挠曲线方程	绝对值最大挠度
1		$\theta_A = \dfrac{ml}{6EI}$ $\theta_B = -\dfrac{ml}{3EI}$	$y = \dfrac{mx}{6lEI}(l^2 - x^2)$	$x = \dfrac{l}{\sqrt{3}}$ 处, $y = \dfrac{ml^2}{9\sqrt{3}EI}$ $x = \dfrac{l}{2}$ 处, $y_{\frac{l}{2}} = \dfrac{ml^2}{16EI}$
2		$\theta_A = \dfrac{m}{-6lEI}(l^2 - 3b^2)$ $\theta_B = \dfrac{m}{-6lEI}(l^2 - 3a^2)$ $\theta_C = \dfrac{m}{6lEI}(3a^2 + 3b^2 - l^2)$	$0 \leqslant x < a$ $y = \dfrac{mx}{-6lEI}(l^2 - 3b^2 - x^2)$ $a < x \leqslant l$ $y = \dfrac{m(l-x)}{6lEI} \cdot [l^2 - 3a^2 - (l-x)^2]$	$x = \sqrt{\dfrac{l^2 - 3b^2}{3}}$ 处 $y = -\dfrac{m(l^2 - 3b^2)^{\frac{3}{2}}}{9\sqrt{3l}EI}$ $x = l - \sqrt{\dfrac{l^2 - 3a^2}{3}}$ 处 $y = \dfrac{m(l^2 - 3a^2)^{\frac{3}{2}}}{9\sqrt{3l}EI}$
3		$\theta_A = -\theta_B = \dfrac{Fl^2}{16EI}$	$0 \leqslant x \leqslant \dfrac{l}{2}$ $y = \dfrac{Fx}{48EI}(3l^2 - 4x^2)$	$y_C = \dfrac{Fl^3}{48EI}$
4		$\theta_A = \dfrac{Fab(l+b)}{6lEI}$ $\theta_B = -\dfrac{Fab(l+a)}{6lEI}$	$0 \leqslant x \leqslant a$ $y = \dfrac{Fbx(l^2 - x^2 - b^2)}{6lEI}$ $a \leqslant x \leqslant l$ $y = \dfrac{Fb}{6lEI}\left[(l^2 - b^2)x - x^3 + \dfrac{l}{b}(x-a)^3 \right]$	若 $a > b$ 在 $x = \sqrt{\dfrac{l^2 - b^2}{3}}$ 处, $y = \dfrac{\sqrt{3}Fb}{27lEI}(l^2 - b^2)^{\frac{3}{2}}$ 在 $x = \dfrac{l}{2}$ 处, $y_{\frac{l}{2}} = \dfrac{Fb}{48EI}(3l^2 - 4b^2)$
5		$\theta_A = -\theta_B = \dfrac{ql^3}{24EI}$	$y = \dfrac{qx}{24EI}(l^3 - 2lx^2 + x^3)$	$y_C = \dfrac{5ql^4}{384EI}$
6		$\theta_A = \dfrac{7qa^3}{48EI}$ $\theta_B = -\dfrac{3qa^3}{16EI}$	$0 \leqslant x \leqslant a$ $y = \dfrac{qa}{24EI}\left(\dfrac{7}{2}a^2 x - x^3\right)$ $a \leqslant x \leqslant 2a$ $y = \dfrac{q}{24EI}\left[\dfrac{7}{2}a^3 x + (x-a)^4 - ax^3\right]$	在 $x = a$ 处 $y_C = \dfrac{5qa^4}{48EI}$
7		$\theta_B = \dfrac{Fl^2}{2EI}$	$y = \dfrac{Fx^2}{6EI}(3l - x)$	$y_B = \dfrac{Fl^3}{3EI}$

续上表

序号	梁的简图	端截面转角	挠曲线方程	绝对值最大挠度
8		$\theta_B = \dfrac{Fc^2}{2EI}$	$0 \leqslant x \leqslant c$ $y = \dfrac{Fx^2}{6EI}(3c - x)$ $c \leqslant x \leqslant l$ $y = \dfrac{Fc^2}{6EI}(3x - c)$	$y_B = \dfrac{Fc^2}{6EI}(3l - c)$
9		$\theta_B = \dfrac{ml}{EI}$	$y = \dfrac{mx^2}{2EI}$	$y_B = \dfrac{ml^2}{2EI}$
10		$\theta_B = \dfrac{ql^3}{6EI}$	$y = \dfrac{qx^2}{24EI}(x^2 + 6l^2 - 4lx)$	$y_B = \dfrac{ql^4}{8EI}$
11		$\theta_A = \dfrac{ml}{6EI}$ $\theta_B = -\dfrac{ml}{3EI}$ $\theta_C = -\dfrac{m}{3EI}(l + 3a)$	$0 \leqslant x \leqslant l$ $y = \dfrac{mx(l^2 - x^2)}{6lEI}$ $l \leqslant x \leqslant l + a$ $y = -\dfrac{m}{6EI}(3x^2 - 4lx + l^2)$	在 $x = \dfrac{l}{\sqrt{3}}$ 处， $y = \dfrac{ml^2}{9\sqrt{3}EI}$ 在 $x = l + a$ 处， $y_C = -\dfrac{ma}{6EI}(2l + 3a)$
12		$\theta_A = -\dfrac{Fal}{6EI}$ $\theta_B = \dfrac{Fal}{3EI}$ $\theta_C = \dfrac{Fa}{6EI}(2l + 3a)$	$0 \leqslant x \leqslant l$ $y = -\dfrac{Fax(l^2 - x^2)}{6lEI}$ $l \leqslant x \leqslant l + a$ $y = \dfrac{F(x-l)}{6EI}\left[a(3x - l) - (x - l)^2\right]$	在 $x = \dfrac{l}{\sqrt{3}}$ 处， $y = -\dfrac{Fal^2}{9\sqrt{3}EI}$ 在 $x = l + a$ 处， $y_C = \dfrac{Fa^2}{3EI}(l + a)$
13		$\theta_A = -\dfrac{qa^2l}{12EI}$ $\theta_B = \dfrac{qa^2l}{6EI}$ $\theta_C = \dfrac{qa^2}{6EI}(l + a)$	$0 \leqslant x \leqslant l$ $y = -\dfrac{qa^2}{12EI}\left(lx - \dfrac{x^2}{l}\right)$ $l \leqslant x \leqslant l + a$ $y = \dfrac{qa^2}{12EI}\left[\dfrac{x^2}{l} - \dfrac{(2l+a)(x-l)^2}{al} + \dfrac{(x-l)^4}{2a^2} - lx\right]$	在 $x = \dfrac{l}{\sqrt{3}}$ 处， $y = -\dfrac{qa^2l^2}{18\sqrt{3}EI}$ 在 $x = l + a$ 处， $y_C = \dfrac{qa^3}{24EI}(3a + 4l)$

附 录 Ⅲ

单跨超静定梁杆端弯矩和杆端剪力

单跨超静定梁杆端弯矩和剪力的计算结果　　　　　　附表 3

序号	计算简图	弯矩图	杆端弯矩值		杆端剪力值	
1			$\dfrac{4EI}{l}=4i$	$\dfrac{2EI}{l}=2i$	$-\dfrac{6EI}{l^2}=-\dfrac{6i}{l}$	$-\dfrac{6EI}{l^2}=-\dfrac{6i}{l}$
2			$-\dfrac{6EI}{l^2}=-\dfrac{6i}{l}$	$-\dfrac{6EI}{l^2}=-\dfrac{6i}{l}$	$\dfrac{12EI}{l^3}=\dfrac{12i}{l^2}$	$\dfrac{12EI}{l^3}=\dfrac{12i}{l^2}$
3			$-\dfrac{Fab^2}{l^2}$	$+\dfrac{Fa^2b}{l^2}$	$\dfrac{Fb^2}{l^2}\left(1+\dfrac{2a}{l}\right)$	$-\dfrac{Fb^2}{l^2}\left(1+\dfrac{2b}{l}\right)$
4			$-\dfrac{Fl}{8}$	$\dfrac{Fl}{8}$	$\dfrac{F}{2}$	$-\dfrac{F}{2}$
5			$-Fa\left(1-\dfrac{a}{l}\right)$	$Fa\left(1-\dfrac{a}{l}\right)$	F	$-F$
6			$-\dfrac{ql^2}{12}$	$\dfrac{ql^2}{12}$	$\dfrac{ql}{2}$	$-\dfrac{ql}{2}$
7			$-\dfrac{ql^2}{30}$	$\dfrac{ql^2}{20}$	$\dfrac{3ql}{20}$	$-\dfrac{7ql}{20}$
8			$-\dfrac{ql^2}{20}$	$\dfrac{ql^2}{30}$	$\dfrac{7ql}{20}$	$-\dfrac{3ql}{20}$
9			$\dfrac{mb}{l^2}(2l-3b)$	$\dfrac{ma}{l^2}(2l-3a)$	$-\dfrac{6ab}{l^3}m$	$-\dfrac{6ab}{l^3}m$
10			$\dfrac{3EI}{l}=3i$	0	$-\dfrac{3EI}{l^2}=-\dfrac{3i}{l}$	$-\dfrac{3EI}{l^2}=-\dfrac{3i}{l}$
11			$-\dfrac{3EI}{l^2}=-\dfrac{3i}{l}$	0	$\dfrac{3EI}{l^3}=\dfrac{3i}{l^2}$	$\dfrac{3EI}{l^3}=\dfrac{3i}{l^2}$

续上表

序号	计算简图	弯矩图	杆端弯矩值		杆端剪力值	
12			$-\dfrac{Fb(l^2-b^2)}{2l^2}$	0	$\dfrac{Fb(3l^2-b^2)}{2l^3}$	$-\dfrac{Fa^2(3l-a)}{2l^3}$
13			$-\dfrac{3Fl}{16}$	0	$\dfrac{11}{16}F$	$-\dfrac{5}{16}F$
14			$-\dfrac{3Fa}{2}\left(1-\dfrac{a}{l}\right)$	0	$F+\dfrac{3Fa(l-a)}{2l^2}$	$-F+\dfrac{3Fa(l-a)}{2l^2}$
15			$-\dfrac{ql^2}{8}$	0	$\dfrac{5}{8}ql$	$-\dfrac{3}{8}ql$
16			$-\dfrac{ql^2}{15}$	0	$\dfrac{2}{5}ql$	$-\dfrac{1}{10}ql$
17			$-\dfrac{7ql^2}{120}$	0	$\dfrac{9}{40}ql$	$-\dfrac{11}{40}ql$
18			$\dfrac{m(l^2-3b^2)}{2l^2}$	0	$-\dfrac{3m(l^2-b^2)}{2l^3}$	$-\dfrac{3m(l^2-b^2)}{2l^3}$
19			$\dfrac{EI}{l}=i$	$-\dfrac{EI}{l}=-i$	0	0
20			$-\dfrac{EI}{l}=-i$	$\dfrac{EI}{l}=i$	0	0
21			$-\dfrac{Fl}{2}$	$-\dfrac{Fl}{2}$	F	F
22			$-\dfrac{3Fl}{8}$	$-\dfrac{Fl}{8}$	F	0
23			$-\dfrac{ql^2}{3}$	$-\dfrac{ql^2}{6}$	ql	0

续上表

序号	计算简图	弯矩图	杆端弯矩值		杆端剪力值	
24			$-\dfrac{Fa(l+b)}{2l}$	$-\dfrac{Fa^2}{2l}$	F	0
25			Fl	0	$-F$	$-F$
26			$\dfrac{ql^2}{2}$	0	0	$-ql$

附 录 IV

梁的反力、剪力、弯矩、挠度计算公式

梁的反力、剪力、弯矩、挠度计算公式　　　　附表 4

序号	荷载形式	弯矩图	剪力图	反力	剪力	弯矩	挠度
1				$F_A = \dfrac{F}{2}$ $F_B = \dfrac{F}{2}$	$F_{SA} = F_A$ $F_{SB} = -F_B$	$M_{\max} = \dfrac{Fl}{4}$	$y_{\max} = \dfrac{Fl^3}{48EI}$
2				$F_A = \dfrac{Fb}{l}$ $F_B = \dfrac{Fa}{l}$	$F_{SA} = F_A$ $F_{SB} = -F_B$	$M_{\max} = \dfrac{Fab}{l}$	若 $a > b$ 时 $y_{\max} = \dfrac{Fb}{9EIl} \times$ $\sqrt{\dfrac{(a^2+2ab)^3}{3}}$ $(x = \sqrt{\dfrac{a}{3}(a+2b)})$
3				$F_A = F$ $F_B = F$	$F_{SA} = F_A$ $F_{SB} = -F_B$	$M_{\max} = Fa$	$y_{\max} = \dfrac{Fa}{24EI} \times$ $(3l^2 - 4a^2)$
4				$F_A = \dfrac{3}{2}F$ $F_B = \dfrac{3}{2}F$	$F_{SA} = F_A$ $F_{SB} = -F_B$	$M_{\max} = \dfrac{Fl}{2}$	$y_{\max} = \dfrac{19Fl^3}{384EI}$
5				$F_A = \dfrac{ql}{2}$ $F_B = \dfrac{ql}{2}$	$F_{SA} = F_A$ $F_{SB} = -F_B$	$M_{\max} = \dfrac{1}{8}ql^2$	$y_{\max} = \dfrac{5ql^4}{384EI}$
6				$F_A = qa$ $F_B = qa$	$F_{SA} = F_A$ $F_{SB} = -F_B$	$M_{\max} = \dfrac{1}{2}qa^2$	$y_{\max}$ $= \dfrac{qa^2}{48EI}$ $\times (3l^2 - 2a^2)$
7				$F_A = \dfrac{qa}{2l}(2l-a)$ $F_B = \dfrac{qa^2}{2l}$	$F_{SA} = F_A$ $F_{SB} = -F_B$	$M_{\max} = \dfrac{qa^2}{8l^2} \times$ $(2l-a)^2$	$y_{\max}$ $= \dfrac{qa^3b}{24EI}$ $\times \left(1 - \dfrac{3a}{l}\right)$
8				$F_A = \dfrac{ql}{4}$ $F_B = \dfrac{ql}{4}$	$F_{SA} = F_A$ $F_{SB} = -F_B$	$M_{\max} = \dfrac{ql^2}{12}$	$y_{\max} = \dfrac{ql^4}{120EI}$

续上表

序号	荷载形式	弯矩图	剪力图	反力	剪力	弯矩	挠度
9				$F_B = F$	$F_{SB} = -F_B$	$M_B = -Fl$	$y_A = \dfrac{Fl^3}{3EI}$
10				$F_B = F$	$F_{SB} = -F_B$	$M_B = -Fb$	$y_A = \dfrac{Fb^2}{6EI}(3l-b)$
11				$F_B = ql$	$F_{SB} = -F_B$	$M_B = -\dfrac{1}{2}ql^2$	$y_A = \dfrac{ql^4}{8EI}$
12				$F_B = qa$	$F_{SB} = -F_B$	$M_B = -\dfrac{qa}{2}(2l-a)$	$y_A = \dfrac{q}{24EI} \times (3l^4 - 4b^3 l + b^4)$
13				$F_A = F\left(1+\dfrac{a}{l}\right)$ $F_B = -\dfrac{Fa}{l}$	$F_{SA左} = -F$ $F_{SB} = -F_B$	$M_{max} - Fa$	$y_{Cmax} = \dfrac{Fa^2}{3EI}(l+a)$
14				$F_A = \dfrac{F}{2}\left(2+\dfrac{3a}{l}\right)$ $F_B = -\dfrac{3Fa}{2l}$	$F_{SA左} = -F$ $F_{SA右} = -F_B$	$M_A = -Fa$ $M_B = \dfrac{Fa}{2}$	$y_C = \dfrac{Fa}{12EI}(3l+4a)$ $y_{max} = -\dfrac{Fal^2}{27EI}$
15				$F_A = \dfrac{ql}{2}\left(1+\dfrac{a}{l}\right)^2$ $F_B = \dfrac{ql}{2}\left(1+\dfrac{a^2}{l^2}\right)$	$F_{SA左} = -qa$ $F_{SA右} = F_A - qa$ $F_{SB} = -F_B$	$M_A = -\dfrac{1}{2}qa^2$	$y_C = \dfrac{qa}{24EI} \times (-l^3 + 4la^2 + 3a^3)$
16				$F_A = \dfrac{ql}{8}\left(3+8\dfrac{a}{l}+\dfrac{6a^2}{l^2}\right)$ $F_B = \dfrac{ql}{8}\left(5-\dfrac{6a^2}{l^2}\right)$	$F_{SA左} = -qa$ $F_{SA右} = \dfrac{ql}{8}\left(5-\dfrac{6a^2}{l^2}\right)$	$M_A = \dfrac{qa^2}{2}$ $M_B = -\dfrac{ql^2}{8}\left(1-\dfrac{2a^2}{l^2}\right)$	$y_C = \dfrac{qa}{48EI} \times (-l^3 + 6la^2 + 6a^3)$
17				$F_A = \dfrac{Fb^2}{2l^2}\left(3-\dfrac{b}{l}\right)$ $F_B = \dfrac{Fa}{2l}\left(3-\dfrac{a^2}{l^2}\right)$	$F_{SA} = F_A$ $F_{SB} = -F_B$	$M_{max} = \dfrac{Fab^2}{2l^2} \times \left(3-\dfrac{b}{l}\right)$	
18				$F_A = \dfrac{F}{2}\left(2-\dfrac{3a}{l}+\dfrac{3a^2}{l^2}\right)$ $F_B = \dfrac{F}{2}\left(2+\dfrac{3a}{l}-\dfrac{3a^2}{l^2}\right)$	$F_{SA} = F_A$ $F_{SB} = F_A - 2F$	$M_{max} = F_A a$ $M_B = -\dfrac{3}{2}\left(1-\dfrac{a}{l}\right)Fa$	

续上表

序号	荷载形式	弯矩图	剪力图	反力	剪力	弯矩	挠度
19				$F_A = \dfrac{3}{8}ql$ $F_B = \dfrac{5}{8}ql$	$F_{SA} = F_A$ $F_{SB} = -F_B$	$M_{max} = \dfrac{9}{128}ql^3$	y_{max} $= 0.00542\dfrac{ql^4}{EI}$
20				$F_A = \dfrac{qb^3}{8l^2}\left(4 - \dfrac{b}{l}\right)$ $F_B =$ $\dfrac{qb}{8}\left(8 - \dfrac{4b^2}{l^2} + \dfrac{b^3}{l^3}\right)$	$F_{SA} = F_A$ $F_{SB} = -F_B$	$M_{max} = F_A$ $\left(a + \dfrac{F_A}{2q}\right)$	

参 考 文 献

[1] 李舒瑶, 赵云翔. 工程力学[M]. 郑州: 黄河水利出版社, 2002.
[2] 孔七一. 工程力学[M]. 6版. 北京: 人民交通出版社, 2023.
[3] 胡拔香. 工程力学[M]. 北京: 高等教育出版社, 2019.
[4] 黄孟生. 工程力学[M]. 北京: 中国电力出版社, 2012.
[5] 范钦珊. 工程力学[M]. 北京: 高等教育出版社, 2011.
[6] 刘明晖. 建筑力学[M]. 北京: 北京大学出版社, 2017.
[7] 黄孟生. 材料力学[M]. 北京: 中国电力出版社, 2007.
[8] 孙训方, 方孝淑. 材料力学[M]. 北京: 高等教育出版社, 2019.
[9] 龙驭球, 包世华, 袁驷. 结构力学[M]. 北京: 高等教育出版社, 2002.
[10] 周水兴, 何兆益, 邹毅松. 路桥施工计算手册[M]. 北京: 人民交通出版社, 2020.
[11] 江正荣. 建筑施工计算手册[M]. 北京: 中国建筑工业出版社, 2018.
[12] 江正荣, 朱国梁. 简明施工计算手册[M]. 北京: 中国建筑工业出版社, 2016.
[13] 中华人民共和国住房和城乡建设部. 建筑结构荷载规范: GB 50009—2012[S]. 北京: 中国建筑工业出版社, 2012.
[14] 中华人民共和国住房和城乡建设部. 钢结构设计标准: GB 50017—2017[S]. 北京: 中国建筑工业出版社, 2017.
[15] 中华人民共和国住房和城乡建设部. 建筑施工脚手架安全技术统一标准: GB 51210—2016[S]. 北京: 中国建筑工业出版社, 2016.
[16] 中华人民共和国住房和城乡建设部. 建筑地基基础设计规范: GB 50007—2011[S]. 北京: 中国建筑工业出版社, 2011.
[17] 中华人民共和国住房和城乡建设部. 建筑施工模板安全技术规范: JGJ 162—2008[S]. 北京: 中国建筑工业出版社, 2008.
[18] 中华人民共和国住房和城乡建设部. 建筑施工工具式脚手架安全技术规范: JGJ 202—2010[S]. 北京: 中国建筑工业出版社, 2010.
[19] 中华人民共和国住房和城乡建设部. 建筑施工扣件式钢管脚手架安全技术规范: JGJ 130—2011[S]. 北京: 中国建筑工业出版社, 2011.
[20] 中国工程建设标准化协会. 建筑施工扣件式钢管脚手架安全技术标准: T/CECS 699—2020[S]. 北京: 中国建筑工业出版社, 2020.
[21] 中华人民共和国住房和城乡建设部. 大型塔式起重机混凝土基础工程技术规程: JGJ/T 301—2013[S]. 北京: 中国建筑工业出版社, 2013.
[22] 中华人民共和国住房和城乡建设部. 塔式起重机混凝土基础工程技术标准: JGJ/T 187—2019[S]. 北京: 中国建筑工业出版社, 2019.
[23] 王海良, 张春瑜, 贾磊. 桥梁工程施工临时结构设计及案例分析[M]. 北京: 中国铁道出版社, 2021.

-

-

-

-

-

-